五轴编程加工与仿真实例应用研究

刘俊英　吕　辉　著

·北京·

内 容 提 要

本书以适合多轴加工的复杂零件为项目实例，对各项目实例如和尚玩偶、花生挂件、盘刀刀头等五轴自动编程工艺进行分析，设置合理的刀具路径，编制加工工序，使读者能够做到举一反三。

本书共包括四章，对各项目实例进行了加工工艺分析与解析，运用 NX 10.0 软件对实例零件编程过程进行了详细讲解，内容丰富、结构清晰，实例贴近生产实践，技巧方法的讲解简单易懂。本书运用 NX 10.0 软件进行多轴零件加工工艺分析，编制刀具路径，生成后处理程序，进行 VERICUT 刀具路径仿真应用等，提高了软件的应用性、创新性、综合性和实践性，使读者耳目一新，学习后具有较高成就感。

本书可作为学习五轴编程加工的相关人员的学习参考用书。

图书在版编目（CIP）数据

五轴编程加工与仿真实例应用研究 / 刘俊英，吕辉著. -- 北京 : 中国水利水电出版社，2020.8（2021.9重印）
ISBN 978-7-5170-8739-7

Ⅰ. ①五… Ⅱ. ①刘… ②吕… Ⅲ. ①数控机床－程序设计②数控机床－加工－计算机仿真 Ⅳ. ①TG659

中国版本图书馆CIP数据核字(2020)第145662号

策划编辑：陈红华　责任编辑：陈红华　加工编辑：高双春　封面设计：梁　燕

书　名	五轴编程加工与仿真实例应用研究 WUZHOU BIANCHENG JIAGONG YU FANGZHEN SHILI YINGYONG YANJIU
作　者	刘俊英　吕　辉　著
出版发行	中国水利水电出版社 （北京市海淀区玉渊潭南路 1 号 D 座　100038） 网址：www.waterpub.com.cn E-mail：mchannel@263.net（万水） sales@waterpub.com.cn 电话：（010）68367658（营销中心）、82562819（万水）
经　售	全国各地新华书店和相关出版物销售网点
排　版	北京万水电子信息有限公司
印　刷	三河市华晨印务有限公司
规　格	170mm×240mm　16 开本　14.5 印张　246 千字
版　次	2020 年 8 月第 1 版　2021年 9 月第 2 次印刷
定　价	81.00 元

前　　言

近几年各高职院校都在进行教学改革，各课程的教学也由传统教学模式过渡到适合高职学生实际情况的项目式教学，校企联合进行课程的开发和编著著作、教材等被大力倡导。据此，我们联合卫国教育科技（河源）有限公司撰写了一本适合于高职教学以及五轴人才培训和专业相关人员借鉴的多轴编程著作。

本书是作者与卫国教育科技（河源）有限公司联合撰写的，作者有着多年的五轴机床操作加工、编程的经验。本书所有的实例均来自企业真实项目，各项目的解析均有作者独到的见解和分析。本书旨在将 NX 10.0 软件的应用与五轴实例项目相结合，对实际的产品实例进行探究和解析，运用 UG 软件进行实际项目工艺的编排与刀路的编程，提高软件的应用性和创新性。作者希望本书能够帮助有志从事数控编程特别是五轴编程的人士掌握真功夫、硬本领，从而尽快走向本行业的工作岗位，实现自己的职业追求和人生目标。

本书共四章，总结来说，主要内容如下：

第一章通过和尚玩偶的数控编程与加工，旨在使读者掌握多轴加工坐标系的设置，刀轴指定矢量方法、垂直于驱动体方法的应用。

第二章通过花生挂件的数控编程与加工，旨在使读者掌握花生挂件的装夹方式、多轴编程工艺制定及刀具参数设定。

第三章通过盘刀刀头的数控编程与加工，旨在使读者掌握外形轮廓铣的加工策略、零件加工工艺及刀具的选择。

第四章通过知了笔筒的数控编程与加工，旨在使读者掌握笔筒在四轴上的雕刻策略、刀轴控制为远离直线方法的应用。

本书的主要特点是实例贴近生产实践，实例的解析见解独到且简单易懂。本书以适合多轴加工的复杂零部件的 NX 10.0 编程为实例，讲解五轴加工原理和过程，同时实例的编排既能加深读者对基本命令应用的理解，又能使读者对 NX 10.0 策略有所了解和掌握，达到理论与实践相结合的目的。

由于编写时间和作者水平有限，疏漏和不足之处在所难免，恳请广大读者批评指正。

作　者

2020 年 3 月

目　　录

第 1 章　和尚玩偶的数控编程与加工

本章重点介绍多轴加工坐标系的定制，多轴编程工艺制定，刀轴“指定矢量”方法、“垂直于驱动体”方法和“曲面”驱动方法的应用，零件加工工艺及刀具方法的选用。

本章主要内容

- 1.1　加工工艺探究
- 1.2　编程前期准备
- 1.3　和尚玩偶程序编制
- 1.4　用 UG 软件进行刀路检查
- 1.5　后处理
- 1.6　使用 VERICUT 进行加工仿真检查
- 1.7　本章小结

通过和尚玩偶加工案例可以掌握多轴加工坐标系的定制，多轴编程工艺的制定，刀轴“指定矢量”方法、“垂直于驱动体”方法和“曲面”驱动方法的应用，定轴加工方法，零件加工工艺及刀具方法的选用。

1.1　加工工艺探究

（1）结构分析及加工工艺路线制定。和尚玩偶结构如图 1-1 所示，外围表面粗糙度为 Ra1.6μm、全部尺寸的公差为±0.05mm。主要包括：和尚玩偶头部、颈部、身体、底座等结构，表面光洁度较高。根据和尚玩偶结构图可知，和尚玩偶从头部到底座都要进行加工，因此，采用五轴机床进行加工，只需一次装夹即可完成加工任务。

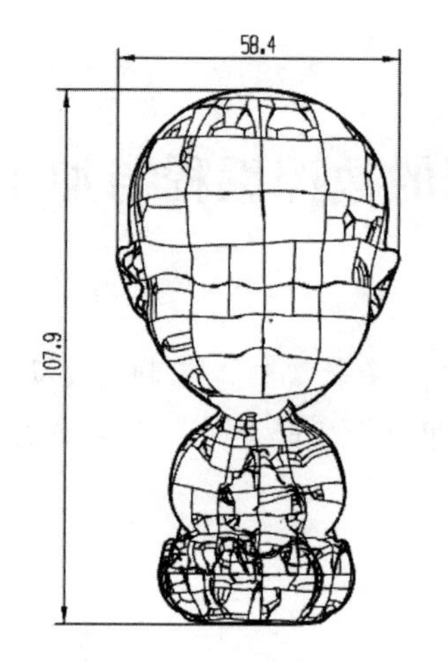

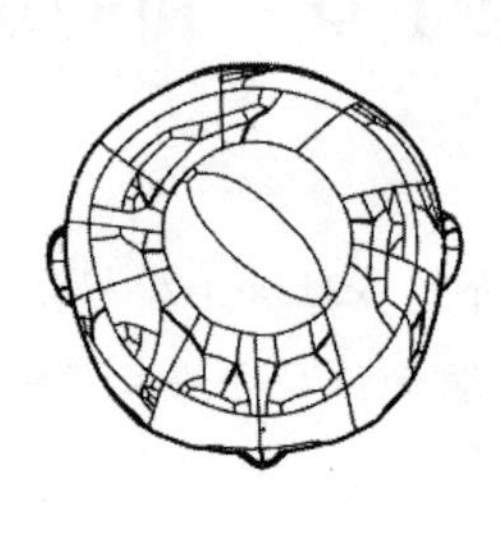

图 1-1　零件工程图纸

根据和尚玩偶的尺寸和结构特点，确定其加工工艺如下：

1）下料：毛坯大小为ϕ60×130的棒料，材料为铝合金。

2）五轴数控铣：采用四爪夹盘装夹，对半开粗、二次开粗，其次整体半精加工、精加工，最后将其切断。

（2）加工工艺参数制定。由于和尚玩偶的材料为铝合金，并根据和尚玩偶的结构特点，确定各个工位使用的刀具、加工策略及切削参数见表1-1。

表 1-1　刀具、加工策略及切削参数表

序号	工序	加工策略	选用刀具	主轴转速	进给率	余量	备注
1	和尚玩偶粗加工	型腔铣	D10	5000	3000	0.15	侧壁
2	和尚玩偶二次开粗	型腔铣	D4	8500	2000	0.15	侧壁
3	整体半精加工	可变轮廓铣	R3	9000	3000	0.07	侧壁
4	整体精加工	可变轮廓铣	R1.5	11000	2500	0	侧面
5	和尚玩偶底部切断	平面铣	D10	5000	3000	0	侧面

1.2　编程前期准备

在标准工具条上选择“开始”|“加工”，系统弹出“加工环境”对话框，在对话框中选择“mill_multi-axis”多轴铣削模板，然后单击“确定”按钮，进入加

工环境。

（1）创建工位坐标系。在里，创建加工坐标系 MCS-1，设置安全距离。加工坐标系为建模绝对坐标系，安全距离设置为顶面高“30”，其余参数设置如图 1-2 所示。

图 1-2 设置加工坐标系

（2）定义毛坯几何体。在毛坯几何体 WORKPIECE 的“指定部件”选择和尚玩偶和支撑小圆柱体，“指定毛坯”选择毛坯零件，“指定检查”选择检查零件，如图 1-3 所示。

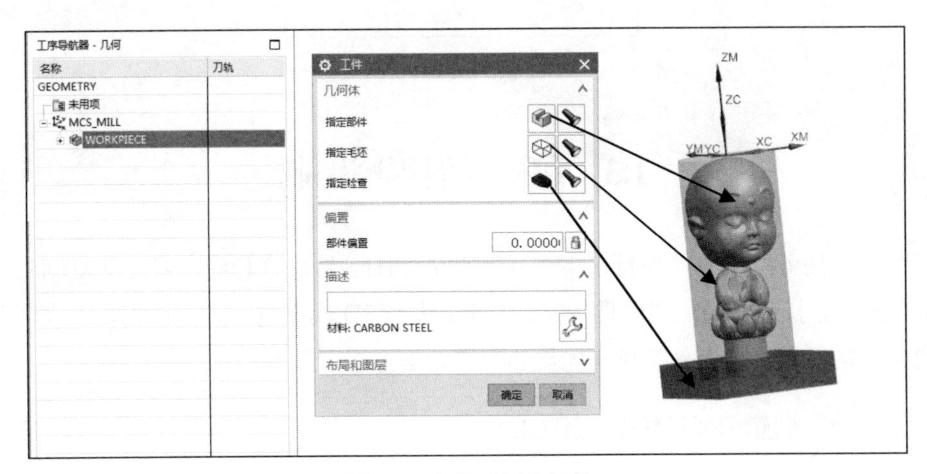

图 1-3 定义毛坯几何体

（3）创建刀具。在 机床视图 里，单击“工具条”|“刀片” 创建刀具，如图 1-4 所示。

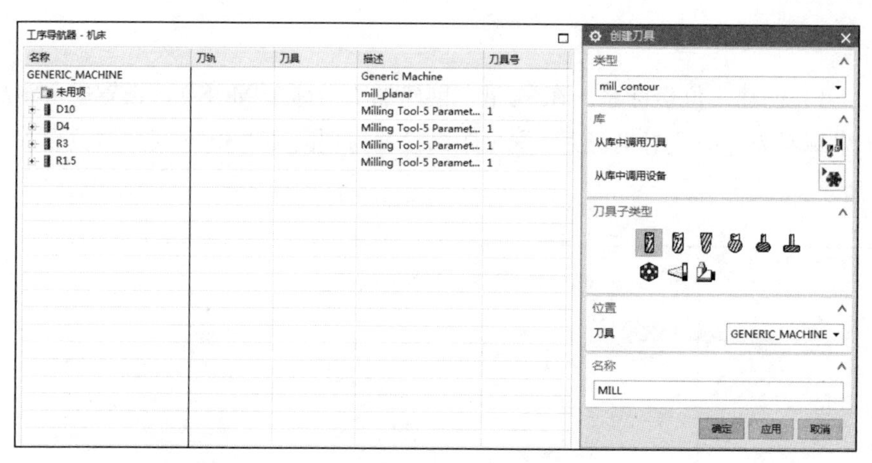

图 1-4　创建刀具

（4）创建程序组。在里，单击创建程序组按钮，通过复制现有的程序组然后修改名称的方法来创建，结果如图 1-5 所示。

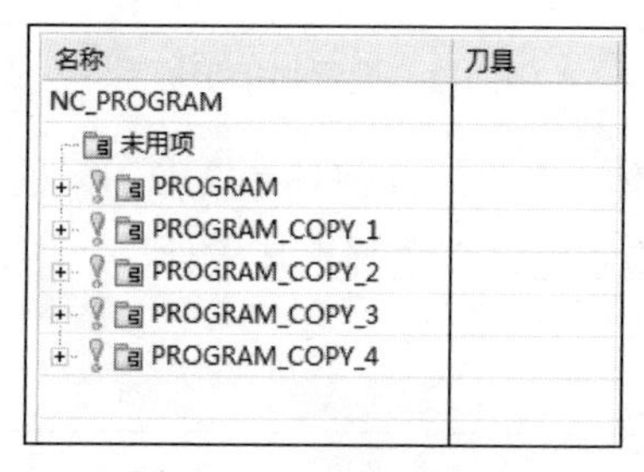

图 1-5　创建程序组

1.3　和尚玩偶程序编制

本节任务：在 D 盘根目录下建立文件夹 CH1，然后将和尚玩偶文件复制到该文件夹中，打开和尚玩偶图档，根据图 1-1 中的 3D 模型进行数控编程，生成合理的刀具路径，检查刀具路径并优化其刀路，然后用五轴数控机床进行加工。

1.3.1　创建和尚玩偶粗加工 CU1

（1）在“刀片”工具条中单击“创建工序”按钮，系统弹出“创建工序”对话框，在“类型”下拉列表中选择 mill_contour，“工序子类型”选择“型腔铣”，“位置”参数按图 1-6 所示设置。

图 1-6　设置工序参数

（2）系统弹出“型腔铣”对话框，“几何体”选择 WORKPIECE，“刀具”选择“D10（铣刀-5 参数）”，“轴”选择“指定矢量”，其参数设置如图 1-7 所示。

（3）在“刀轨设置”栏中，设置“切削模式”为“跟随周边”，“步距”选择“刀具平直百分比 75”，“最大距离”设置为“0.7mm”，如图 1-8 所示。

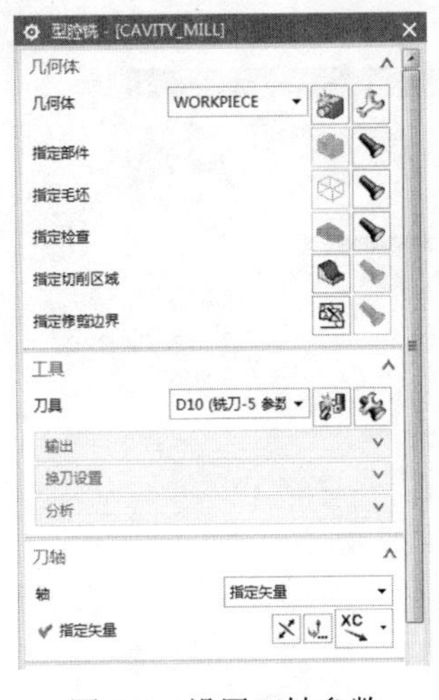

图 1-7　设置刀轴参数

图 1-8　设置刀轨参数

（4）单击“切削层”按钮，系统弹出“切削层”对话框，设置“范围类型”为“用户定义”，设置层深“最大距离”为“0.7mm”，按回车键，系统自动显示“选择定义”栏，设置“范围深度”为“30.5”，单击“确定”按钮，如图 1-9 所示。

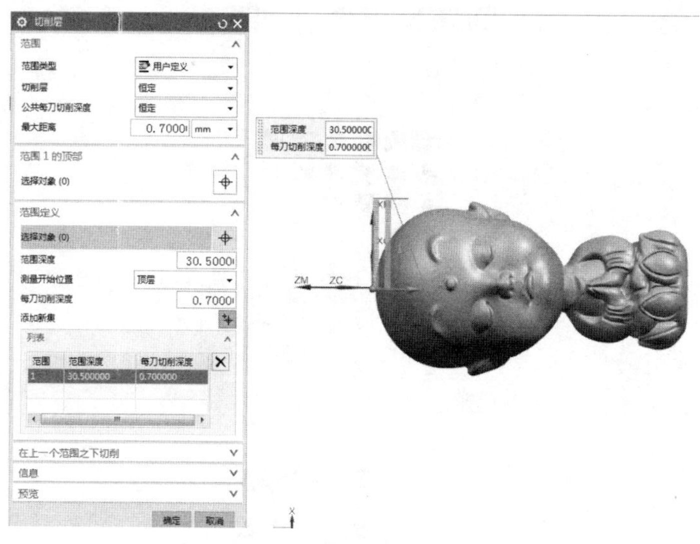

图 1-9　设置切削层参数

（5）单击“切削参数”按钮，系统弹出“切削参数”对话框，选择“策略”选项卡，“切削方向”选择“顺铣”，“切削顺序”选择“深度优先”，“刀路方向”选择“向内”。在“余量”选项卡中，勾选“使底面余量与侧面余量一致”复选框，“部件侧面余量”设置为“0.15”，内外公差设置为“0.01”，如图 1-10 所示。

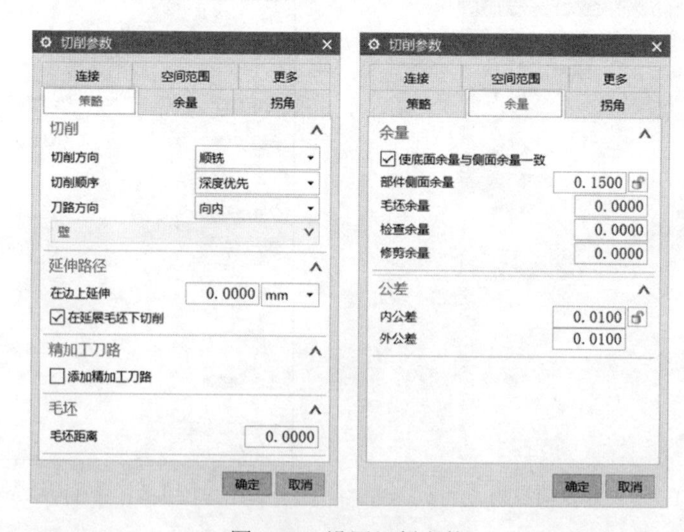

图 1-10　设置切削参数

（6）单击“非切削移动”按钮，系统弹出“非切削移动”对话框，在“转移/快速”选项卡，设置“安全设置选项”为“使用继承的”，在“区域内”栏中，设置“转移方式”为“进刀/退刀”，设置“转移类型”为“前一平面”，设置“安全距离”为“1mm”。选择“进刀”选项卡，在“封闭区域”栏中，设置“进刀类型”为“螺旋”，设置“直径”为“刀具百分比 90”，设置“斜坡角”为“1”，设置“高度”为“1mm”，设置“高度起点”为“前一层”，设置“最小安全距离”为“0”，设置“最小斜面长度”为“0”。在“开放区域”栏中，设置“进刀类型”为“圆弧”，设置“半径”为“刀具百分比 60”，设置“圆弧角度”为“90”，设置“高度”为“1mm”，设置“最小安全距离”为“刀具百分比 0”，勾选“修剪至最小安全距离”复选框，如图 1-11 所示。

图 1-11 设置安全距离

（7）单击“进给率和速度”按钮，系统弹出“进给率和速度”对话框，设置“主轴速度”为“5000”，在“进给率”栏中，设置“切削”为“3000mmpm”，单击“更多”右侧的下三角按钮，设置“进刀”为“切削百分比 60”，设置“第一刀切削”为“切削百分比 100”，设置“步进”为“切削百分比 100”，设置“退刀”为“切削百分比 100”，单击“计算”按钮，如图 1-12 所示。

（8）返回“型腔铣”对话框，然后单击“生成”按钮，系统自动生成粗加工刀路，如图 1-13 所示。

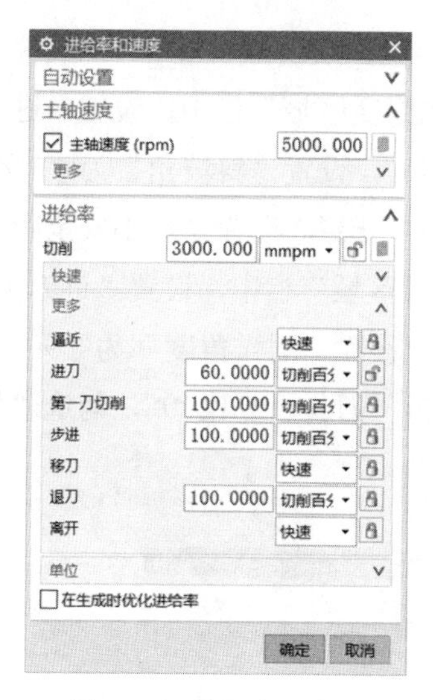

图 1-12 设置进刀参数

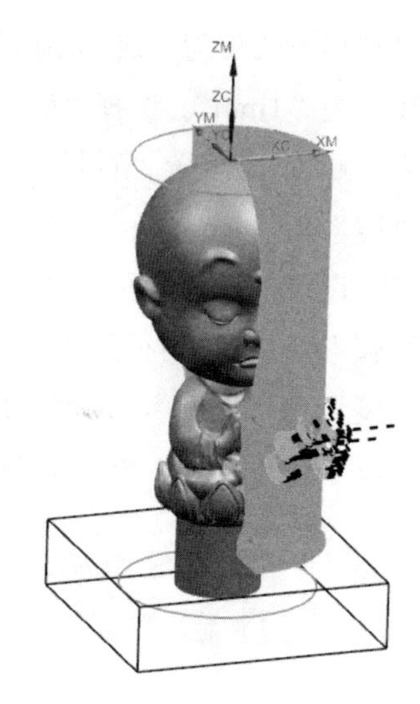

图 1-13 生成右半部分粗加工刀路

1.3.2 创建和尚玩偶粗加工 CU2

（1）在“刀片”工具条中单击“创建工序”按钮，系统弹出“创建工序”对话框，在“类型”下拉列表中选择 mill_contour，“工序子类型”选择“型腔铣”，“位置”参数按图 1-14 所示设置。

（2）系统弹出“型腔铣”对话框，“几何体”选择 WORKPIECE，“刀具”选择“D10（铣刀-5 参数）”，“轴”选择“指定矢量”，参数设置如图 1-15 所示。

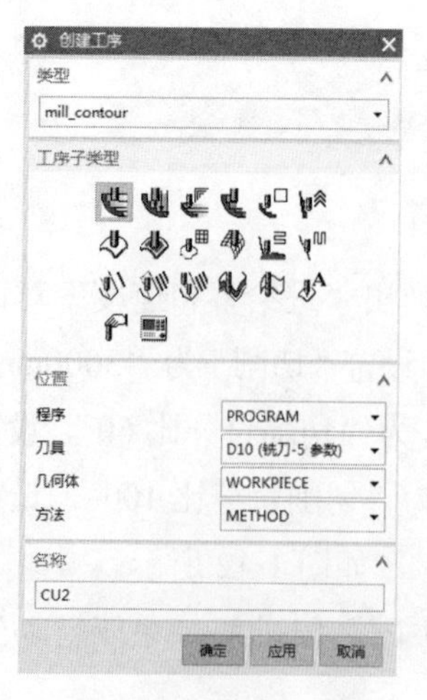

图 1-14 设置工序参数

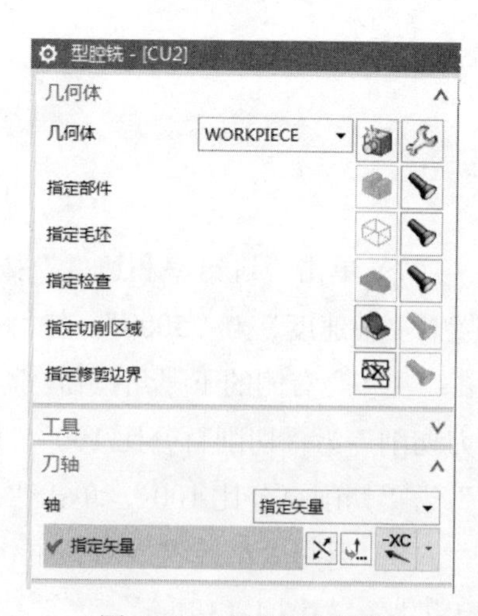

图 1-15 设置刀轴参数

（3）在“刀轨设置”选项卡中设置“切削模式”为“跟随周边”，“步距”选择“刀具平直百分比 75”，“最大距离”设置为“0.7mm”，如图 1-16 所示。

图 1-16 设置刀轨参数

（4）单击“切削层”按钮，系统弹出“切削层”对话框，设置“范围类型”为“用户定义”，设置层深“最大距离”为“0.7mm”，按回车键，系统自动显示“选择定义”栏，设置“范围深度”为“30.5”，单击“确定”按钮，如图 1-17 所示。

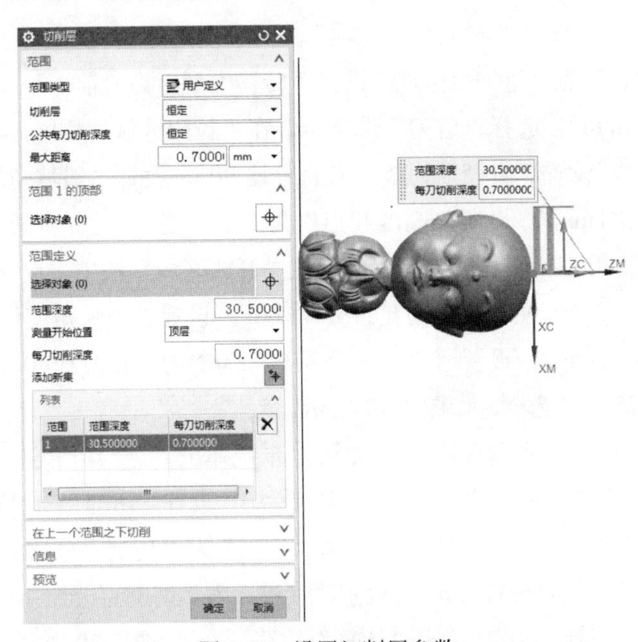

图 1-17 设置切削层参数

（5）单击“切削参数”按钮，系统弹出“切削参数”对话框，选择“策略”选项卡，“切削方向”选择“顺铣”，“切削顺序”选择“深度优先”，“刀路方向”选择“向内”。在“余量”选项卡中，勾选“使底面余量与侧面余量一致”复选框，“部件侧面余量”设置为“0.15”，内外公差设置为“0.01”，如图 1-18 所示。

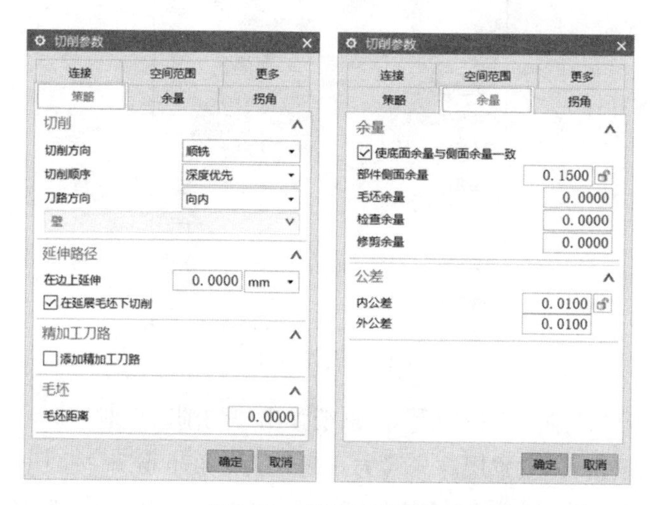

图 1-18　设置切削参数

（6）单击“非切削移动”按钮，系统弹出“非切削移动”对话框，在“转移/快速”选项卡，设置“安全设置选项”为“使用继承的”，在“区域内”栏中，设置“转移方式”为“进刀/退刀”，设置“转移类型”为“前一平面”，设置“安全距离”为“1mm”。选择“进刀”选项卡，在“封闭区域”栏中，设置“进刀类型”为“螺旋”，设置“直径”为“刀具百分比 90”，设置“斜坡角”为“1”，设置“高度”为“1mm”。设置“高度起点”为“前一层”，设置“最小安全距离”为“0”，设置“最小斜面长度”为“0”。在“开放区域”栏中，设置“进刀类型”为“圆弧”，设置“半径”为“刀具百分比 60”，设置“圆弧角度”为“90”，设置“高度”为“1mm”，设置“最小安全距离”为“刀具百分比 0”，勾选“修剪至最小安全距离”复选框，如图 1-19 所示。

（7）单击“进给率和速度”按钮，系统弹出“进给率和速度”对话框，设置“主轴速度”为“5000”，在“进给率”栏中，设置“切削”为“3000mmpm”，单击“更多”右侧的下三角按钮，设置“进刀”为“切削百分比 60”，设置“第一刀切削”为“切削百分比 100”，设置“步进”为“切削百分比 100”，设置“退刀”为“切削百分比 100”，单击“计算”按钮，如图 1-20 所示。

图 1-19　设置安全距离

（8）返回“型腔铣”对话框，然后单击“生成”按钮，系统自动生成粗加工刀路，如图 1-21 所示。

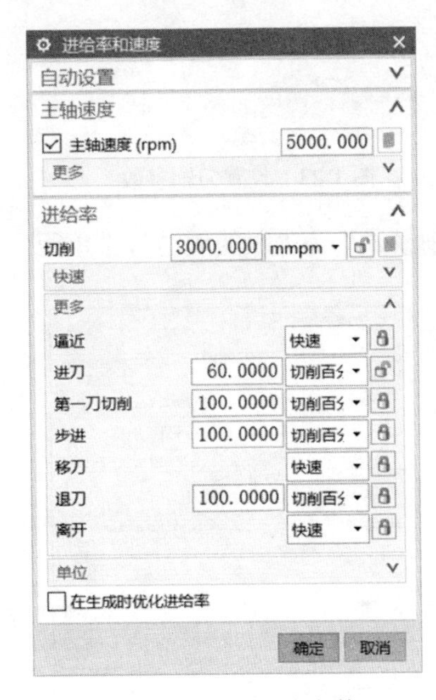

图 1-20　设置进刀参数

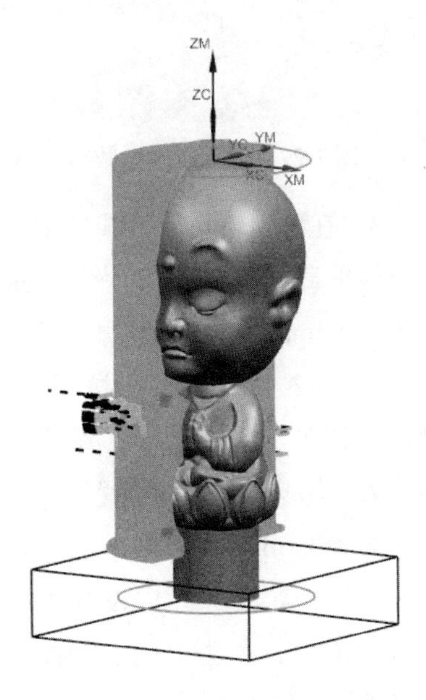

图 1-21　生成左半部分粗加工刀路

1.3.3 创建和尚玩偶左半部分二次开粗

（1）在“刀片”工具条中单击“创建工序”按钮，系统弹出“创建工序”对话框，在“类型”下拉列表中选择 mill_contour，“工序子类型”选择“型腔铣”，“位置”参数设置如图 1-22 所示。

（2）系统弹出“型腔铣”对话框，“几何体”选择 WORKPIECE，“刀具”选择“D4（铣刀-5 参数）”，“轴”选择“指定矢量”，参数设置如图 1-23 所示。

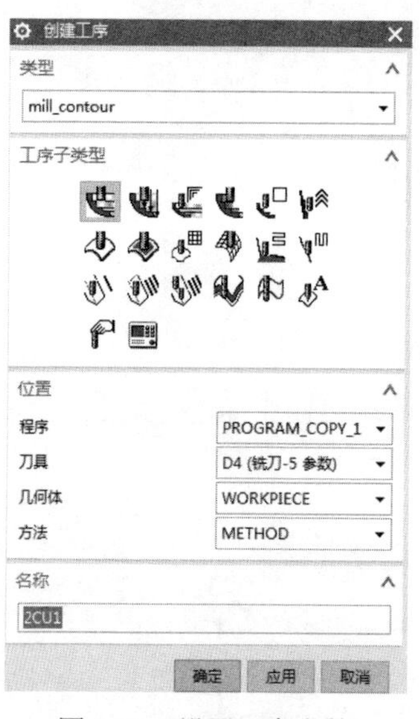

图 1-22 设置工序参数

图 1-23 设置刀轴参数

（3）在“刀轨设置”选项卡，设置“切削模式”为“跟随周边”，“步距”选择“刀具平直百分比 65”，设置“最大距离”为“0.4mm”，如图 1-24 所示。

（4）单击“切削层”按钮，系统弹出“切削层”对话框，设置“范围类型”为“用户定义”，设置层深“最大距离”为“0.4mm”，按回车键，系统自动显示“选择定义”栏，设置“范围深度”为“30.5”，单击“确定”按钮，如图 1-25 所示。

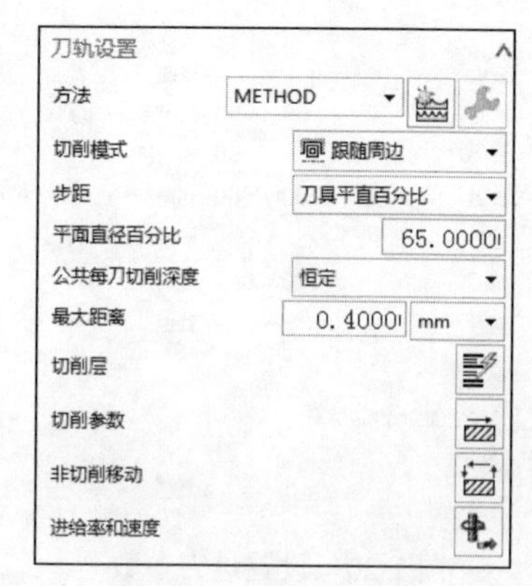

图 1-24 设置刀轨参数

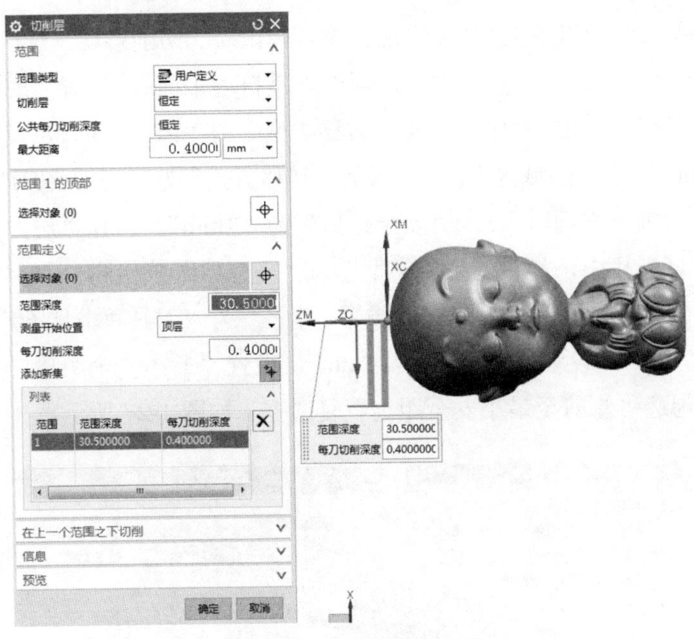

图 1-25 设置切削层参数

（5）单击“切削参数”按钮，系统弹出“切削参数”对话框，选择“策略”选项卡，“切削方向”选择“顺铣”，“切削顺序”选择“深度优先”，“刀路方向”选择“向内”。在“余量”选项卡中，勾选“使底面余量与侧面余量一致”复选框，“部件侧面余量”设置为“0.15”，内外公差设置为“0.01”。在“空间范围”选项卡中，“参考刀具”选择“D10（铣刀-5 参数）”，如图 1-26 所示。

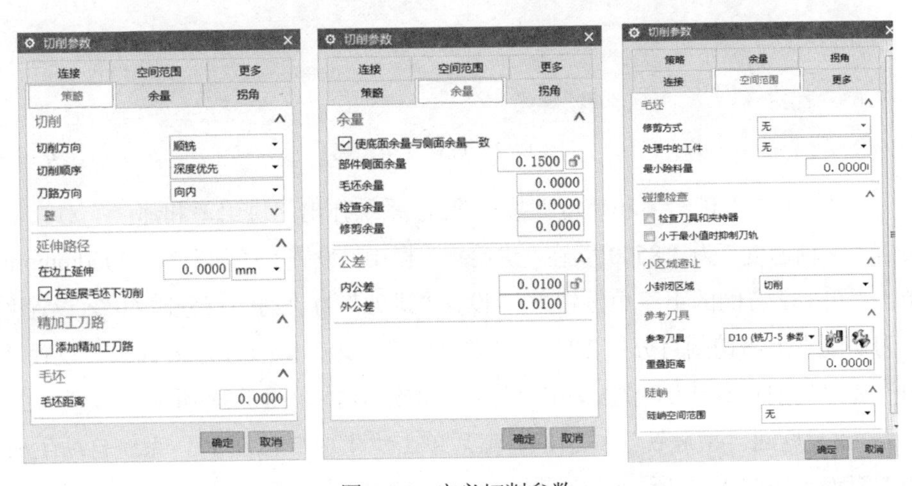

图 1-26 定义切削参数

（6）单击“非切削移动”按钮，系统弹出“非切削移动”对话框，在“转移/快速”选项卡，设置“安全设置选项”为“自动平面”，设置“安全距离”为“10”。在“区域之间”栏中，设置“转移类型”为“前一平面”，设置“安全距离”为“1mm”。在“区域内”栏中，设置“转移方式”为“进刀/退刀”，设置“转移类型”为“前一平面”，设置“安全距离”为“1mm”。选择“进刀”选项卡，在“封闭区域”栏中，设置“进刀类型”为“与开放区域相同”。在“开放区域”栏中，设置“进刀类型”为“圆弧”，设置“半径”为“刀具百分比 60”，设置“圆弧角度”为“90”，设置“高度”为“1mm”，设置“最小安全距离”为“刀具百分比 50”，勾选“修剪至最小安全距离”复选框，如图 1-27 所示。

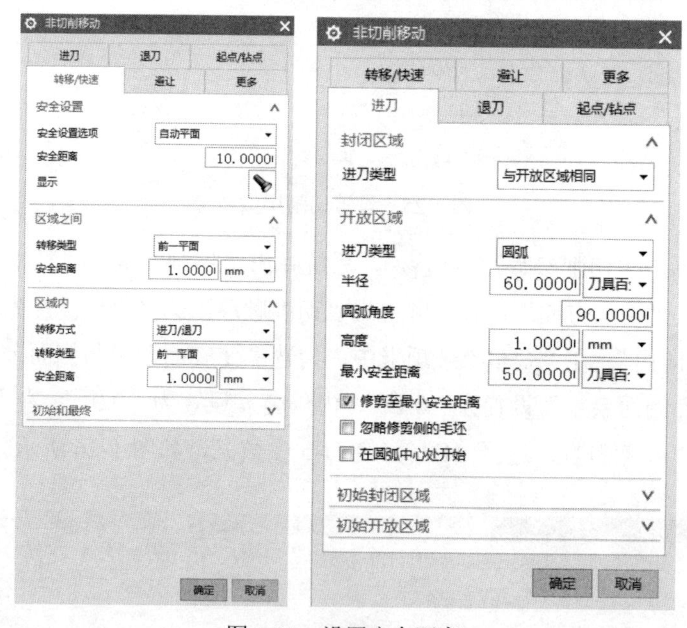

图 1-27　设置安全距离

（7）单击“进给率和速度”按钮，系统弹出“进给率和速度”对话框，设置“主轴速度”为“8500”，在“进给率”栏中，设置“切削”为“2000mmpm”，单击“更多”右侧的下三角按钮，设置“进刀”为“切削百分比 60”，设置“第一刀切削”为“切削百分比 100”，设置“步进”为“切削百分比 100”，设置“退刀”为“切削百分比 100”，单击“计算”按钮，如图 1-28 所示。

（8）返回“型腔铣”对话框，然后单击“生成”按钮，系统自动生成粗加工刀路，如图 1-29 所示。

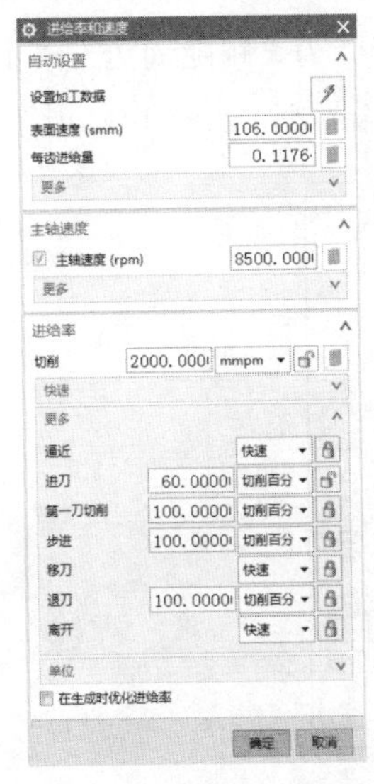

图 1-28　设置进刀参数

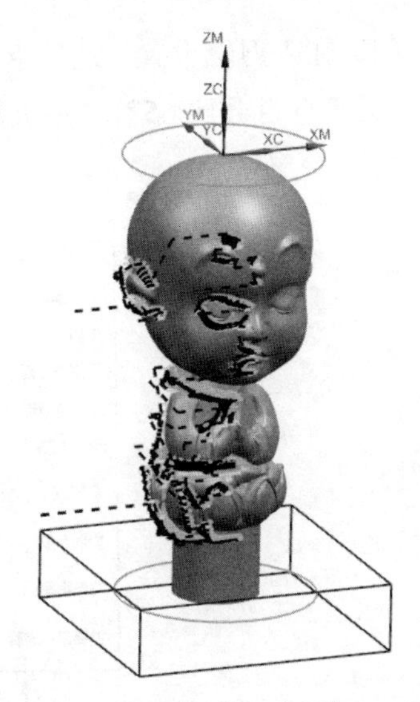

图 1-29　生成左半部分粗加工刀路

1.3.4　创建和尚玩偶右半部分二次开粗

（1）在“刀片”工具条中单击“创建工序”按钮，系统弹出“创建工序”对话框，在“类型”下拉列表中选择 mill_contour，“工序子类型”选择“型腔铣”，“位置”参数按图 1-30 所示设置。

（2）系统弹出“型腔铣”对话框，“几何体”选择 WORKPIECE，“刀具”选择“D4（铣刀-5 参数）”，“轴”选择“指定矢量”，参数设置如图 1-31 所示。

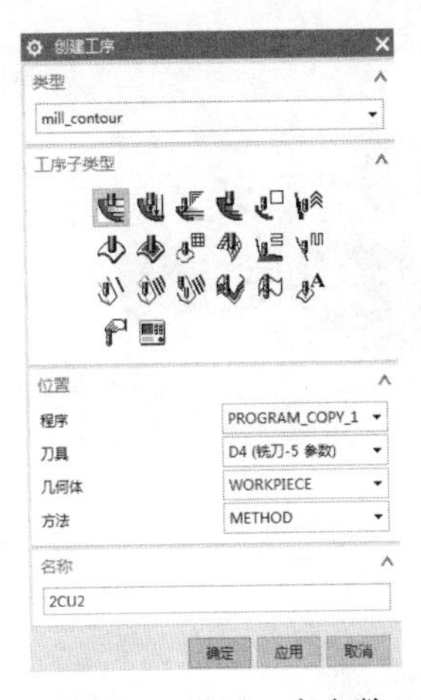

图 1-30　设置工序参数

图 1-31　设置刀轴参数

（3）在“刀轨设置”选项卡，设置“切削模式”为“跟随周边”，“步距”选择“刀具平直百分比 65”，“最大距离”设置为“0.4mm”，如图 1-32 所示。

图 1-32　设置刀轨参数

（4）单击“切削层”按钮，系统弹出“切削层”对话框，设置“范围类型”为“用户定义”，设置层深“最大距离”为“0.4mm”，按回车键，系统自动显示“选择定义”栏，设置“范围深度”为“30.5”，单击“确定”按钮，如图 1-33 所示。

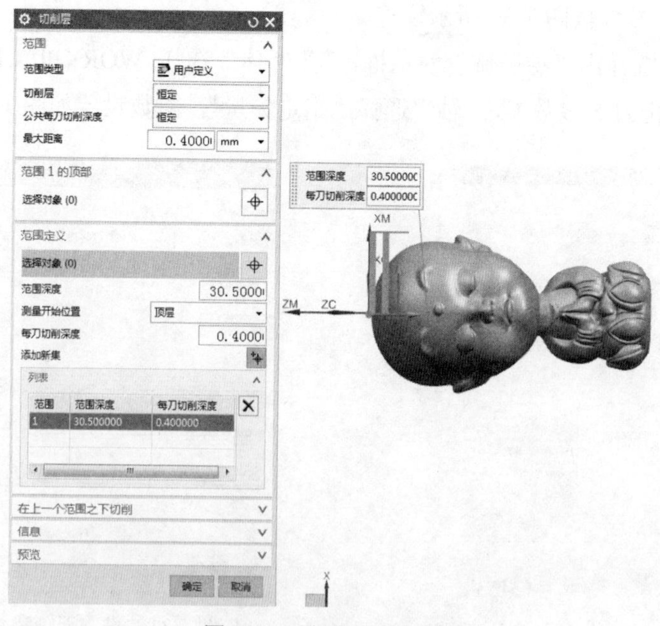

图 1-33　设置切削层参数

（5）单击“切削参数”按钮，系统弹出“切削参数”对话框，选择“策略”选项卡，“切削方向”选择“顺铣”，“切削顺序”选择“深度优先”，“刀路方向”选择“向内”。在“余量”选项卡，勾选“使底面余量与侧面余量一致”复选框，“部件侧面余量”设置为“0.15”，内外公差设置为“0.01”。在“空间范围”选项卡，“参考刀具”选择“D10（铣刀-5 参数）”，单击“确定”按钮并退出，如图 1-34 所示。

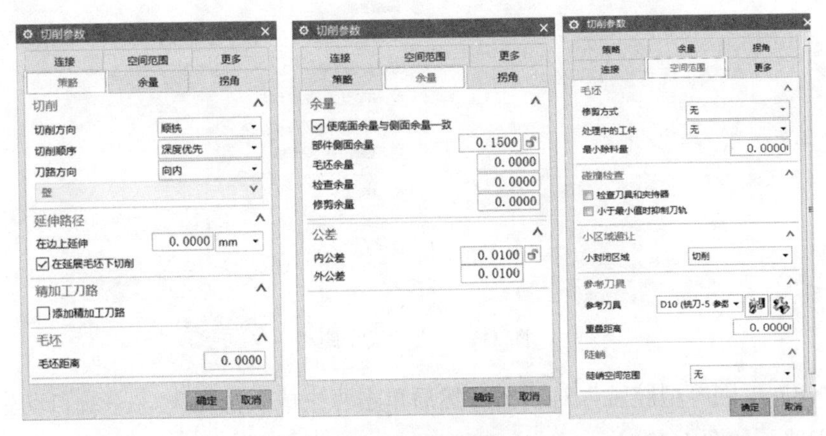

图 1-34　设置切削参数

（6）单击“非切削移动”按钮，系统弹出“非切削移动”对话框，在“转移/快速”选项卡，设置“安全设置选项”为“自动平面”，设置“安全距离”为“10”。在“区域之间”栏中，设置“转移类型”为“前一平面”，设置“安全距离”为“1mm”。在“区域内”栏中，设置“转移方式”为“进刀/退刀”，设置“转移类型”为“前一平面”，设置“安全距离”为“1mm”。选择“进刀”选项卡，在“封闭区域”栏中，设置“进刀类型”为“与开放区域相同”。在“开放区域”栏中，设置“进刀类型”为“圆弧”，设置“半径”为“刀具百分比 60”，设置“圆弧角度”为“90”，设置“高度”为“1mm”，设置“最小安全距离”为“刀具百分比 50”，勾选“修剪至最小安全距离”复选框，如图 1-35 所示。

（7）单击“进给率和速度”按钮，系统弹出“进给率和速度”对话框，设置“主轴速度”为“8500”，在“进给率”栏中，设置“切削”为“2000mmpm”，单击“更多”右侧的下三角按钮，设置“进刀”为“切削百分比 60”，“第一刀切削”为“切削百分比 100”，“步进”为“切削百分比 100”，“退刀”为“切削百分比 100”，单击“计算”按钮，如图 1-36 所示。

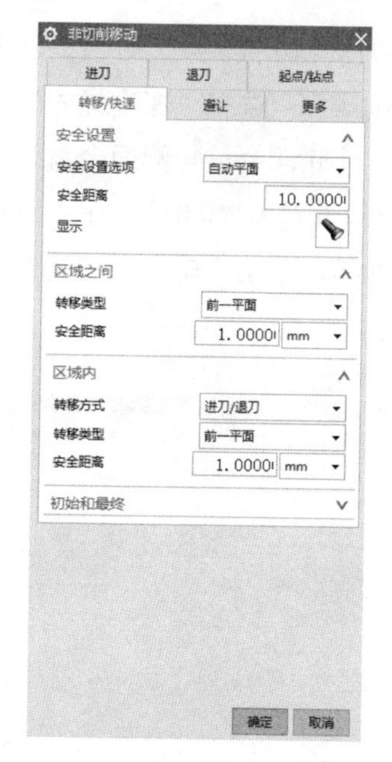

图 1-35　设置安全距离

（8）返回“型腔铣”对话框，然后单击“生成”按钮，系统自动生成粗加工刀路，如图 1-37 所示。

图 1-36　设置进刀参数

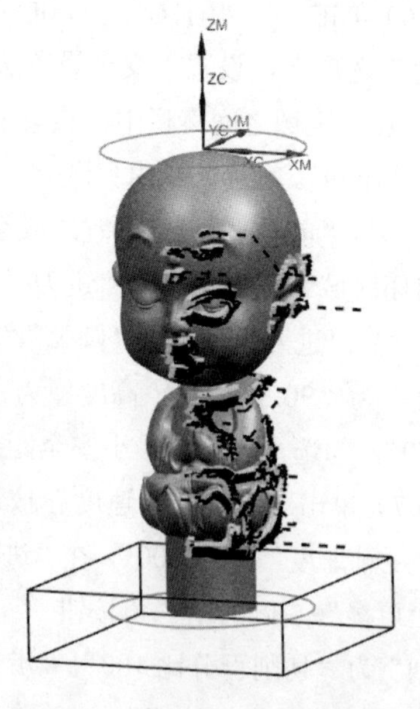

图 1-37　生成右半部分粗加工刀路

1.3.5 创建和尚玩偶整体半精加工刀路

（1）在“刀片”工具条中单击“创建工序”按钮，系统弹出“创建工序”对话框。在“类型”下拉列表中选择 mill_multi-axis，选择“工序子类型”为“可变轮廓铣”，“位置”参数设置如图 1-38 所示。

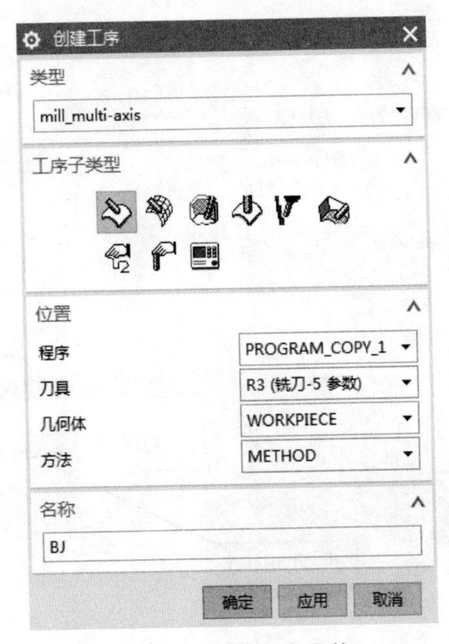

图 1-38　设置工序参数

（2）系统弹出“可变轮廓铣”对话框，在“驱动方法”栏中，选择“方法”为“曲面”，单击按钮，系统弹出“曲面区域驱动方法”对话框，选择“指定驱动几何体”，弹出“驱动几何体”对话框，选择“驱动曲面”，如图 1-39 所示。在“驱动设置”栏中，选择“切削模式”为“螺旋”，设置“步距数”为“200”。

（3）“切削区域”选择“曲面%”，设置曲面百分比，如图 1-40 所示。

（4）返回“曲面区域驱动方法”对话框，单击“切削方向”按钮，选择箭头指定的方向，如图 1-41 所示。

（5）在“刀轴”栏中，设置“轴”为“垂直于驱动体”，如图 1-42 所示

（6）返回“可变轮廓铣”对话框，在“刀轨设置”栏中，单击“切削参数”按钮，弹出“切削参数”对话框，选择“余量”选项卡，设置“部件余量”为“0.07”，如图 1-43 所示。

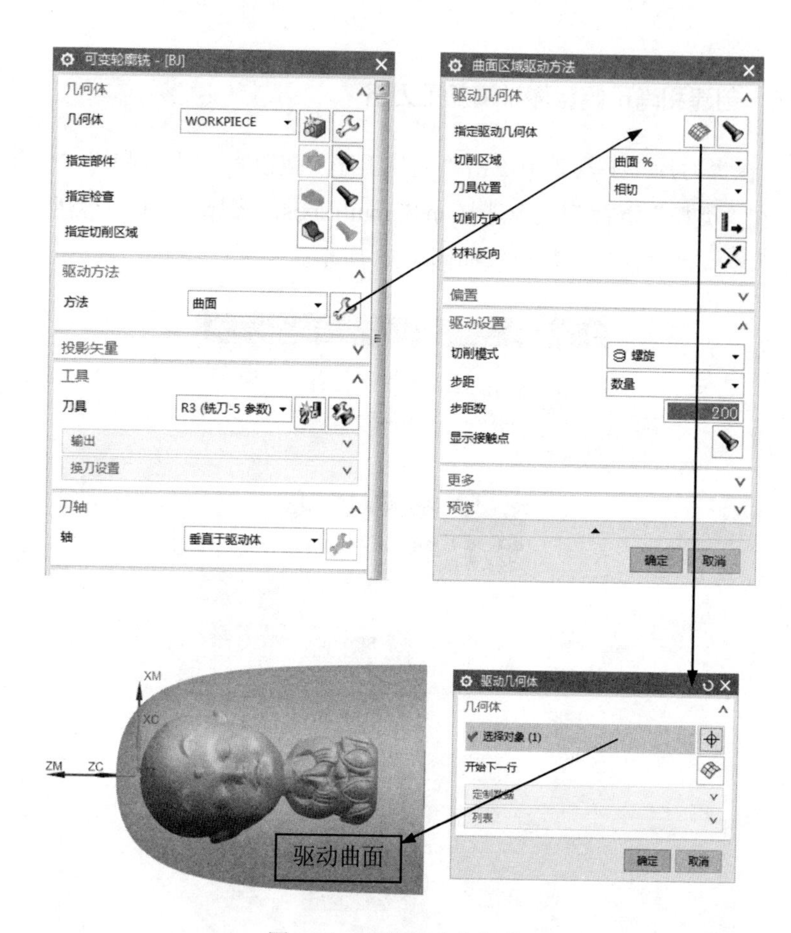

图 1-39　选择驱动几何体

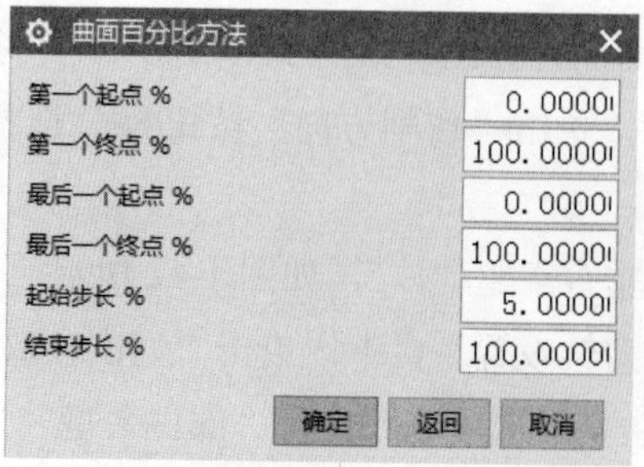

曲面百分比方法

第一个起点 %	0.0000
第一个终点 %	100.0000
最后一个起点 %	0.0000
最后一个终点 %	100.0000
起始步长 %	5.0000
结束步长 %	100.0000

确定　返回　取消

图 1-40　设置曲面百分比

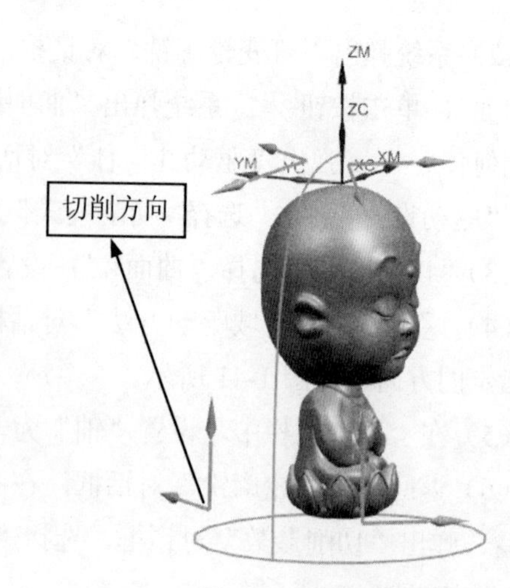

图 1-41　设置切削方向

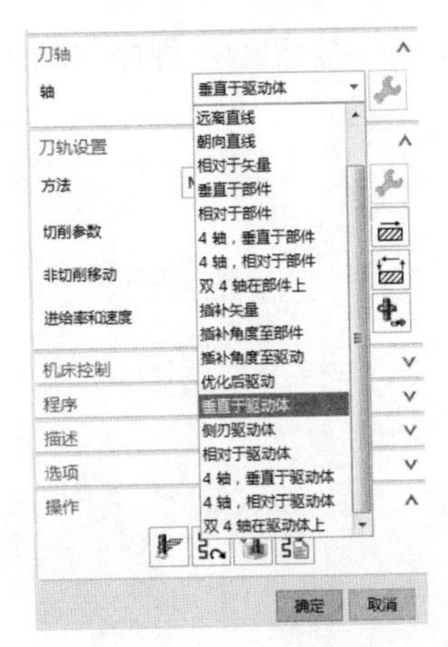

图 1-42 设置刀轴

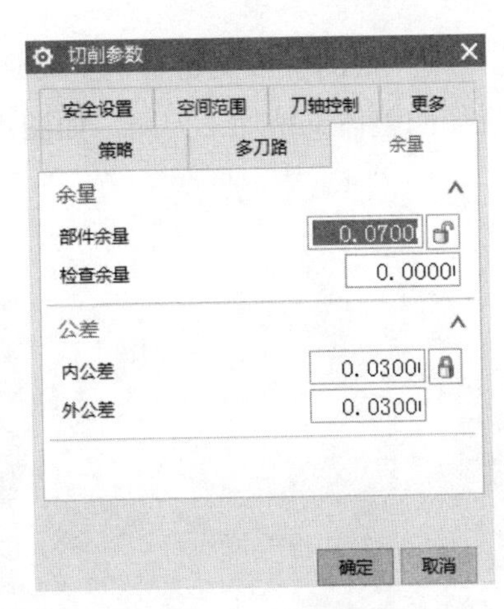

图 1-43 设置余量

（7）返回“可变轮廓铣”对话框，在“刀轨设置”栏中，单击“非切削移动”按钮，系统弹出“非切削移动”对话框，选择“转移/快速”选项卡，设置安全距离，如图 1-44 所示，在“安全设置选项”下拉列表中选择“包容块”，设置“安全距离”为“3”。

（8）返回“可变轮廓铣”对话框，单击“进给率和速度”按钮，弹出“进给率和速度”对话框，设置“主轴速度”为“9000”，单击“计算”按钮，然后在“进给率”栏中，设置“切削”为“3000mmpm”，设置“进刀”为“切削百分比 50”，如图 1-45 所示。

图 1-44 设置安全距离

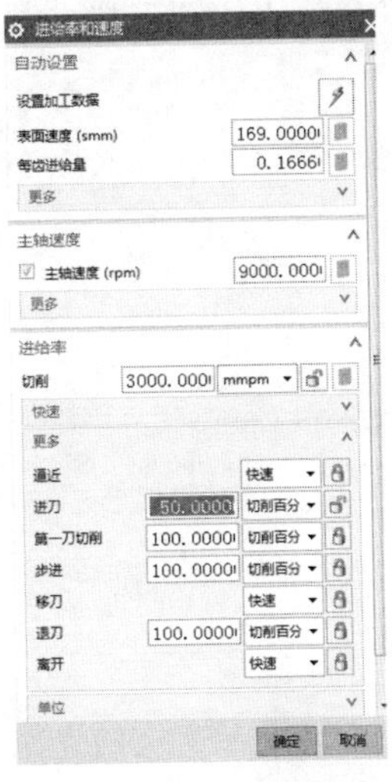

图 1-45 设置进给率和速度参数

（9）返回“可变轮廓铣”对话框，单击“生成”按钮，程序自动生成和尚玩偶的整体半精加工刀路，如图 1-46 所示。

图 1-46 生成和尚玩偶的整体半精加工刀路

1.3.6 创建和尚玩偶整体精加工刀路

（1）在“刀片”工具条中单击“创建工序”按钮，弹出“创建工序”对话框。在“类型”下拉列表中选择 mill_multi-axis，选择“工序子类型”为“可变轮廓铣”，“位置”栏参数设置如图 1-47 所示。

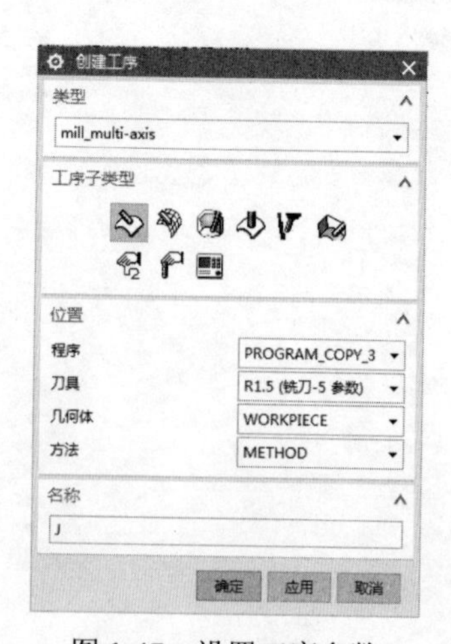

图 1-47 设置工序参数

（2）系统弹出“可变轮廓铣”对话框，在“驱动方法”栏中，选择“方法”为“曲面”，单击按钮，系统弹出“曲面区域驱动方法”对话框，选择“指定驱动几何体”为图1-48里的“驱动曲面”。在“驱动设置”栏中，选择“切削模式”为“螺旋”，设置“步距数”为“600”。

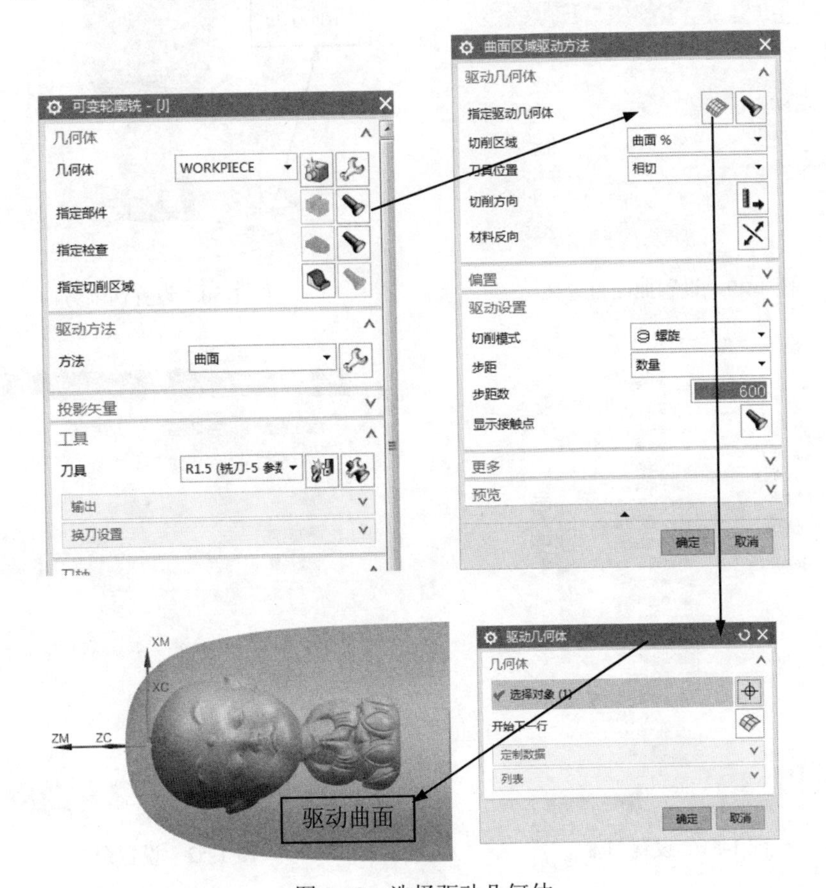

图1-48　选择驱动几何体

（3）设置“切削区域”为“曲面%”，设置曲面百分比，如图1-49所示。

（4）返回“曲面区域驱动方法”对话框，单击“切削方向”按钮，选择箭头指定的方向，如图1-50所示。

（5）在“刀轴”栏中设置“轴”为“垂直于驱动体”，如图1-51所示。

（6）返回“可变轮廓铣”对话框，在“刀轨设置”栏中，单击“切削参数”按钮，弹出“切削参数”对话框，单击“余量”选项卡，设置“部件余量”为“0.00”，设置“公差”为“0.003”，如图1-52所示。

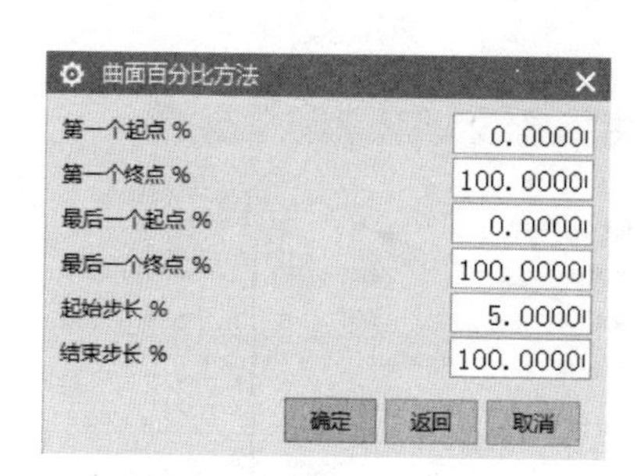

图 1-49 设置曲面百分比

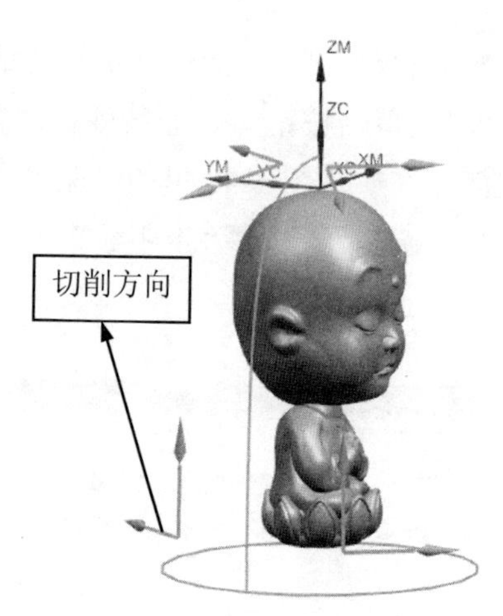

图 1-50 设置切削方向

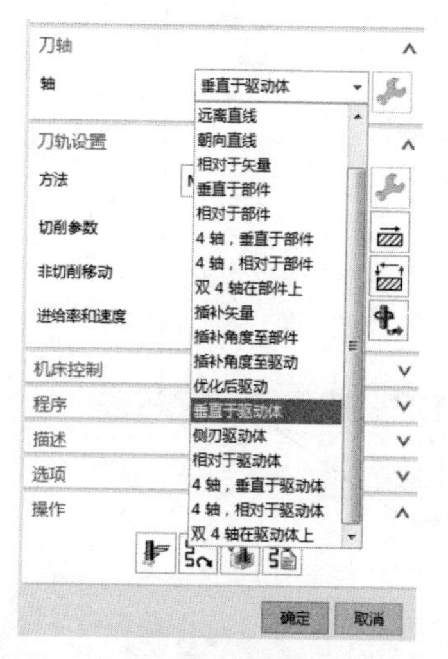

图 1-51 设置刀轴

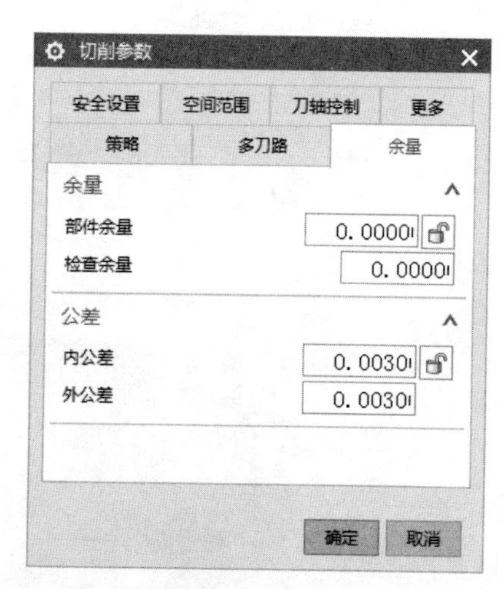

图 1-52 设置余量

（7）返回“可变轮廓铣”对话框，在“刀轨设置”栏中，单击“非切削移动”按钮，系统弹出“非切削移动”对话框，选择“转移/快速”选项卡，设置安全距离，如图 1-53 所示，在“安全设置选项”下拉列表中选择“包容块”，设置“安全距离”为“3”。

（8）返回“可变轮廓铣”对话框，单击“进给率和速度”按钮，弹出“进给率和速度”对话框，设置“主轴速度”为“11000”，单击“计算”按钮，然后在“进给率”栏中，设置“切削”为“2500mmpm”，设置“进刀”为“切削百分比 50”，然后单击“确定”按钮，如图 1-54 所示。

图 1-53 设置安全距离

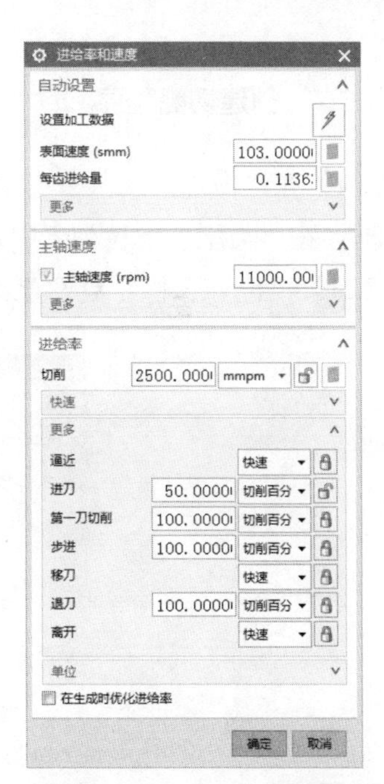

图 1-54 设置进给率和速度参数

（9）返回“可变轮廓铣”对话框，单击“生成“按钮，程序自动生成和尚玩偶的整体精加工刀路，如图 1-55 所示。

图 1-55 生成和尚玩偶的整体精加工刀路

1.3.7 创建切断程序 QD

（1）在“刀片”工具条中单击“创建工序”按钮，系统弹出“创建工序”对话框，在“类型”下拉列表中选择 mill_contour，“工序子类型”选择“平面轮廓铣”，“位置”栏参数设置如图 1-56 所示。

图 1-56 设置工序参数

（2）系统弹出“平面轮廓铣”对话框，“几何体”选择 WORKPIECE，“指定部件边界”选择，进入“边界几何体”对话框，在“模式”下拉列表中选择“曲线/边...”，如图 1-57 所示；界面自动转跳到“创建边界”对话框，在“类型”下拉列表中选择“开放的”，如图 1-58 所示；选择如图 1-59 所示的曲线，单击“确定”按钮，返回“平面轮廓铣”对话框，“指定底面”选择，进入“刨”对话框，参数设置如图 1-60 所示；设置好后单击“确定”按钮，单击“刀具”选择“D10（铣刀-5 参数）”，在“刀轴”栏中勾选“指定矢量”，选择，操作及参数设置如图 1-61 所示。

（3）在“刀轨设置”选项卡，设置“部件余量”为“12”，“切削进给”为“3000mmpm”，在“切削深度”下拉列表中选择“恒定”，设置“公共”为“0.7”，如图 1-62 所示。

（4）单击“切削参数”按钮，系统弹出“切削参数”对话框，选择“策略”选项卡，在“切削方向”下拉列表中选择“混合”，其他设置均为默认，如图 1-63 所示。

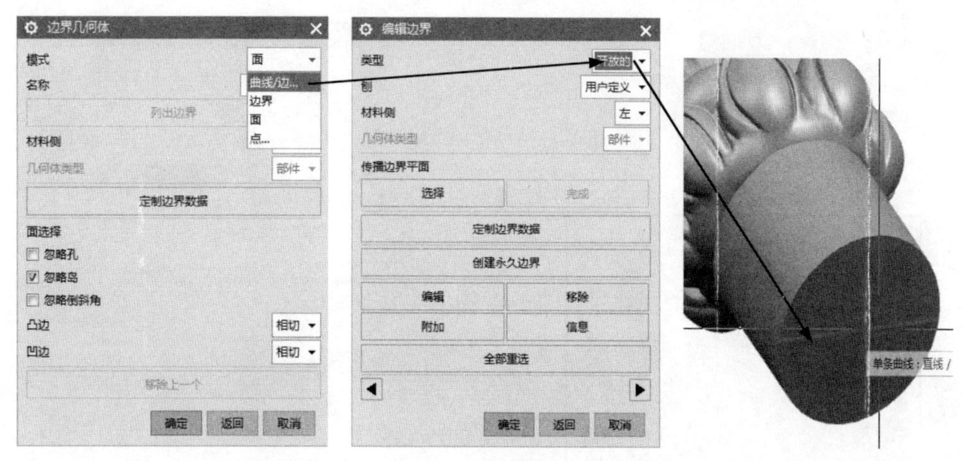

图 1-57　设置边界几何体模式　　图 1-58　设置边界类型　　图 1-59　选择边界

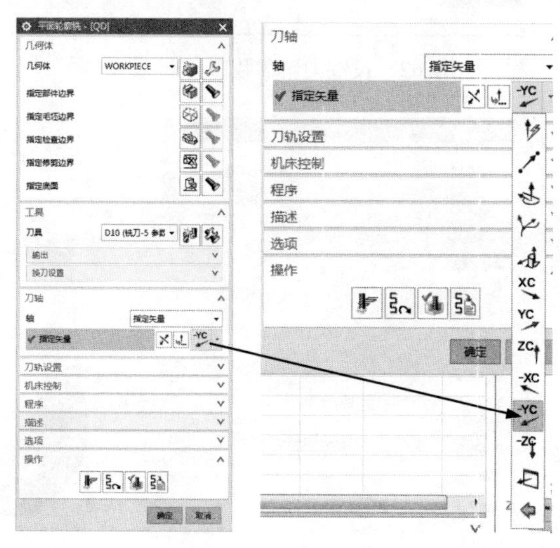

图 1-60　设置参数　　　　图 1-61　定义刀轴

（5）单击“非切削移动”按钮，系统弹出“非切削移动”对话框，在“转移/快速”选项卡中，设置“安全设置选项”为“刨”，“指定平面”选择，设置“距离”为“-45”，在“区域内”栏中，设置“转移方式”为“进刀/退刀”，设置“转移类型”为“前一平面”，设置“安全距离”为“1mm”，如图 1-64 所示。选择“进刀”选项卡，在“封闭区域”栏中，设置“进刀类型”为“与开放区域相同”。在“开放区域”栏中，设置“进刀类型”为“线性”，设置“长度”为“刀具百分比 60”，设置“高度”为“1mm”，设置“最小安全距离”为“1mm”，勾选“修剪至最小安全距离”复选框，如图 1-65 所示。

图 1-62　设置刀轨参数

图 1-63　设置切削参数

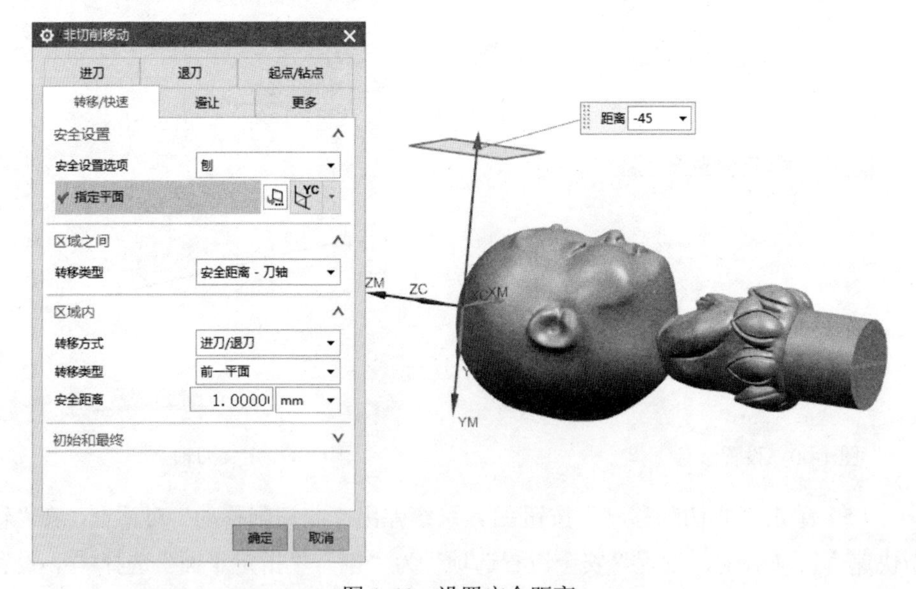

图 1-64　设置安全距离

（6）单击“进给率和速度”按钮，系统弹出“进给率和速度”对话框，设置“主轴速度”为“5000”，在“进给率”栏中，设置“切削”为“3000mmpm”，单击“更多”右侧的下三角按钮，设置“进刀”为“切削百分比 60”，设置“第一刀切削”为“切削百分比 100”，设置“步进”为“切削百分比 100”，设置“退刀”为“切削百分比 100”，单击“计算”按钮，如图 1-66 所示。

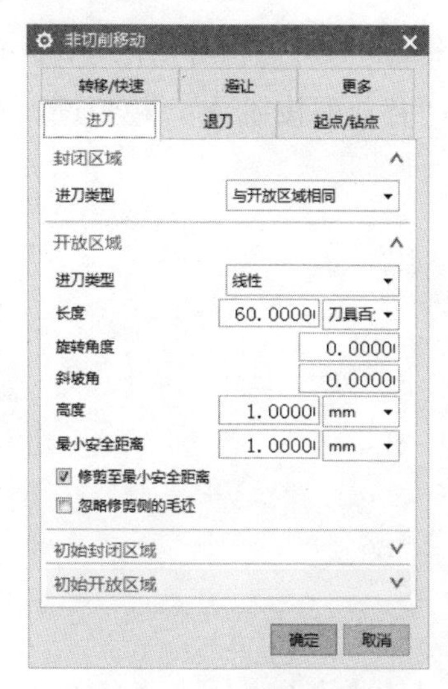

图 1-65　设置进刀参数

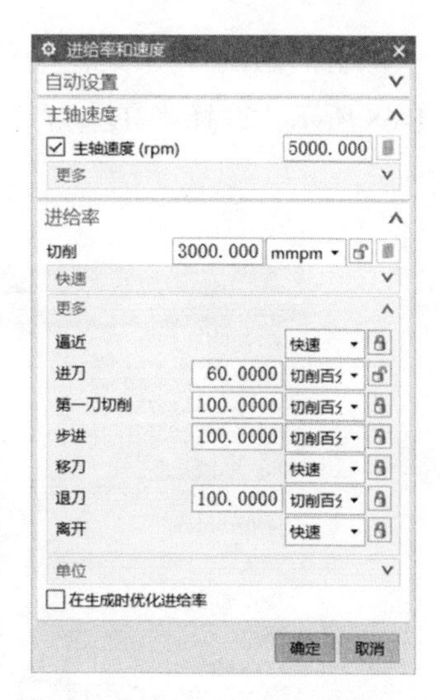

图 1-66　设置进给率和速度参数

（7）返回“平面轮廓铣”对话框，然后单击“生成”按钮，系统自动生成切断刀路，如图 1-67 所示。

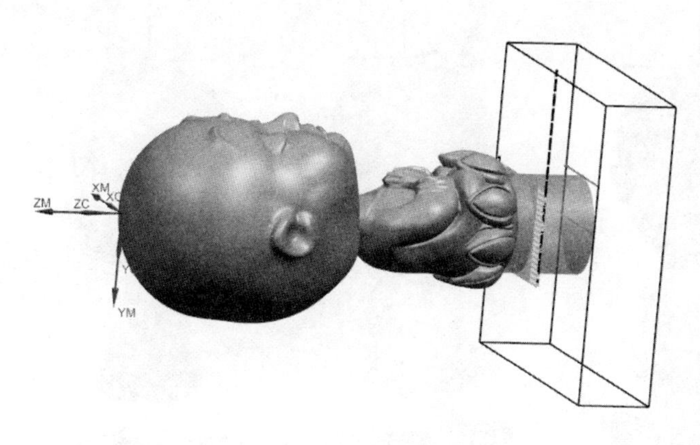

图 1-67　生成切断刀路

1.4　用 UG 软件进行刀路检查

对和尚玩偶进行加工模拟检查，最好用 3D 动态方式，以便于旋转、平移加工结果图形，从各个角度进行观察。设置图形显示方式为“带边着色”方式。

在导航器里展开各个刀路操作，选择第一个刀路操作，按住 Shift 键，再选择最后一个刀路操作。在工具栏里单击 按钮，系统进入“刀轨可视化”对话框，如图 1-68 所示，选择“3D 动态”选项卡，单击“播放”按钮，模拟过程如图 1-69 所示。

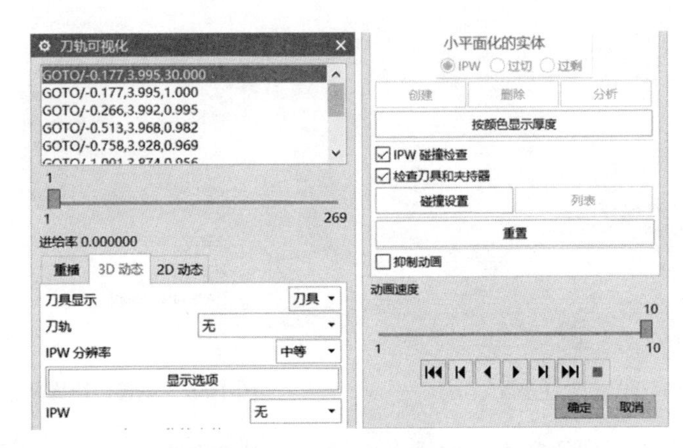

图 1-68 “刀轨可视化”对话框

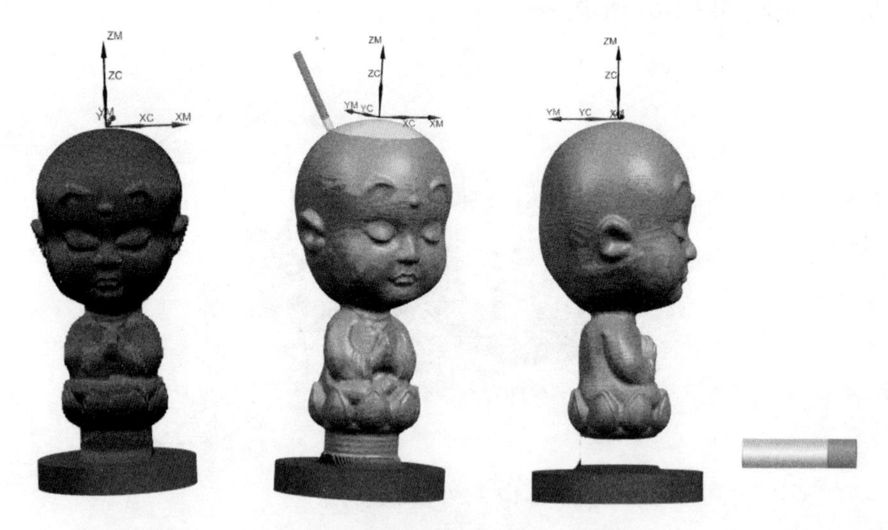

图 1-69 加工模拟

1.5 后处理

本例将在 XYZBC 双转台型机床上进行加工，加工坐标系零点位于 B 轴和 C 轴旋转轴交线处。

在导航器里，切换到“程序顺序”视图，选择第一个程序组 PROGRAM，在主工具栏里单击 按钮，系统弹出“后处理”对话框，选择后处理器“铼钠克BC（3+2 轴不可钻孔）”，在“文件名”栏里输入“D:/CU”，单击“应用”按钮，如图 1-70 所示。

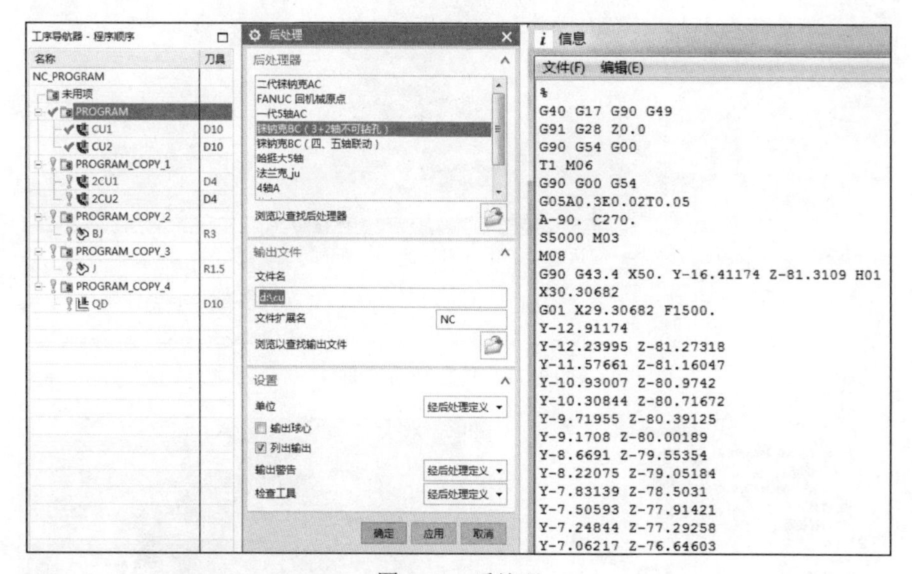

图 1-70　后处理

在导航器里选择 PROGRAM_COPY_1，输入文件名为“D:\2CU”。同理，对其他程序组进行后处理。单击“取消”按钮。在主工具栏里单击“保存”按钮 ，将图形文件存盘。

1.6　使用 VERICUT 进行加工仿真检查

本例将对加工零件进行多工位仿真。

启动 VERICUT V8.1.1 软件，在主菜单里执行“文件”|“打开”命令，在系统弹出的“打开项目”对话框，选择“第一章和尚玩偶/仿真”，单击“打开”按钮，如图 1-71 所示。

具体步骤如下：

（1）检查毛坯参数，本例初始项目已经定义第一工位的毛坯，导入已经建好的毛坯体，如图 1-72 所示。

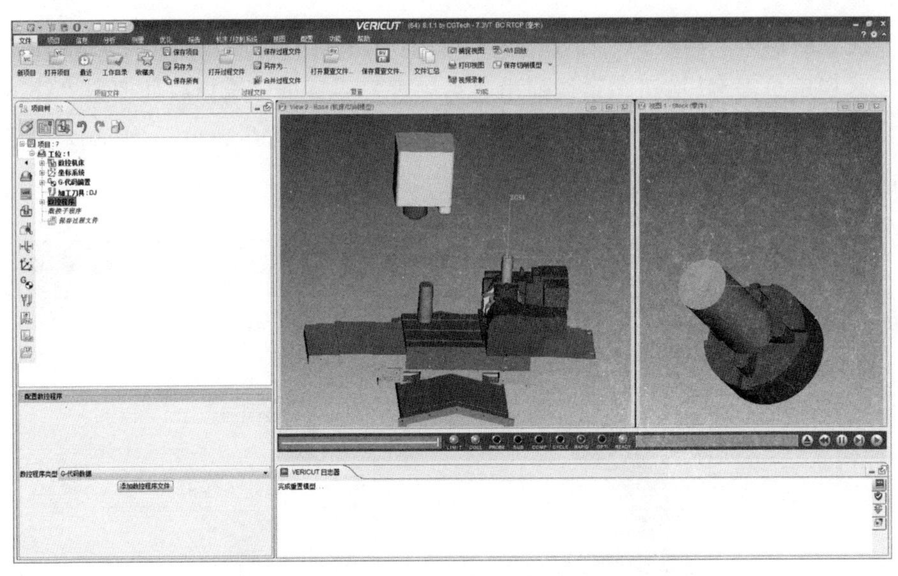

图 1-71 仿真初始界面

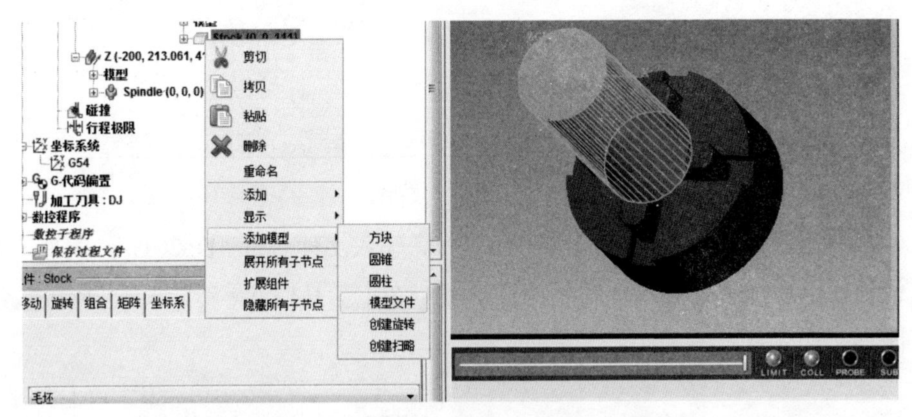

图 1-72 导入毛坯

（2）添加数控程序，在左侧目录树里单击数控程序项，再单击“添加数控程序文件”选项，在系统弹出的“数控程序”对话框中，选择数控程序 CU、2CU、BJ 等，单击“确定”按钮，如图 1-73 所示。

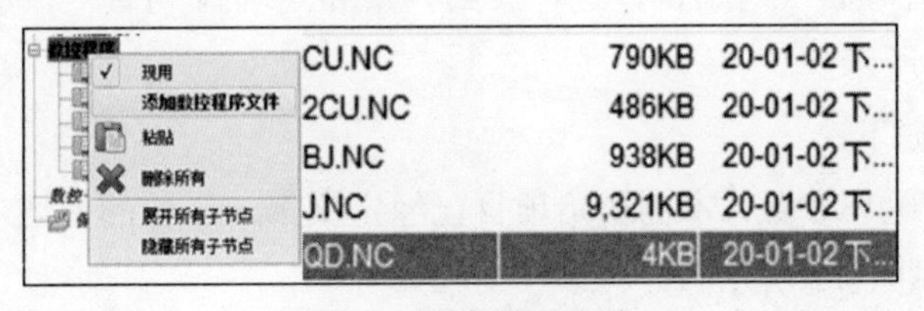

图 1-73 添加数控程序

（3）检查对刀参数，在左侧目录树里单击“代码偏置”前的加号展开树枝，检查参数，坐标代码“寄存器”为“54”。对刀方式从刀具的零点到初始毛坯的零点。刀具的零点是刀尖，初始毛坯的零点是底部圆柱圆心。对于本例来说零点就是C盘面圆心，如图1-74所示。

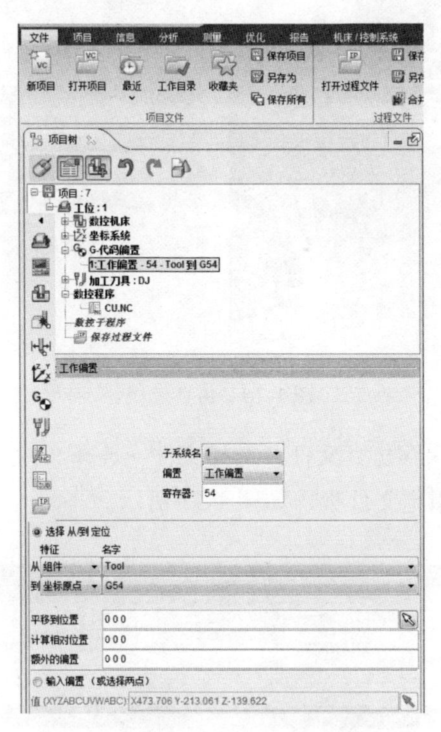

图1-74 检查对刀参数

（4）激活工位1，在目录树里右击 工位：1，在弹出的快捷菜单里选择“现用”选项，如图1-75所示。

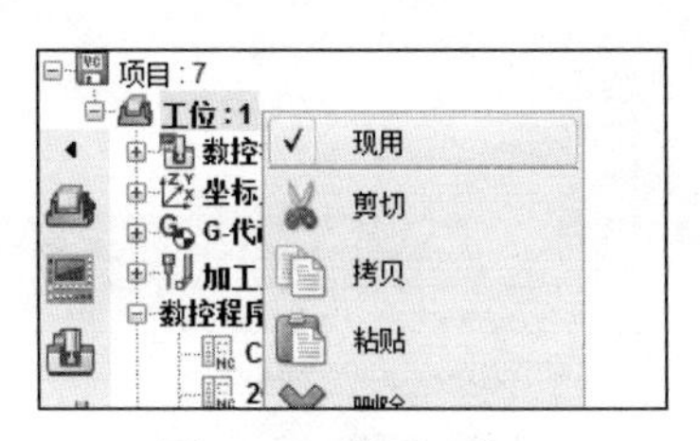

图1-75 激活工位1

（5）播放仿真，在图形窗口底部单击“仿真到末端”按钮就可以观察到机床开始对数控程序进行仿真。图1-76所示为CU、2CU、BJ、J、QD的仿真结果。

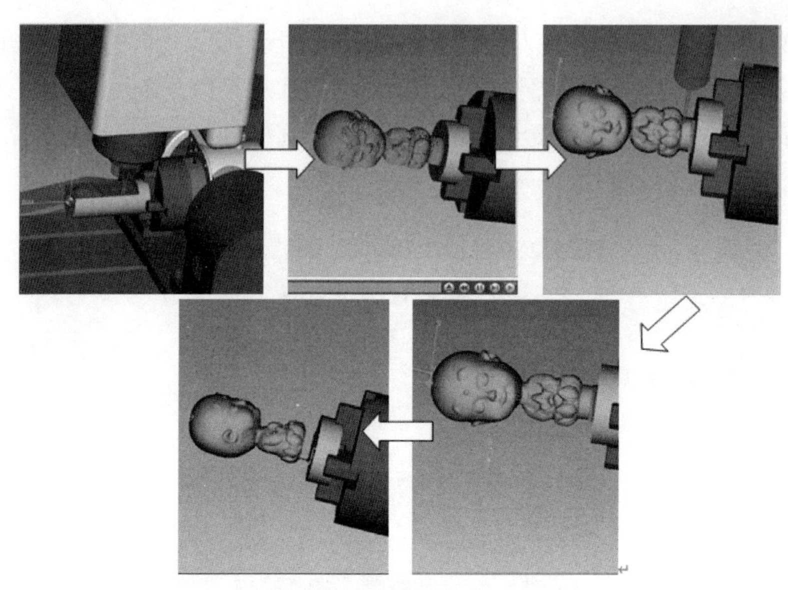

图 1-76　仿真过程

（6）完成仿真，保存仿真文件：选择文件→选择文件汇总→将项目文件打钩→复制选择的文件到指定文件夹，如图 1-77 所示。

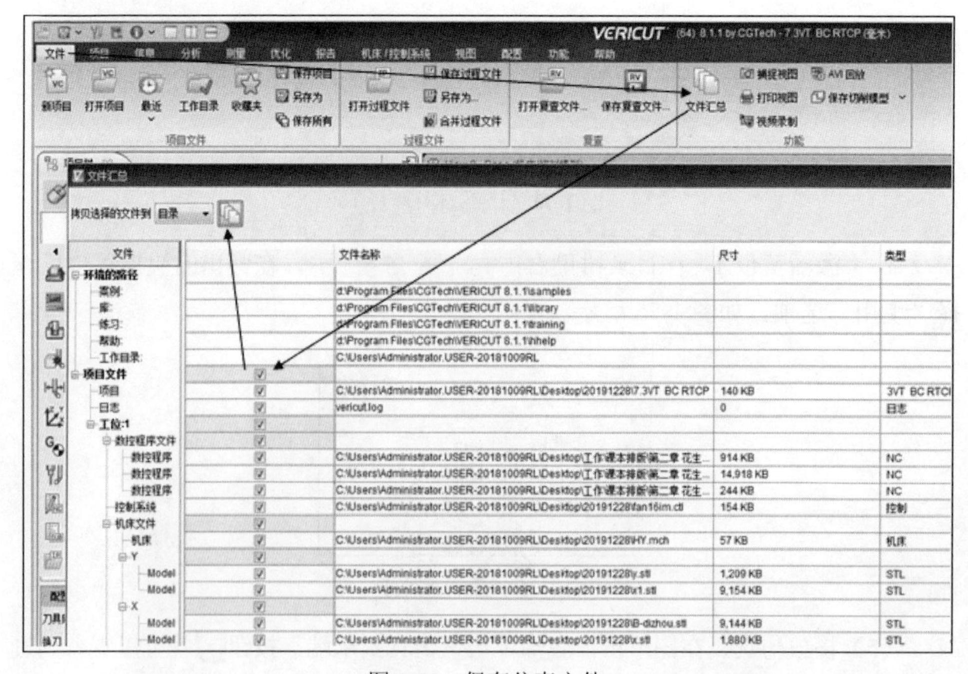

图 1-77　保存仿真文件

1.7 本章小结

本章主要讲解了和尚玩偶的数控编程与仿真加工；加工后处理；如何使用曲面驱动的垂直于驱动体刀轴；使用 VERICUT 进行加工仿真检查。

本章重点与难点

1．刀轴控制方法垂直于驱动体的应用。

2．使用 VERICUT 进行加工仿真检查。

3．零件加工工艺及刀具的选用。

第 2 章　花生挂件的数控编程与加工

本章重点介绍花生挂件加工案例，多轴编程工艺制定，刀轴“指定矢量”方法、“曲面”驱动方法的应用，花生挂件的装夹及刀具参数设定。

本章主要内容

- 2.1　加工工艺探究
- 2.2　编程前期准备
- 2.3　花生挂件程序编制
- 2.4　用 UG 软件进行刀路检查
- 2.5　后处理
- 2.6　使用 VERICUT 进行加工仿真检查
- 2.7　本章小结

通过花生挂件加工案例可以掌握多轴加工坐标系的定制，多轴编程工艺的制定，刀轴“指定矢量”方法、“垂直于驱动体”方法、“曲面”驱动方法的应用，定轴加工方法，零件加工工艺及刀具方法的选用。

2.1　加工工艺探究

（1）结构分析及加工工艺路线制定。花生挂件如图 2-1 所示，外围表面粗糙度为 Ra1.6μm，全部尺寸的公差为±0.05mm。主要包括：花生挂件外壳及根部结构，表面由很多纹路，属于复杂曲面。根据花生挂件结构图可知，花生挂件要曲面五轴加工，因此，采用五轴机床进行加工，只需一次装夹即可完成加工任务。

根据花生挂件结构特点，确定其加工工艺如下：

1）下料：毛坯大小为ϕ35×100 的棒料，材料为铝。

2）五轴数控铣：采用四爪夹盘装夹，对半开粗、其次整体精加工，最后将其切断。

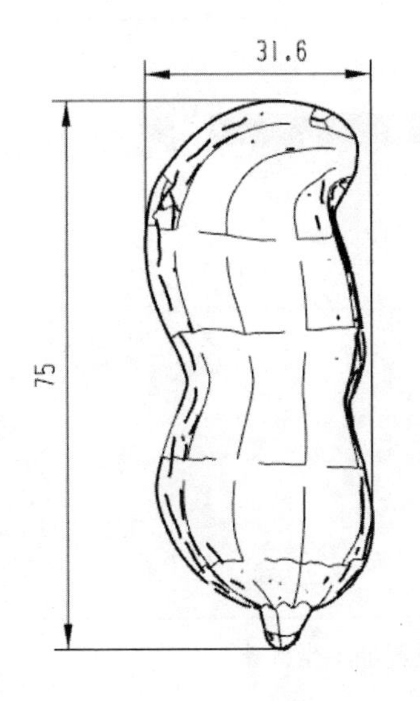

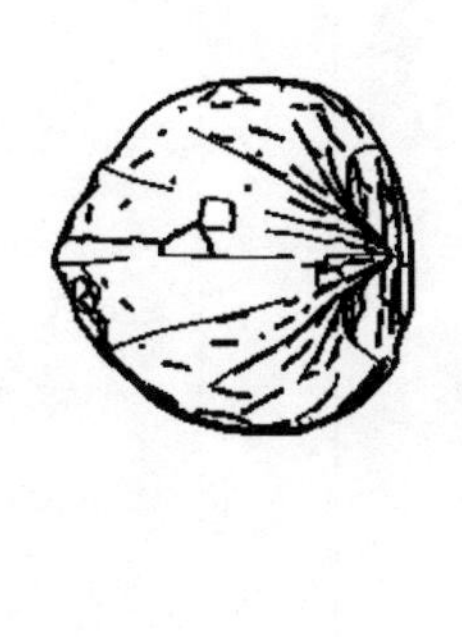

图 2-1　零件工程图纸

（2）加工工艺参数制定。由于花生挂件的材料为铝合金，并根据花生挂件的结构特点，确定其加工使用的刀具、加工策略及切削参数见表 2-1。

表 2-1　刀具、加工策略及切削参数表

序号	工序	加工策略	选用刀具	主轴转速	进给率	余量	备注
1	花生挂件粗加工	型腔铣	D6	5000	3000	0.15	侧壁
2	整体精加工	可变轮廓铣	雕刻刀	11000	2500	0	侧面
3	花生挂件根部切断	固定轮廓铣	雕刻刀	5000	3000	0	侧面

2.2　编程前期准备

在标准工具条上选择“开始”|“加工”，系统弹出“加工环境”对话框，在对话框中选择“mill_multi-axis”多轴铣削模板，然后单击“确定”按钮，进入加工环境。

（1）创建工位坐标系。在里，创建加工坐标系 MCS-1，设置安全距离。加工坐标系为建模绝对坐标系，安全距离设置为顶面高“30”，其余参数设置如图 2-2 所示。

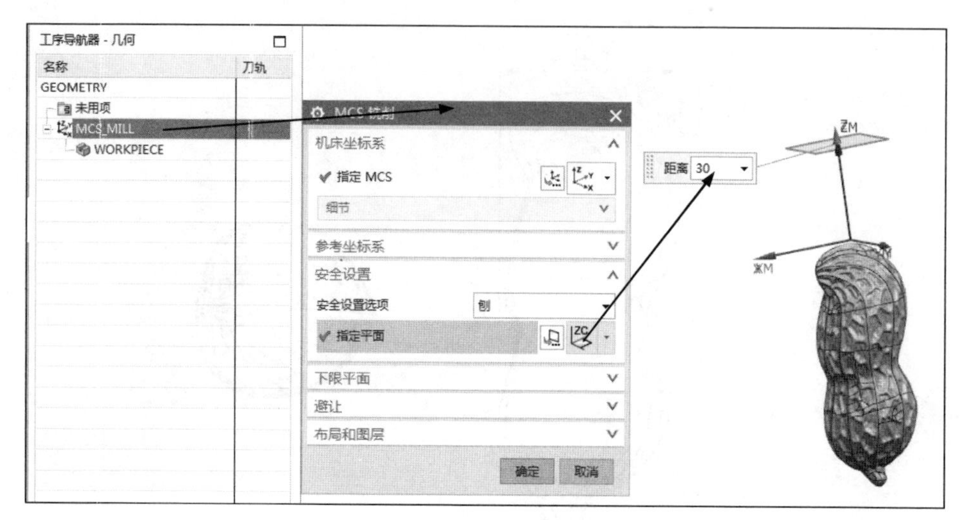

图 2-2　设置加工坐标系

（2）定义毛坯几何体。在毛坯几何体 WORKPIECE 的“指定部件”选择花生挂件和支撑小圆柱体，“指定毛坯”选择毛坯零件，“指定检查”选择检查零件，如图 2-3 所示。

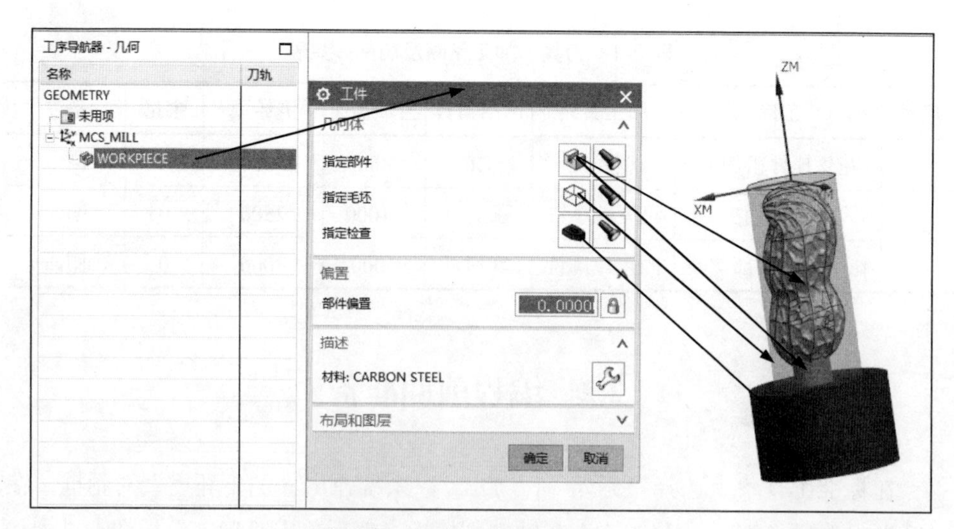

图 2-3　定义毛坯几何体

（3）创建刀具。在 机床视图 里，单击“工具条”|“刀片” 创建刀具，如图 2-4 所示。

（4）创建程序组。在 里，单击创建程序组按钮 ，通过复制现有的程序组然后修改名称的方法来创建，结果如图 2-5 所示。

图 2-4　创建刀具

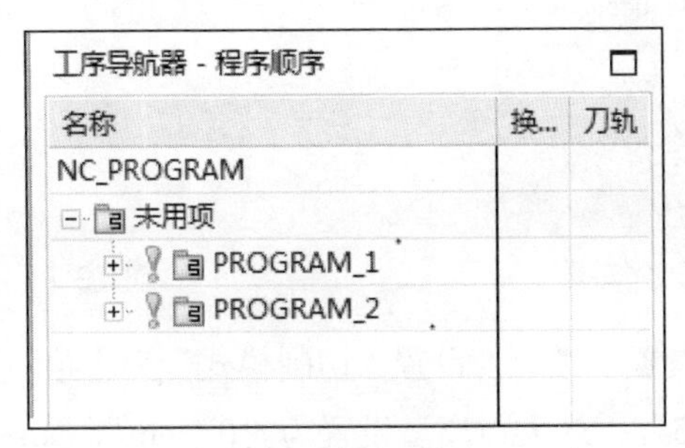

图 2-5　创建程序组

2.3　花生挂件程序编制

本节任务：在 D 盘根目录下建立文件夹 CH2，然后将花生挂件的文件复制到该文件夹中，打开花生挂件图档，根据图 2-1 中的 3D 模型进行数控编程，生成合理的刀具路径，检查刀具路径并优化其刀路，然后用五轴数控机床进行加工。

2.3.1　创建花生挂件粗加工 CU1

（1）在“刀片”工具条中单击“创建工序”按钮，系统弹出“创建工序”对话框，在“类型”下拉列表中选择 mill_contour，“工序子类型”选择“型腔铣”，“位置”栏参数按图 2-6 所示设置。

（2）系统弹出“型腔铣”对话框，“几何体”选择 MCS_MILL，“刀具”选择“D6（铣刀-5 参数）”，“轴”选择“指定矢量”，参数设置如图 2-7 所示。

图 2-6　设置工序参数

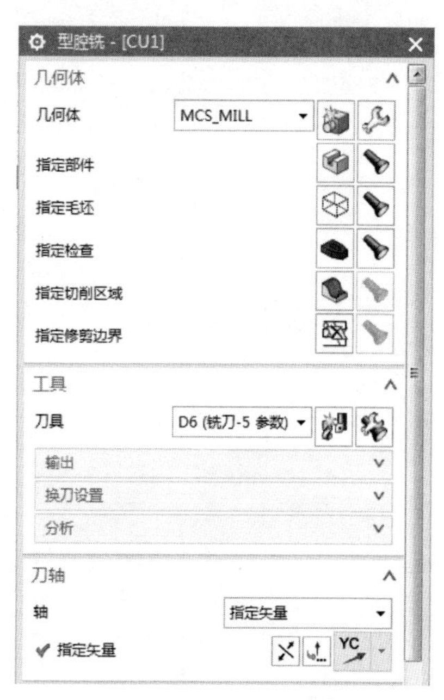

图 2-7　设置刀轴参数

（3）在“刀轨设置”栏中，设置“切削模式”为“跟随周边”，“步距”选择“刀具平直百分比 75”，“最大距离”设置为“0.3mm”，如图 2-8 所示。

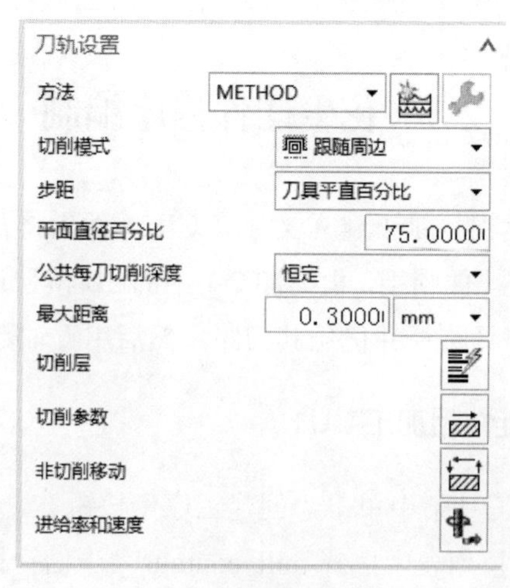

图 2-8　设置刀轨参数

（4）单击“切削层”按钮，系统弹出“切削层”对话框，设置“范围类型”为“用户定义”，设置层深“最大距离”为“0.3mm”，按回车键，系统自动显示“选择定义”栏，设置“范围深度”为“17.5”，单击“确定”按钮，如图 2-9 所示。

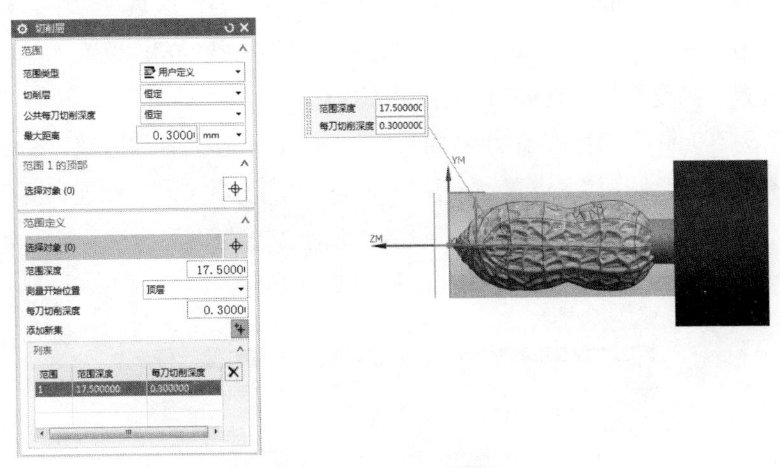

图 2-9　设置切削层参数

（5）单击“切削参数”按钮，系统弹出“切削参数”对话框，选择“策略”选项卡，“切削方向”选择“顺铣”，“切削顺序”选择“深度优先”，“刀路方向”选择“向内”。在“余量”选项卡中，勾选“使底面余量与侧面余量一致”复选框，“部件侧面余量”设置为“0.15”，内外公差设置为“0.01”，如图 2-10 所示。

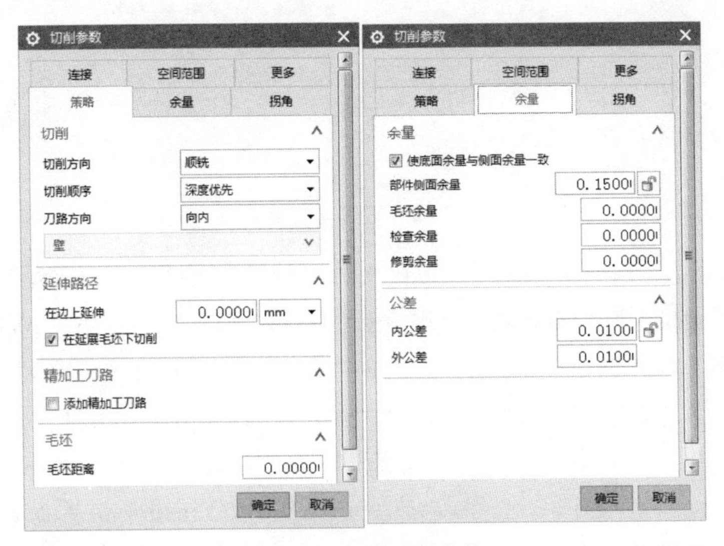

图 2-10　设置切削参数

（6）单击“非切削移动”按钮，系统弹出“非切削移动”对话框，在“转移/快速”选项卡中，设置“安全设置选项”为“使用继承的”，在“区域内”栏中，设置“转移方式”为“进刀/退刀”，设置“转移类型”为“前一平面”，设置“安全距离”为“1mm”。选择“进刀”选项卡，在“封闭区域”栏中，设置“进刀类型”为“螺旋”，设置“直径”为“刀具直径百分比 90”，设置“斜坡角”为“1”，设置“高度”为“1mm”。设置“高度起点”为“前一层”，设置“最小安全距离”为“0mm”，设置“最小斜面长度”为“0”。在“开放区域”栏中，设置“进刀类型”为“圆弧”，设置“半径”为“刀具百分比 60”，设置“圆弧角度”为“90”，设置“高度”为“1mm”，设置“最小安全距离”为“刀具百分比 0”，勾选“修剪至最小安全距离”复选框，如图 2-11 所示。

图 2-11　设置安全距离

（7）单击“进给率和速度”按钮，系统弹出“进给率和速度”对话框，设置“主轴速度”为“5000”，在“进给率”栏中，设置“切削”为“3000mmpm”，单击“更多”右侧的下三角按钮，设置“进刀”为“切削百分比 60”，设置“第一刀切削”为“切削百分比 100”，设置“步进”为“切削百分比 100”，设置“退刀”为“切削百分比 100”，单击“计算”按钮，如图 2-12 所示。

（8）返回“型腔铣”对话框，然后单击“生成”按钮，系统自动生成粗加工刀路，如图 2-13 所示。

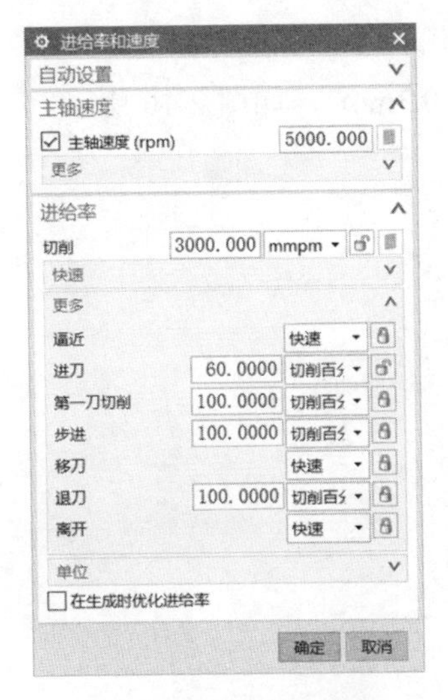

图 2-12　设置进刀参数

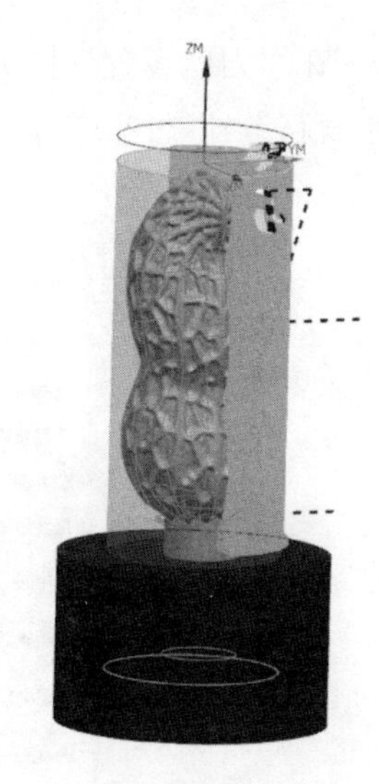

图 2-13　生成右半部分粗加工刀路

2.3.2　创建花生挂件粗加工 CU2

（1）在“刀片”工具条中单击“创建工序”按钮，系统弹出“创建工序”对话框，在“类型”下拉列表中选择 mill_contour，“工序子类型”选择“型腔铣”，“位置”栏参数按图 2-14 所示设置。

（2）系统弹出“型腔铣”对话框，“几何体”选择 MCS_MILL，“刀具”选择“D6（铣刀-5 参数）”，“轴”选择“指定矢量”，参数设置如图 2-15 所示。

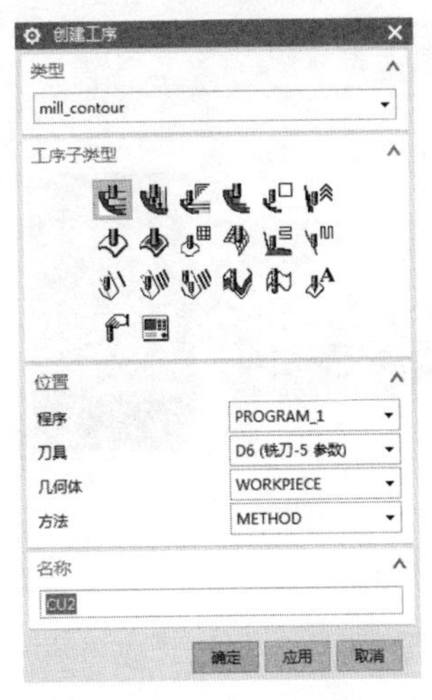

图 2-14　设置工序参数

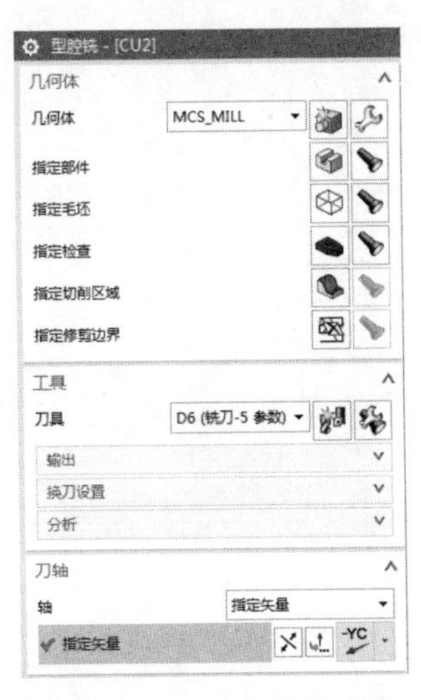

图 2-15　设置刀轴参数

（3）在“刀轨设置”栏中，设置“切削模式”为“跟随周边”，“步距”选择“刀具平直百分比 75”，设置“最大距离”为“0.3mm”，如图 2-16 所示。

图 2-16　设置刀轨参数

（4）单击“切削层”按钮，系统弹出“切削层”对话框，设置“范围类型”为“用户定义”，设置层深“最大距离”为“0.3mm”，按回车键，系统自动显示“选择定义”栏，设置“范围深度”为“17.5”，单击“确定”按钮，如图 2-17 所示。

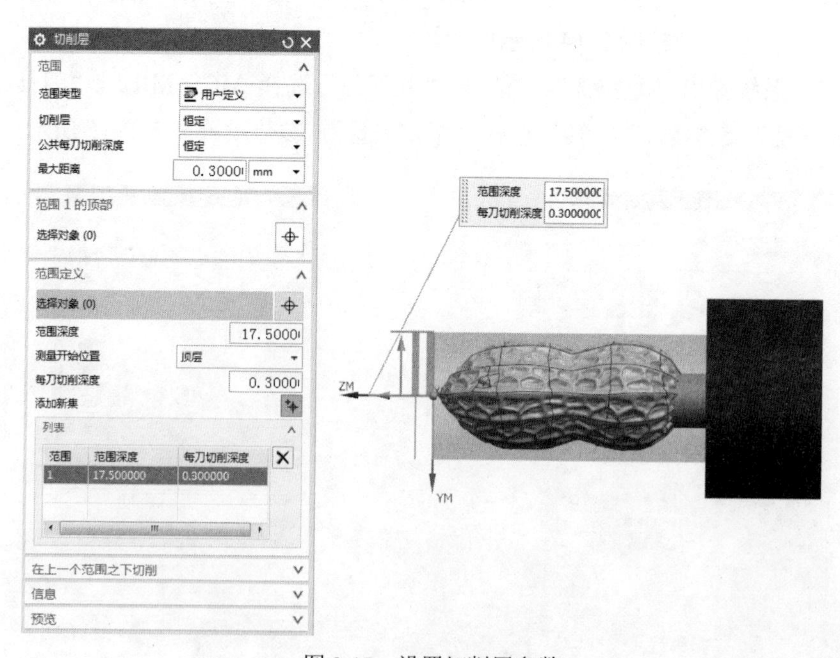

图 2-17　设置切削层参数

（5）单击“切削参数”按钮，系统弹出“切削参数”对话框，选择“策略”选项卡，“切削方向”选择“顺铣”，“切削顺序”选择“深度优先”，“刀路方向”选择“向内”。在“余量”选项卡中，勾选“使底面余量与侧面余量一致”复选框，“部件侧面余量”设置为“0.15”，内外公差设置为“0.01”，如图 2-18 所示。

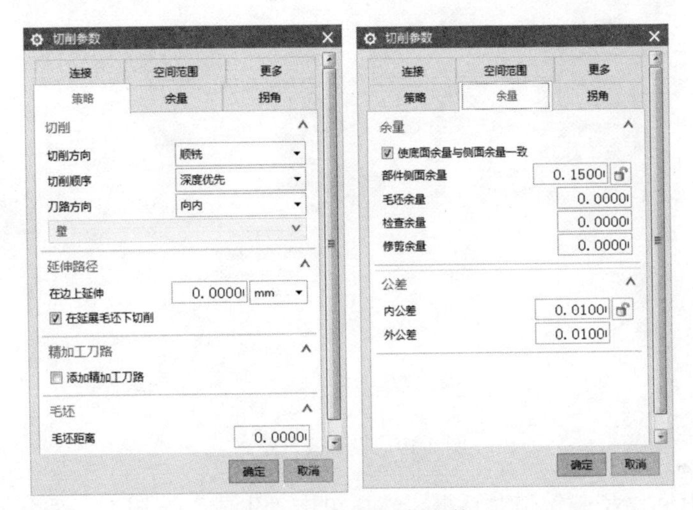

图 2-18　设置切削参数

（6）单击“非切削移动”按钮，系统弹出“非切削移动”对话框，在“转移/快速”选项卡，设置“安全设置选项”为“使用继承的”，在“区域内”栏中，设置“转移方式”为“进刀/退刀”，设置“转移类型”为“前一平面”，设置“安全距离”为“1mm”。选择“进刀”选项卡，在“封闭区域”栏中，设置“进刀类型”为“螺旋”，设置“直径”为“刀具直径百分比 90”，设置“斜坡角”为“1”，设置“高度”为“1mm”，设置“高度起点”为“前一层”，设置“最小安全距离”为“0”，设置“最小斜面长度”为“0”。在“开放区域”栏中，设置“进刀类型”为“圆弧”，设置“半径”为“刀具百分比 60”，设置“圆弧角度”为“90”，设置“高度”为“1mm”，设置“最小安全距离”为“刀具百分比 0”，勾选“修剪至最小安全距离”复选框，如图 2-19 所示。

（7）单击“进给率和速度”按钮，系统弹出“进给率和速度”对话框，设置“主轴速度”为“5000”，在“进给率”栏中，设置“切削”为“3000mmpm”，单击“更多”右侧的下三角按钮，设置“进刀”为“切削百分比 60”，设置“第一刀切削”为“切削百分比 100”，设置“步进”为“切削百分比 100”，设置“退刀”为“切削百分比 100”，单击“计算”按钮，如图 2-20 所示。

图 2-19　设置安全距离

（8）返回“型腔铣”对话框，然后单击“生成”按钮，系统自动生成粗加工刀路，如图 2-21 所示。

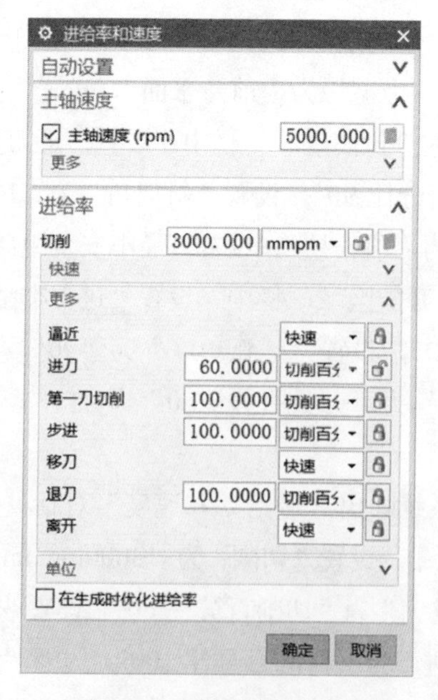

图 2-20　设置进刀参数

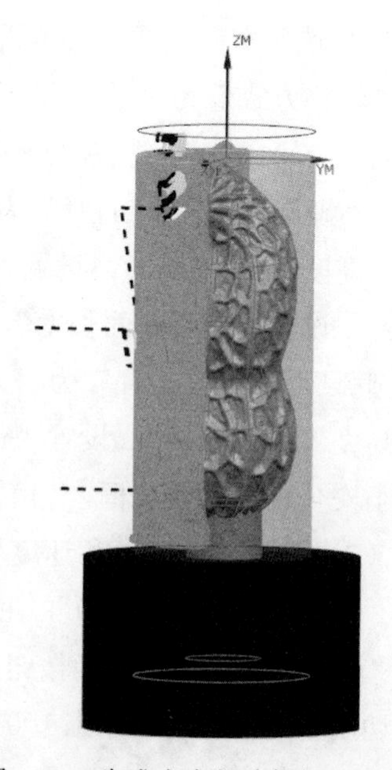

图 2-21　生成右半部分粗加工刀路

2.3.3 创建花生挂件整体精加工刀路

（1）在“刀片”工具条中单击“创建工序”按钮，弹出“创建工序”对话框。在“类型”下拉列表中选择 mill_multi-axis，选择“工序子类型”为“可变轮廓铣”，“位置”栏参数设置如图 2-22 所示。

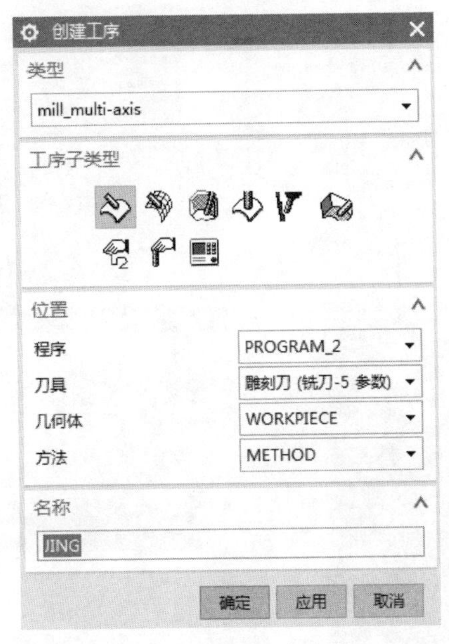

图 2-22　设置工序参数

（2）系统弹出“可变轮廓铣”对话框，在“驱动方法”栏中，选择“方法”为“曲面”，单击按钮，系统弹出“曲面区域驱动方法”对话框，选择“指定驱动几何体”为图 2-23 里的“驱动曲面”。在“驱动设置”栏中，设置“切削模式”为“螺旋”，设置“步距数”为“200”。

（3）设置“切削区域”为“曲面%”，设置曲面百分比，如图 2-24 所示。

（4）返回“曲面区域驱动方法”对话框，单击“切削方向”按钮，选择箭头指定的方向，如图 2-25 所示。

（5）在“刀轴”栏中，设置“轴”为“垂直于驱动体”，如图 2-26 所示。

（6）返回“可变轮廓铣”对话框，在“刀轨设置”栏中，单击“切削参数”按钮，弹出“切削参数”对话框，在“余量”选项卡中，设置“部件余量”为“0”，设置内外公差为“0.003”，如图 2-27 所示。

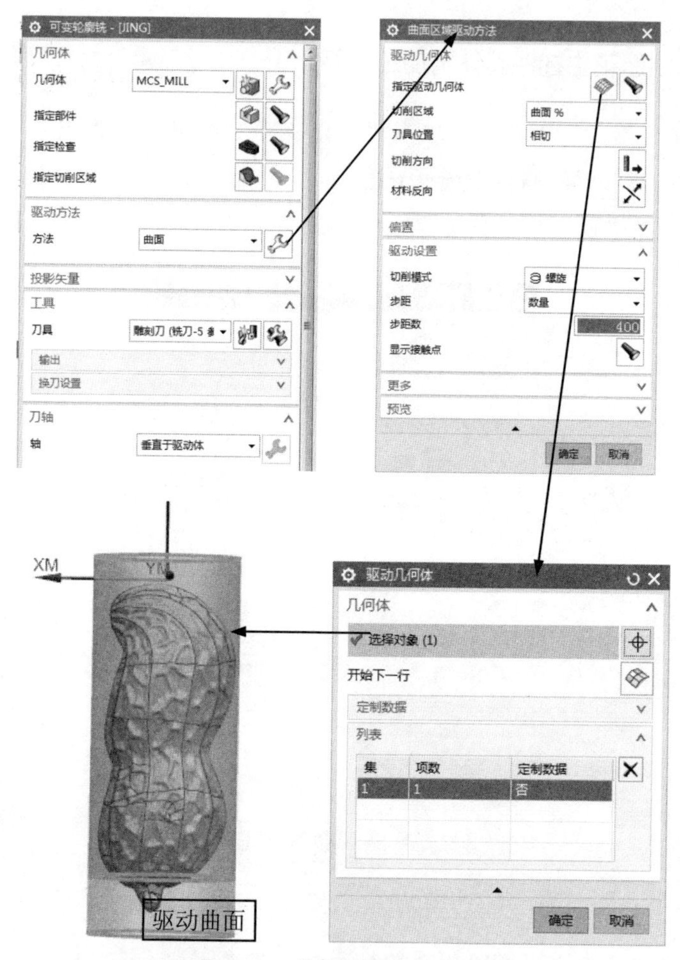

图 2-23　选择驱动几何体

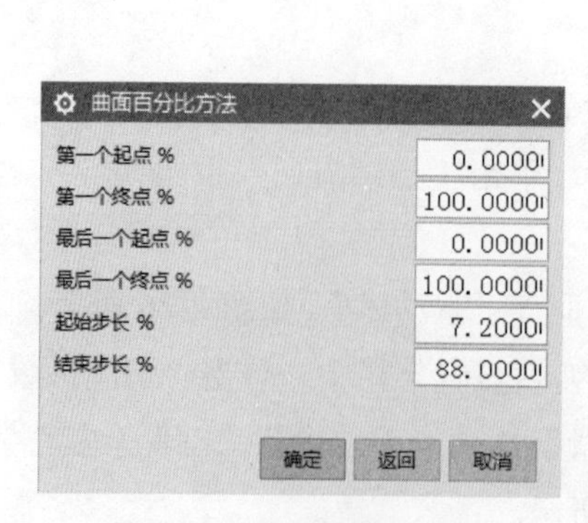

图 2-24　设置曲面百分比

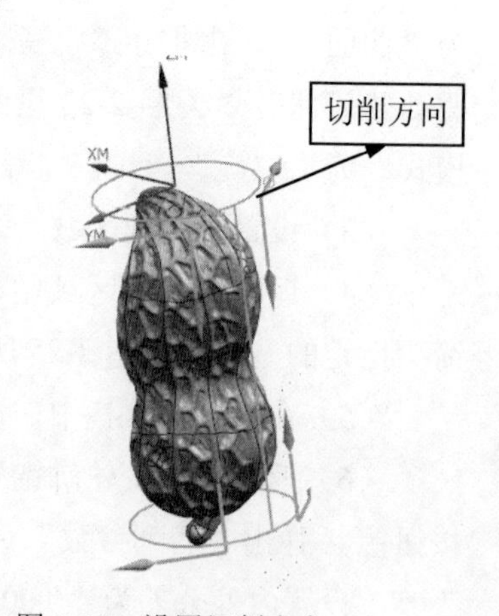

图 2-25　设置切削方向

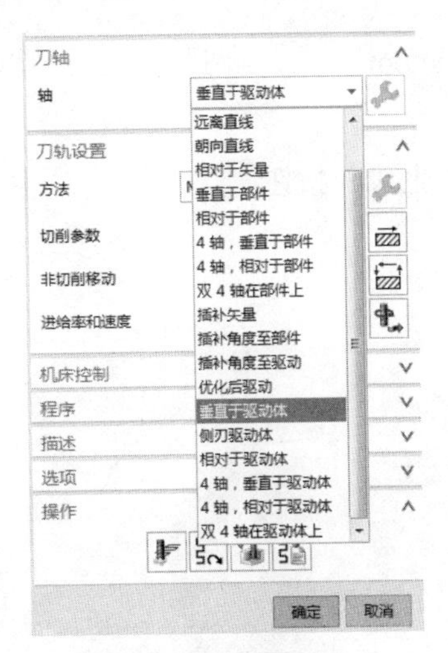

图 2-26　设置刀轴

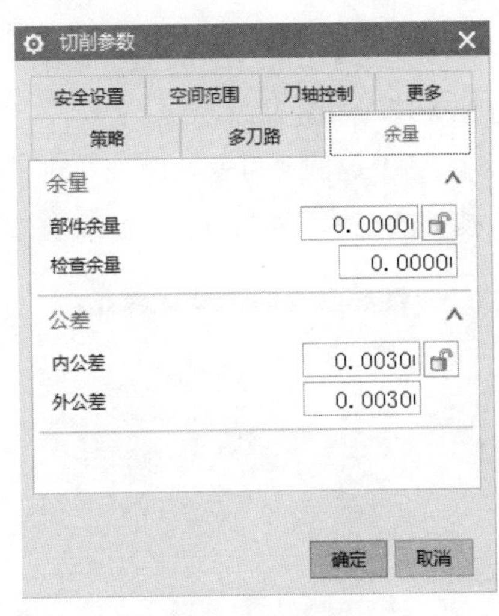

图 2-27　设置余量

（7）返回“可变轮廓铣”对话框，在“刀轨设置”栏中，单击“非切削移动”按钮，系统弹出“非切削移动”对话框，选择“转移/快速”选项卡，设置安全距离，如图 2-28 所示，设置“安全设置选项”为“圆柱”，设置“指定点”为“原点”，设置“指定矢量”为“Z 轴”，设置“半径”为“35”。

图 2-28　设置安全距离

（8）返回“可变轮廓铣”对话框，单击“进给率和速度”按钮，弹出“进给率和速度”对话框，设置“主轴速度”为“10000”，单击“计算”按钮，然后在“进给率”栏中，设置“切削”为“2500mmpm”，设置“进刀”为“切削百分比 50”，如图 2-29 所示。

（9）返回“可变轮廓铣”对话框，单击“生成”按钮，程序自动生成花生挂件的整体半精加工刀路，如图 2-30 所示。

图 2-29 设置进给率和速度参数

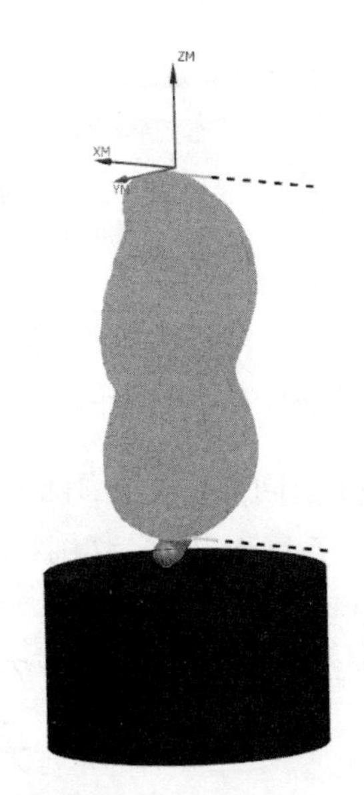

图 2-30 生成花生挂件的整体半精加工刀路

2.3.4 创建花生挂件对半切断加工刀路 QD1

（1）在“刀片”工具条中单击“创建工序”按钮，弹出“创建工序”对话框。在“类型”下拉列表中选择 mill_multi-axis，“工序子类型”选择“固定轮廓铣”，“位置”栏参数设置如图 2-31 所示。

（2）系统弹出“固定轮廓铣”对话框，指定部件和切削区域如图 2-32 所示，在“驱动方法”栏中，选择 区域铣削 三角下拉选项“区域铣削”，单击按钮，系统弹出“区域铣削驱动方法”对话框，在“非陡峭切削”栏中设置“非陡峭切削模式”为“往复”，设置“切削方向”为“顺铣”，设置“步距”为“恒定”，将“最大距离”改为“0.06mm”，设置“与 XC 的夹角”为“45”；在“陡峭切削”栏中单击“陡峭切削模式”下拉倒三角按钮，选择“往复深度加工”，设置“深度加工每刀切削深度”为“0.06mm”，未提示步骤均为默认，此对话框的参数设置如图 2-33 所示。

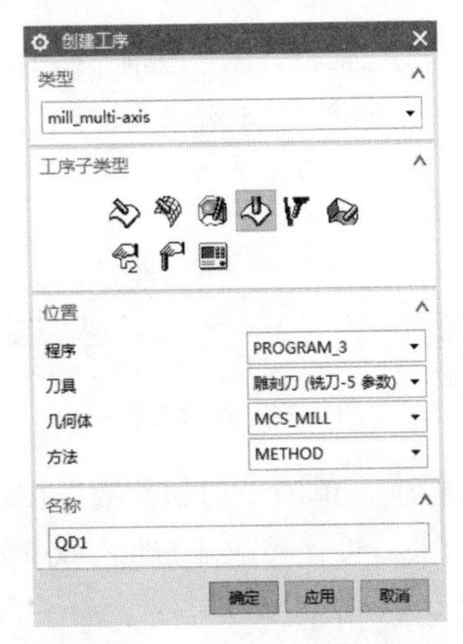

图 2-31　设置工序参数

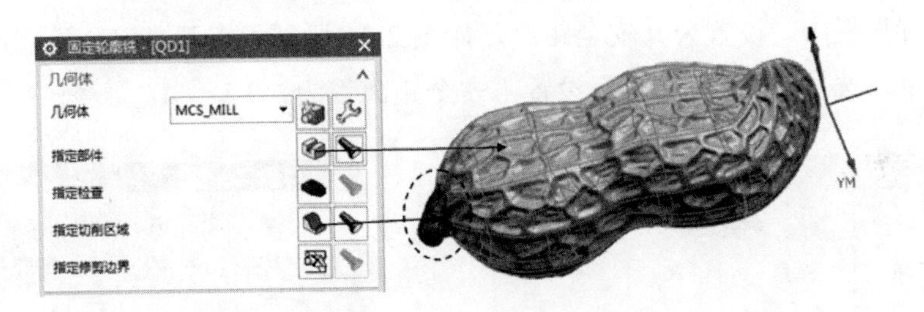

图 2-32　选择部件几何体

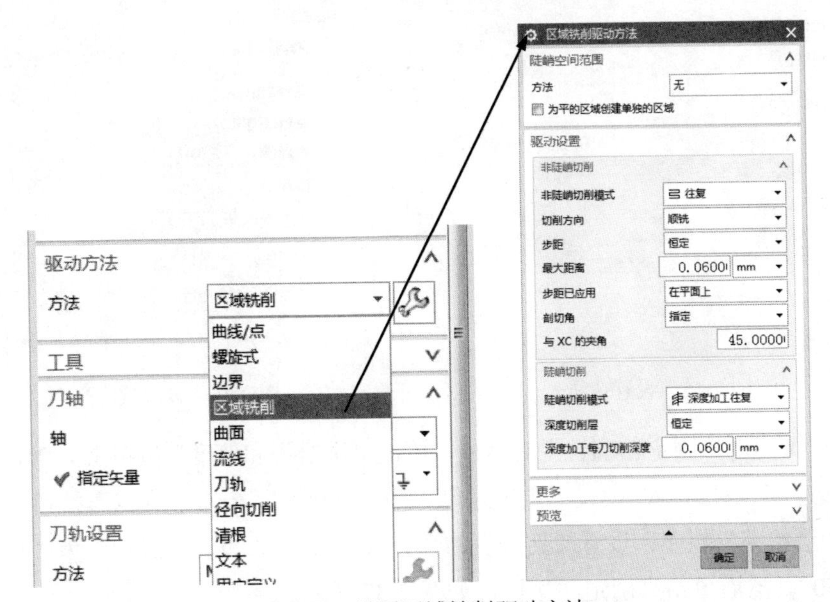

图 2-33　设置区域铣削驱动方法

（3）返回“固定轮廓铣”对话框，在“刀轴”栏中选择“轴”为“指定矢量”，单击“指定矢量”，选择 XC ，如图 2-34 所示。

图 2-34 设置刀轴

（4）在“刀轨设置”栏中，单击“切削参数”按钮，弹出“切削参数”对话框，选择“余量”选项卡，设置“部件余量”为“0”，设置内外公差和边界内外公差为“0.003”，如图 2-35 所示。

（5）单击“非切削移动”按钮，系统弹出“非切削移动”对话框，在“公共安全设置”栏中，设置公共安全距离，如图 2-36 所示，点开“安全设置选项”的下拉菜单，选择“自动平面”，设置“安全距离”为“3”。

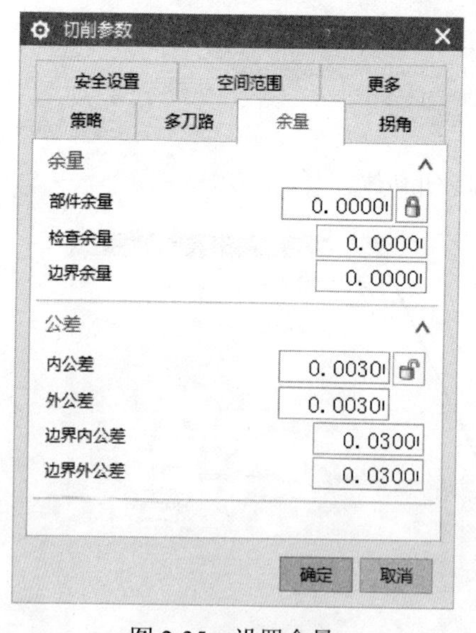

图 2-35 设置余量

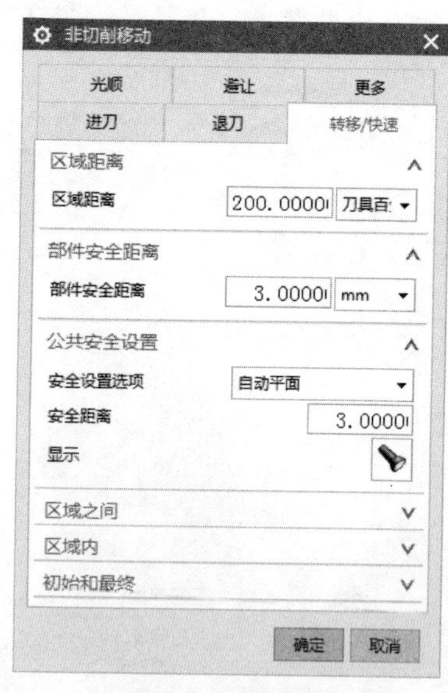

图 2-36 设置安全平面

（6）返回“固定轮廓铣”对话框，单击“进给率和速度”按钮，弹出“进给率和速度”对话框，设置“主轴速度”为“10000”，单击“计算”按钮，然后在“进给率”栏中，设置“切削”为“1500mmpm”，设置“进刀”为“切削百分比 50”，然后单击“确定”按钮，如图 2-37 所示。

图 2-37　设置进给率和速度参数

（7）返回“固定轮廓铣”对话框，单击“生成”按钮，程序自动生成花生挂件对半切断加工刀路，如图 2-38 所示，单击“确定”按钮。

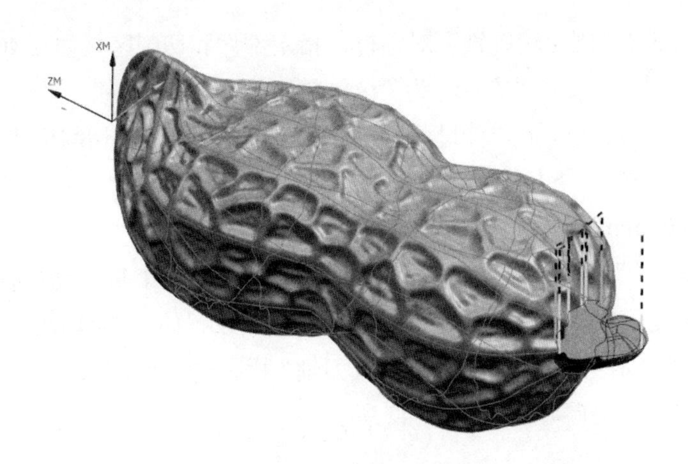

图 2-38　生成花生挂件对半切断加工刀路 QD1

2.3.5 创建花生挂件对半切断加工刀路 QD2

（1）在“刀片”工具条中单击“创建工序”按钮，弹出“创建工序”对话框。在“类型”下拉列表中选择 mill_multi-axis，设置“工序子类型”为“固定轮廓铣”，“位置”栏参数设置如图 2-39 所示，单击“确定”按钮。

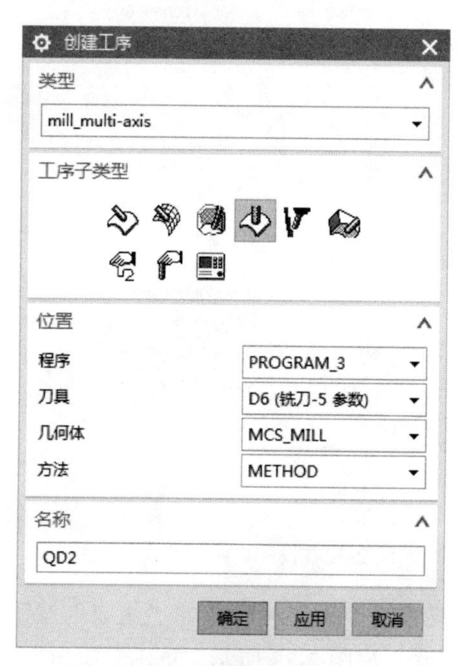

图 2-39　设置工序参数

（2）系统弹出“固定轮廓铣”对话框，指定部件和切削区域如 2-40 所示，在“驱动方法”栏中，设置“方法”为“区域铣削”，单击按钮，系统弹出“区域铣削驱动方法”对话框，在“非陡峭切削”栏中设置“非陡峭切削模式”为“往复”，设置“切削方向”下拉选项为“顺铣”，设置“步距”为“恒定”，设置“最大距离”为“0.06mm”，设置“与 XC 的夹角”为“45”；在“陡峭切削”栏中设置“陡峭切削模式”为“往复深度加工”，设置“深度加工每刀切削深度”为“0.06mm”，未提示步骤均为默认，此对话框的参数设置如图 2-41 所示。

（3）返回“固定轮廓铣”对话框，在“刀轴”栏中选择“轴”为“指定矢量”，单击“指定矢量”，选择，如图 2-42 所示。

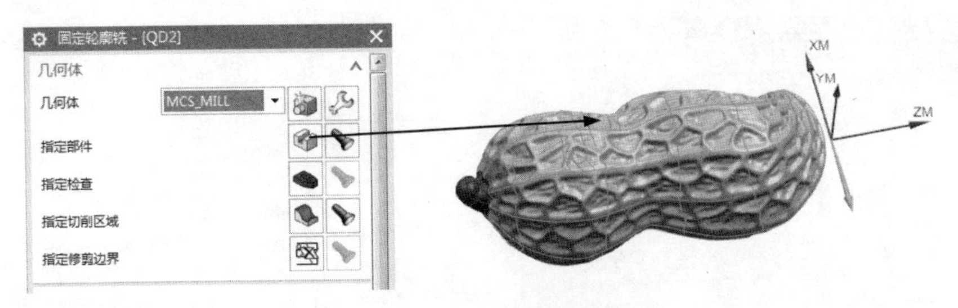

图 2-40 选择部件几何体

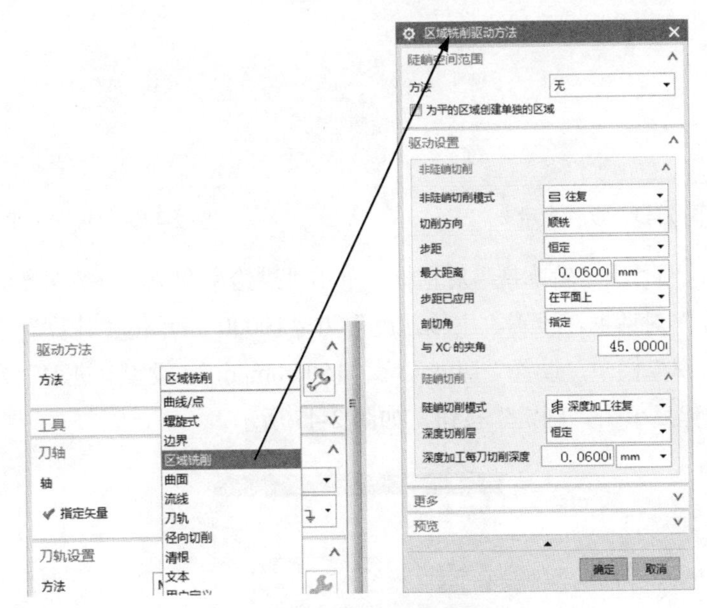

图 2-41 设置区域铣削驱动方法

图 2-42 设置刀轴

（4）在“刀轨设置”栏中，单击“切削参数”按钮，弹出“切削参数”对话框，在“余量”选项卡中，设置“部件余量”为“0”，设置内外公差和边界内外公差为“0.003”，如图 2-43 所示，单击“确定”按钮。

（5）单击“非切削移动”按钮，系统弹出“非切削移动”对话框，在“公共安全设置”栏中，设置公共安全距离，如图 2-44 所示，设置“安全设置选项”为“自动平面”，设置“安全距离”为“3”，单击“确定”按钮。

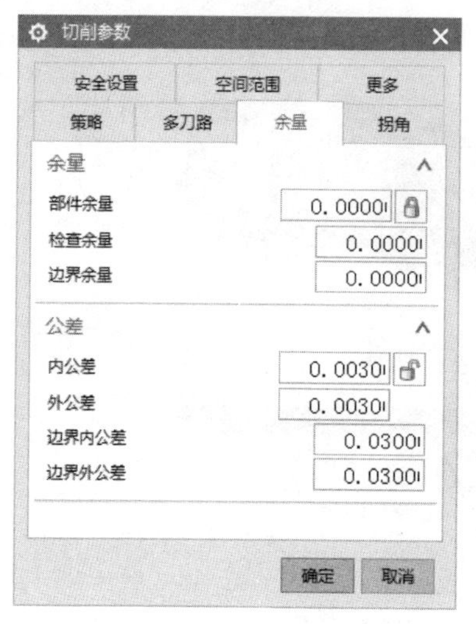

图 2-43 设置余量

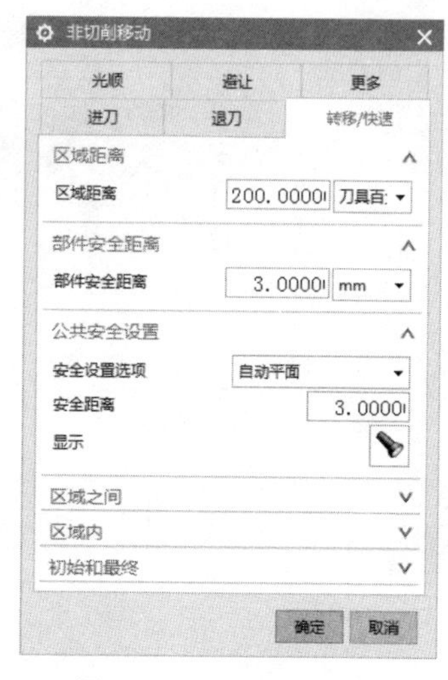

图 2-44 设置安全平面

（6）返回“固定轮廓铣”对话框，单击“进给率和速度”按钮，弹出“进给率和速度”对话框，设置“主轴速度”为“10000”，单击“计算”按钮，然后在“进给率”栏中，设置“切削”为“1500mmpm”，设置“进刀”为“切削百分比 50”，然后单击“确定”按钮，如图 2-45 所示。

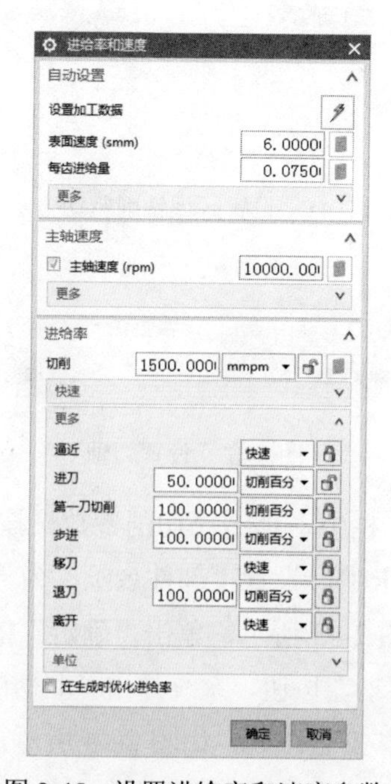

图 2-45 设置进给率和速度参数

（7）返回“固定轮廓铣”对话框，单击“生成”按钮，程序自动生成花生挂件对半切断加工刀路，如图 2-46 所示，单击“确定”按钮。

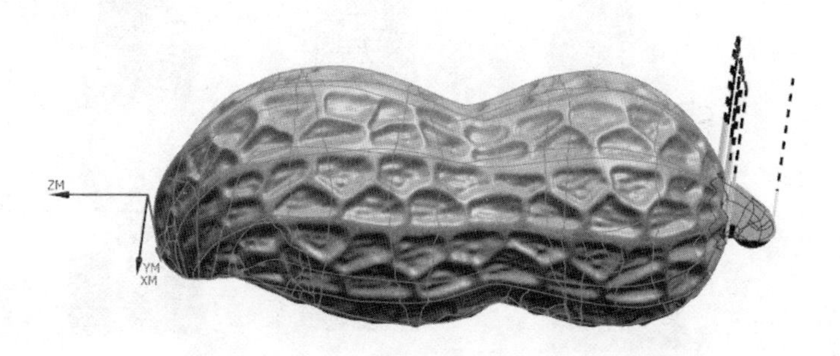

图 2-46 生成花生挂件对半切断加工刀路 QD2

2.4 用 UG 软件进行刀路检查

对花生挂件进行加工模拟检查，最好用 3D 动态方式，以便对加工结果图形进行旋转、平移，从各个角度进行观察。设置图形显示方式为“带边着色”方式。

在导航器里展开各个刀路操作，选择第一个刀路操作，按住 Shift 键，再选择最后一个刀路操作。在工具栏里单击按钮，进入“刀轨可视化”对话框，如图 2-47 所示，选择“3D 动态”选项卡，单击“播放”按钮，模拟过程如图 2-48 所示。

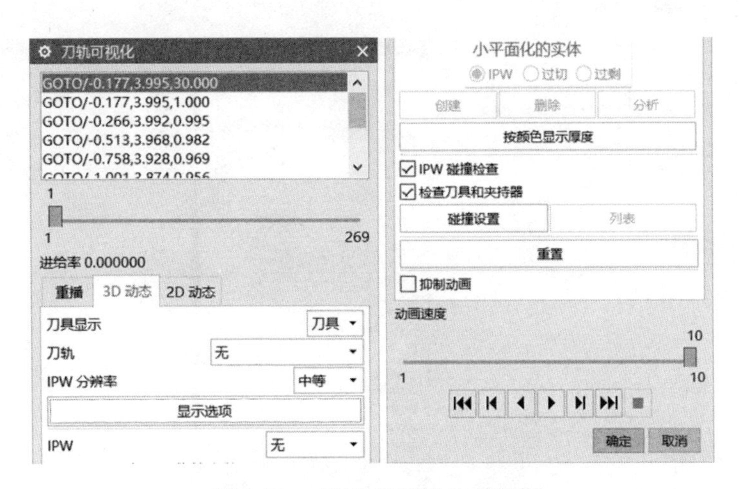

图 2-47 “刀轨可视化”对话框

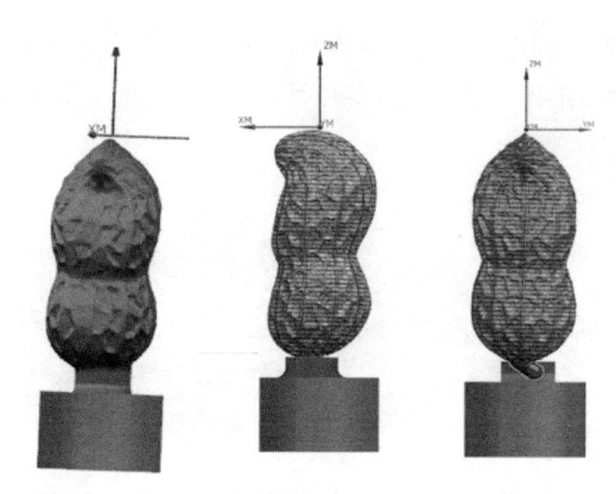

图 2-48　模拟过程

2.5　后处理

本例将在 XYZBC 双转台型机床上进行加工，加工坐标系零点位于 B 轴和 C 轴旋转轴交线处。

在导航器里，切换到“程序顺序”视图，选择第一个程序组 PROGRAM_1，在主工具栏里单击按钮，系统弹出“后处理”对话框，选择后处理器“铼钠克 BC（3+2 轴不可钻孔）”，在“文件名”栏里输入“D:\CU”，单击“应用”按钮，如图 2-49 所示。

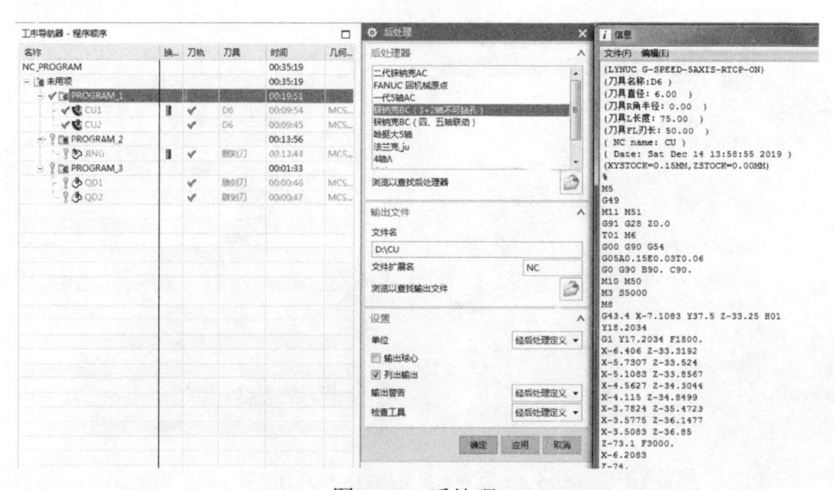

图 2-49　后处理

在导航器里选择 PROGRAM_2，输入文件名为“D:\JING”。同理，对其他程序组进行后处理。单击“确定”按钮。在主工具栏里单击“保存”按钮，将图形文件存盘。

2.6 使用 VERICUT 进行加工仿真检查

本例将对加工零件进行多工位仿真。

启动 VERICUT V8.1.1 软件，在主菜单里执行“文件”|“打开”命令，在系统弹出的“打开项目”对话框，选择花生挂件图档，单击“打开”按钮，如图 2-50 所示。

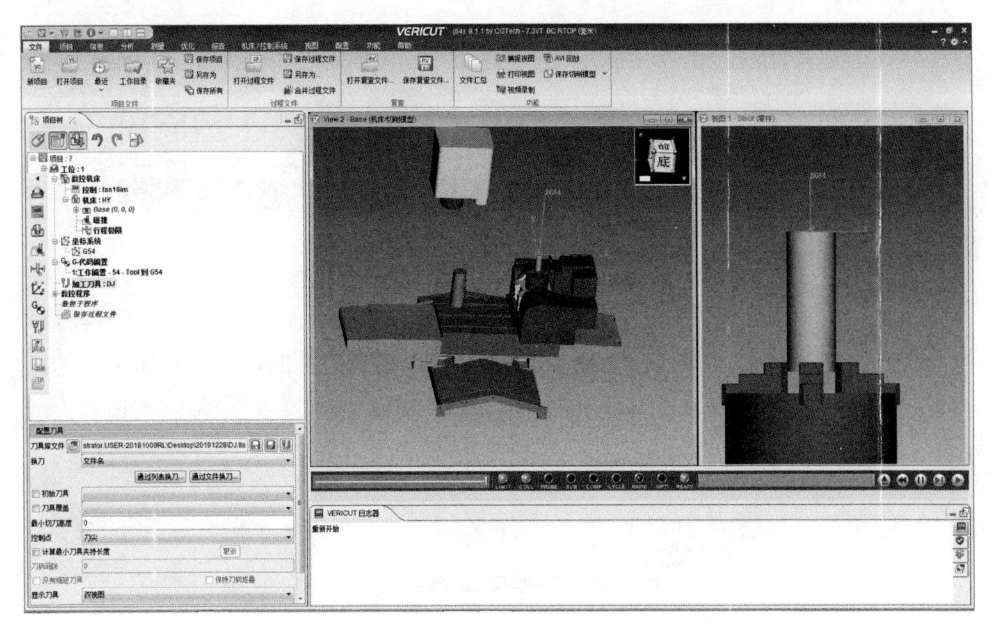

图 2-50　仿真初始界面

（1）检查毛坯参数。本例初始项目已经定义好工位毛坯，导入已经建好的毛坯体，如图 2-51 所示。

（2）添加数控程序。在左侧目录树里单击数控程序项，再单击“添加数控程序文件”选项，在系统弹出的“数控程序”对话框中，选择后处理的数控程序 CU、JING、QD，如图 2-52 所示。

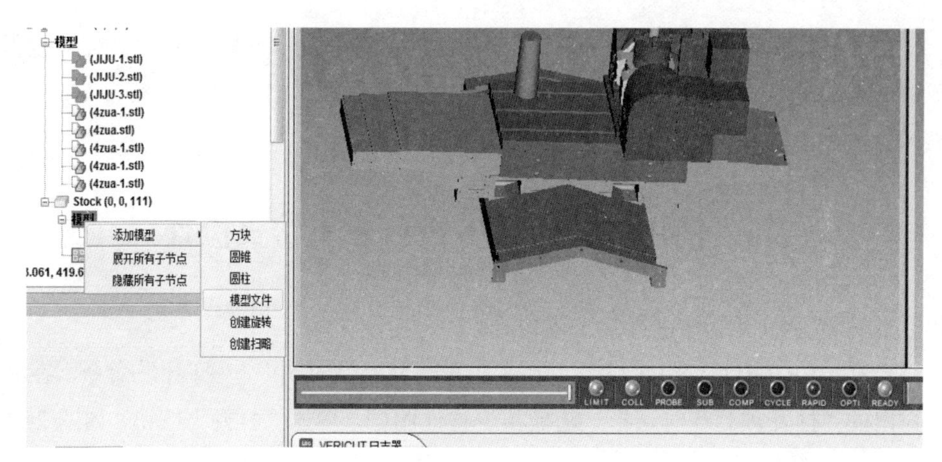

图 2-51　导入毛坯体

名字	大小	时间
CU.NC	915KB	19-12-29 下午06:16
JING.NC	14,919KB	19-12-29 下午06:20
QD.NC	502KB	19-12-29 下午06:23

图 2-52　添加数控程序

（3）检查对刀参数。在左侧目录树里单击“代码偏置”前的加号展开树枝，检查参数，坐标代码“寄存器”为“54”。对刀方式从刀具的零点到初始毛坯的零点。刀具的零点是刀尖，初始毛坯的零点是底部圆柱圆心。对于本例来说零点就是 C 盘面圆心，如图 2-53 所示。

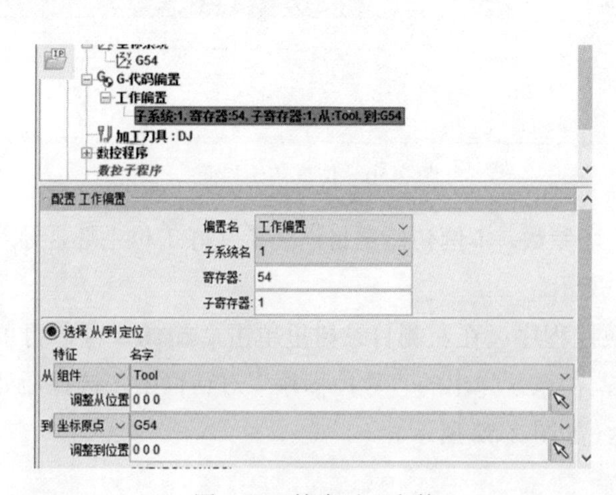

图 2-53　检查对刀参数

（4）激活工位 1。在目录树里右击 工位 : 1，在弹出的快捷菜单里选择“现用”选项，如图 2-54 所示。

图 2-54　激活工位 1

（5）播放仿真。在图形窗口底部单击“仿真到末端”按钮就可以观察到机床开始对数控程序进行仿真。图 2-55 为仿真过程。

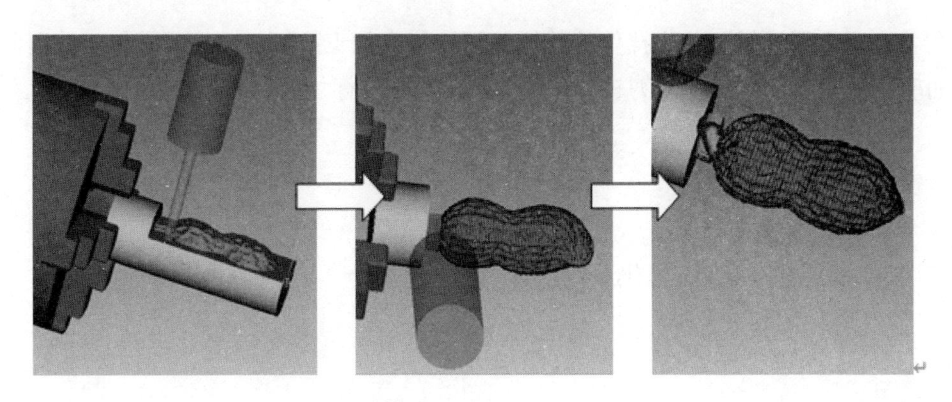

图 2-55　仿真过程

（6）完成仿真，保存仿真文件：选择文件目录→选择文件汇总→将项目文件打钩→复制选择的文件到指定文件夹，如图 2-56 所示。

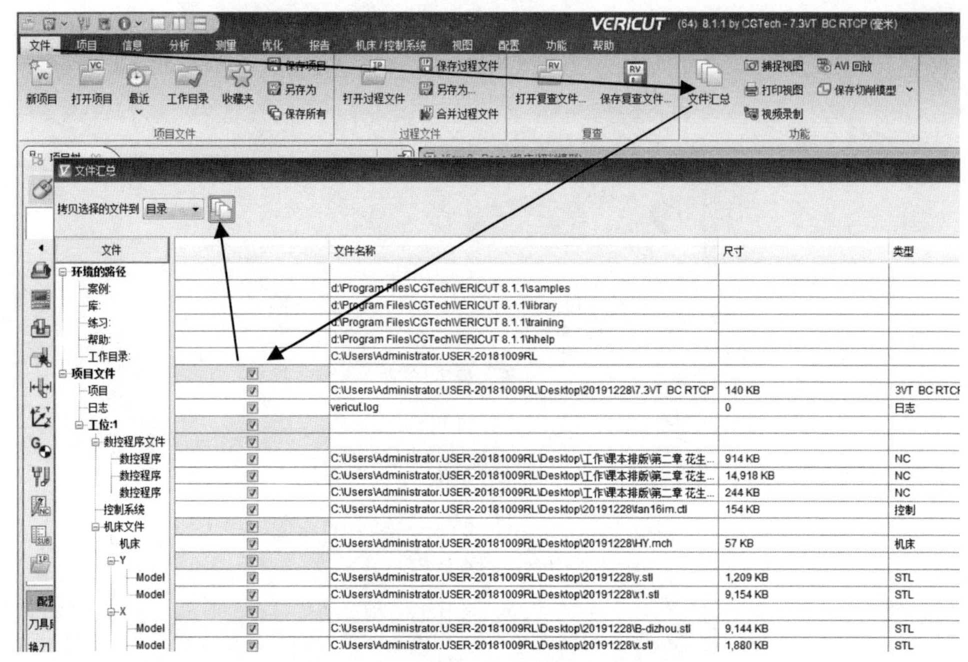

图 2-56　保存仿真文件

2.7　本章小结

本章主要讲解了花生挂件的数控编程与仿真加工；加工后处理；如何使用曲面驱动的垂直于驱动体的刀轴；使用 VERICUT 进行加工仿真检查。

本章重点与难点

1．花生挂件的切断。

2．设置 VERICUT 优化参数。

3．零件的装夹及加工。

第 3 章　盘刀刀头零件的数控编程与加工

通过盘刀刀头零件加工案例可以掌握多轴加工坐标系的定制、定轴加工方法、多轴编程工艺制定方法、“外形轮廓铣”驱动方法的设置、零件加工工艺及刀具方法的选用。

本章主要内容

通过盘刀刀头零件加工案例可以掌握多轴加工坐标系的定制，刀轴指定矢量方法，多轴编程工艺的制定，曲面、外形轮廓铣驱动方法的应用，定轴加工方法，零件加工工艺及刀具方法的选用。

3.1　加工工艺探究

（1）结构分析及加工工艺路线制定。盘刀刀头零件图纸如图 3-1 所示，外围表面粗糙度为 Ra1.6μm，全部尺寸的公差为±0.03mm。

刀盘刀头产品结构如图 3-2 所示，主要包括以下特征：螺纹孔、排气孔、曲面等结构，表面光洁度较高。根据刀盘刀头结构图可知，如果采用普通三轴数控铣床进行加工需要装夹多次,加工精度难以保证，而采用五轴机床进行加工，只需两次装夹即可完成加工任务。根据盘刀刀头的尺寸和结构特点，确定其加工工艺如下：

1）下料：毛坯大小为ϕ65×56 的棒料，材料为铝。

2）车削：车一端面及外形，ϕ18 的内孔，保证尺寸和长度为 55，切断。

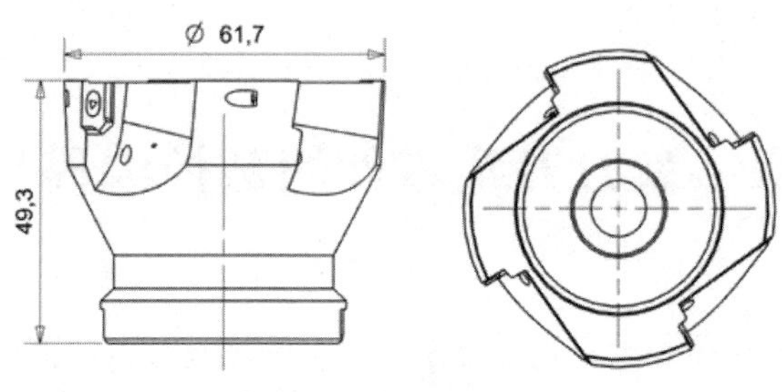

图 3-1 零件工程图纸

3）五轴数控铣第一工位：采用四爪夹盘装夹，加工 A 面，槽、孔、圆角、倒角到位。

4）五轴数控铣第二工位：采用专用工装装夹，加工 B 面，厚度、外形、孔、台阶、圆角、倒角到位。

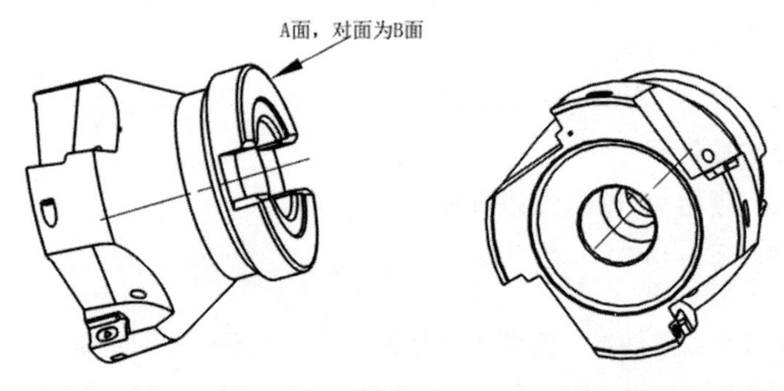

图 3-2 刀盘刀头产品图

（2）加工工艺参数制定。由于盘刀刀头零件的材料为铝合金，并根据盘刀刀头零件尺寸的结构特点，确定各个工位使用的刀具、加工策略及切削参数见表 3-1、表 3-2。

表 3-1 第一工位刀具、加工策略及切削参数表

序号	工序	刀具	加工策略	主轴转速	进给率	余量
1	粗加工	D10	型腔铣	5000	3000	0.15
2	粗加工	D6	平面铣	5000	1000	0.15
3	盘刀头上部精加工	D10	精加工	1000	2000	0
5	倒角	DJ6	平面铣	7000	5000	0
6	盘刀头上部圆角	R1	固定轮廓铣	7000	1000	0

表 3-2　第二工位刀具、加工策略及切削参数表

序号	工序	刀具	加工策略	主轴转速	进给率	余量
1	粗加工	D10	型腔铣	5000	3000	0.15
2	粗加工	D2	平面铣	7000	1500	0.15
3	孔位加工	ZXZ3	钻孔	1000	250	0
4	通孔加工	Z3	钻孔	1000	100	0
5	精加工	D10	平面铣	7000	1000	0
6	精加工	D2	平面铣	7000	500	0
7	圆角精加工	R1	固定轮廓铣	7000	200	0

3.2　编程前期准备

在标准工具条上选择“开始”|“加工”命令，系统弹出“加工环境”对话框，在对话框中选择“mill_multi-axis”多轴铣削模板，然后单击“确定”按钮，进入加工环境。

（1）创建第一工位坐标系。在里，创建加工坐标系 MCS-1，设置安全距离。加工坐标系为建模绝对坐标系，安全距离设置为顶面高“30”，其余参数设置如图 3-3 所示。

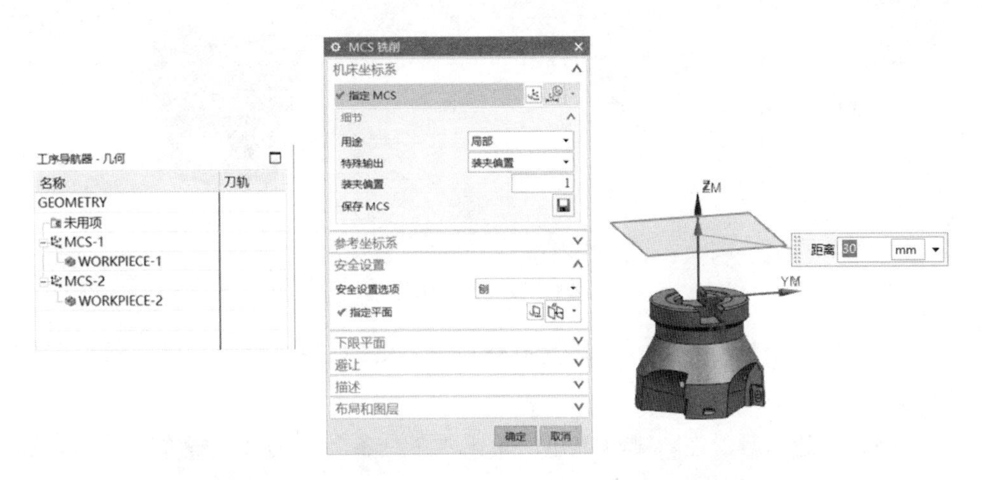

图 3-3　设置加工坐标系

（2）定义毛坯几何体。在毛坯几何体 WORKPIECE-1 的“指定部件”中选择盘刀刀头与补片体，“指定毛坯”中选择毛坯零件，如图 3-4 所示。

图 3-4 定义毛坯几何体

（3）创建第二工位坐标系。在几何视图里，创建加工坐标系 MCS-2，设置安全距离。加工坐标系为建模绝对坐标系，安全距离设置为顶面高“30”，其余参数设置如图 3-5 所示。

图 3-5 设置加工坐标系

（4）定义毛坯几何体。毛坯几何体 WORKPIECE-2 的定义方法与第一工位相同。

（5）创建刀具。在 机床视图 里，单击“工具条”|“刀片” 创建刀具，如图 3-6 所示。

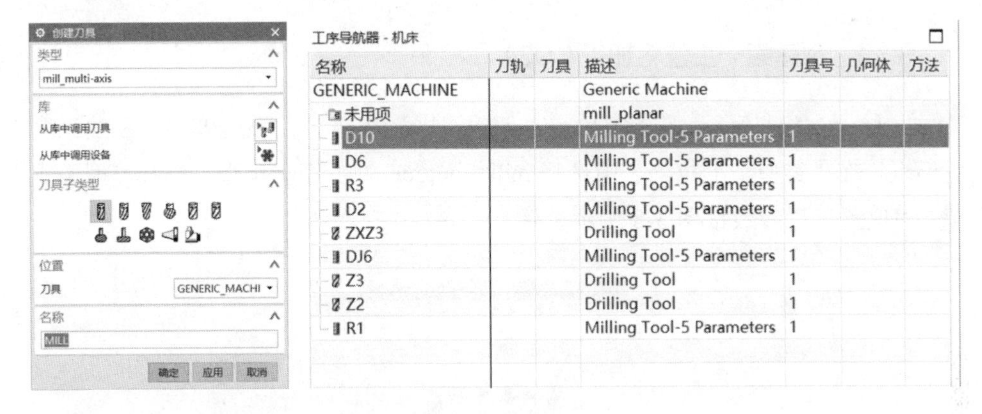

图 3-6 创建刀具

（6）创建程序组。在 里，单击创建程序组按钮 ，通过复制现有的程序组然后修改名称的方法来创建，结果如图 3-7 所示。

工序导航器 - 程序顺序

名称	刀轨	刀具	时间	MCS	余量	底
NC_PROGRAM			00:00:00			
未用项			00:00:00			
PROGRAM-1			00:00:00			
CO3A			00:00:00			
CO3B			00:00:00			
JO3A			00:00:00			
JO3B			00:00:00			
JO3C			00:00:00			
JO3D			00:00:00			
PROGRAM-2			00:00:00			
2CO3A			00:00:00			
2C03B			00:00:00			
2ZKO3A			00:00:00			
2ZKO3B			00:00:00			
2CO3C			00:00:00			
2CO3D			00:00:00			
2JO3A			00:00:00			
2JO3B			00:00:00			
2JO3C			00:00:00			

图 3-7 创建程序组

3.3 盘刀刀头零件程序编制

本节任务：在 D 盘根目录下建立文件夹 CH3，然后将光盘文件中的盘刀刀头文件复制到该文件夹中，打开盘刀刀头图档，根据图 3-2 中的 3D 模型进行数控编程，生成合理的刀具路径，检查刀具路径并优化其刀路，然后用五轴数控机床进行加工。

3.3.1 创建第一工位粗加工 CO3A

（1）在“刀片”工具条中单击“创建工序”按钮，系统弹出“创建工序”对话框，在“类型”下拉列表中选择 mill_contour，“工序子类型”选择“型腔铣”，“位置”栏参数按图 3-8 所示设置。

图 3-8　设置工序参数

（2）系统弹出“型腔铣”对话框，“几何体”选择 MCS-1，“刀具”选择“D10（铣刀-5 参数)，“轴”选择“+ZM 轴”，参数设置如图 3-9 所示。

（3）在“刀轨设置”栏中，设置“切削模式”为“跟随周边”，设置“步距”为“刀具平直百分比 50”，设置“最大距离”为“0.3mm”，如图 3-10 所示。

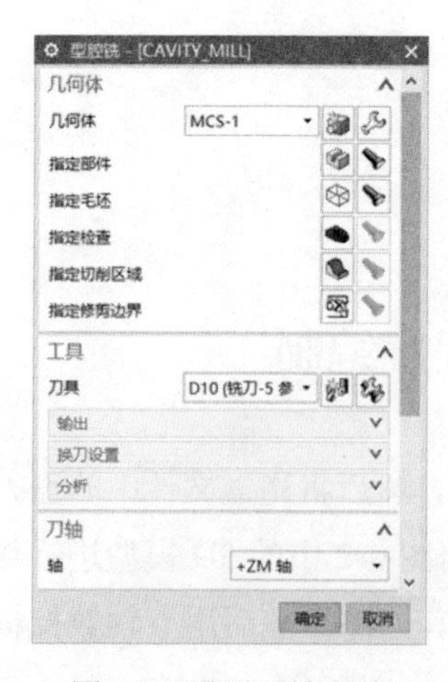

图 3-9　设置刀轴参数

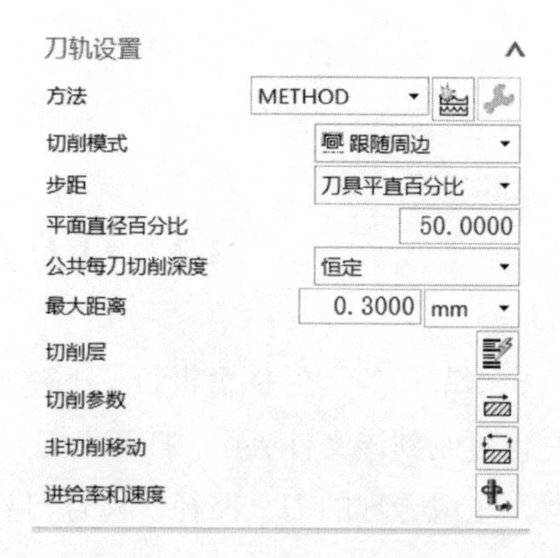

图 3-10　设置刀轨参数

（4）单击“切削层”按钮，系统弹出“切削层”对话框，设置“范围类型”为“用户定义”，设置层深“最大距离”为“0.3mm”，按回车键，系统自动显示“选择定义”栏，设置“范围深度”为“20”，如图3-11所示。

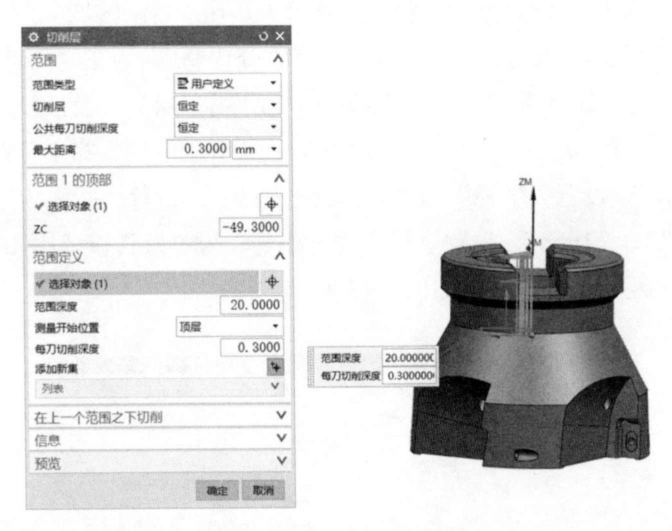

图3-11 设置切削层参数

（5）单击“切削参数”按钮，系统弹出“切削参数”对话框，在“策略”选项卡中，“切削方向”选择“顺铣”，“切削顺序”选择“深度优先”，“刀路方向”选择“向内”。在“余量”选项卡中，勾选“使底面余量与侧面余量一致”复选框，“部件侧面余量”设置为“0.15”，内外公差设置为“0.01”，如图3-12所示。

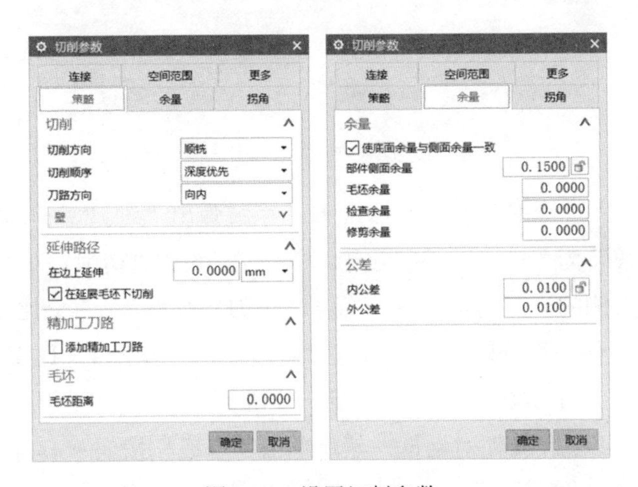

图3-12 设置切削参数

（6）单击“非切削移动”按钮，系统弹出“非切削移动”对话框，在“转移/快速”选项卡中，设置“安全设置选项”为“使用继承的”，在“区域内”栏中，设置“转移方式”为“进刀/退刀”，设置“转移类型”为“前一平面”，设置“安全距离”为“1mm”；选择“进刀”选项卡，在“封闭区域”栏中，设置“进刀类型”为“螺旋”，设置“直径”为“刀具百分比 90”，设置“斜坡角”为“1”，设置“高度”为“1mm”，设置“高度起点”为“前一层”，设置“最小安全距离”为“0mm”，设置“最小斜面长度”为“0”，在“开放区域”栏中，设置“进刀类型”为“圆弧”，设置“半径”为“刀具百分比 60”，设置“圆弧角度”为“90”，设置“高度”为“1mm”，设置“最小安全距离”为“刀具百分比 0”，勾选“修剪至最小安全距离”复选框，如图 3-13 所示。

图 3-13　设置安全距离

（7）单击“进给率和速度”按钮，系统弹出“进给率和速度”对话框，设置“主轴速度”为“5000”，在“进给率”栏中，设置“切削”为“3000mmpm”，单击“更多”右侧的下三角按钮 ，设置“进刀”为“切削百分比 60”，设置“第一刀切削”为“切削百分比 100”，设置“步进”为“切削百分比 100”，设置“退刀”为“切削百分比 100”，单击“计算”按钮，如图 3-14 所示。

（8）返回“型腔铣”对话框，然后单击“生成”按钮，系统自动生成粗加工刀路，如图 3-15 所示。

图 3-14　设置进刀参数

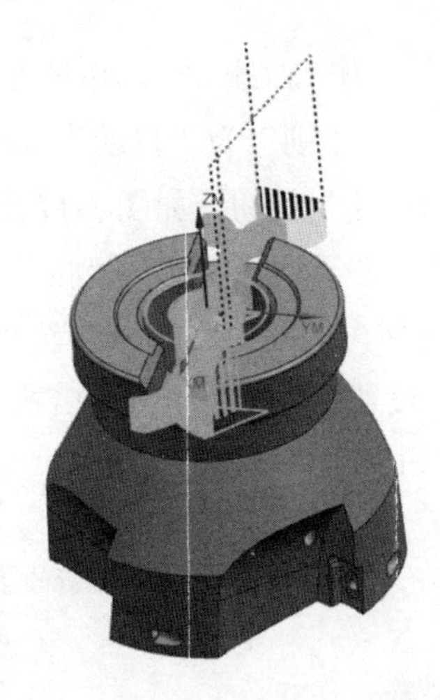

图 3-15　生成凹槽粗加工刀路

3.3.2　创建第一工位粗加工 CO3B

（1）在“刀片”工具条中单击“创建工序”按钮，系统弹出“创建工序”对话框，在“类型”下拉列表中选择 mill_planar，“工序子类型”选择“平面铣”，“位置”栏参数按图 3-16 设置。

图 3-16　设置工序参数

（2）系统弹出“平面铣”对话框，在“几何体”栏中，设置“几何体”为 MCS-1，单击“指定部件边界”按钮，系统弹出“边界几何体”对话框，设置

“模式”为“曲线/边”，系统弹出“编辑边界”对话框，设置“类型”为“封闭的”，设置“刨”为“自动”，设置“材料侧”为“外部”，然后选择ϕ11 孔的边，单击“确定”按钮，如图 3-17 所示；单击“指定底面”按钮，系统弹出“刨”对话框，设置“类型”为“按某一距离”，设置“平面参考”为“选择平面对象”，然后选择ϕ11 孔的底面，设置“距离”为“1mm”单击“确定”按钮，如图 3-18 所示，设置“刀具”为“D6（铣刀-5 参数）”，展开“刀轴”栏，默认“轴”为“+ZM 轴”，如图 3-19 所示。

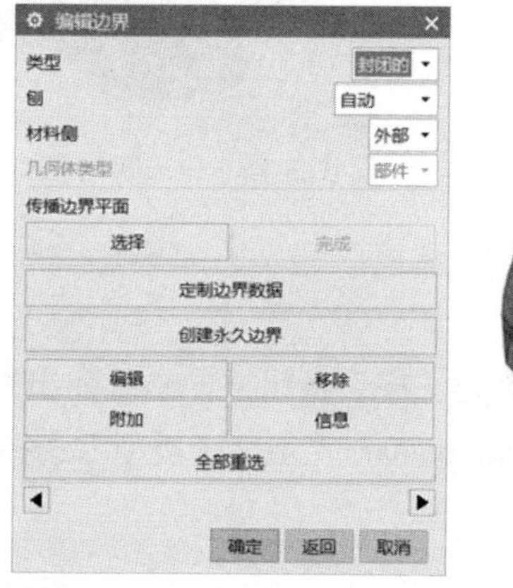

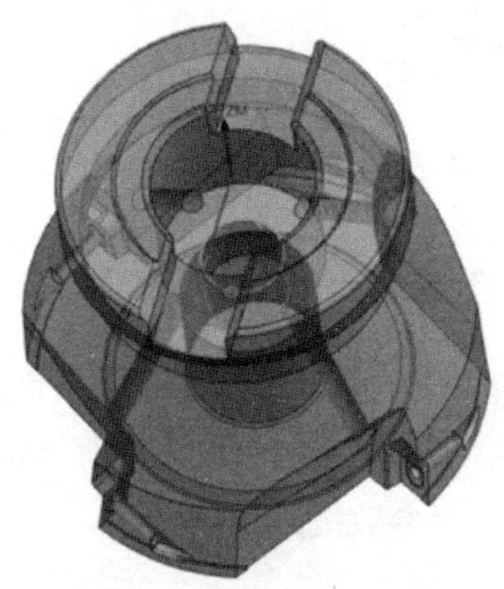

图 3-17　定义指定部件边界

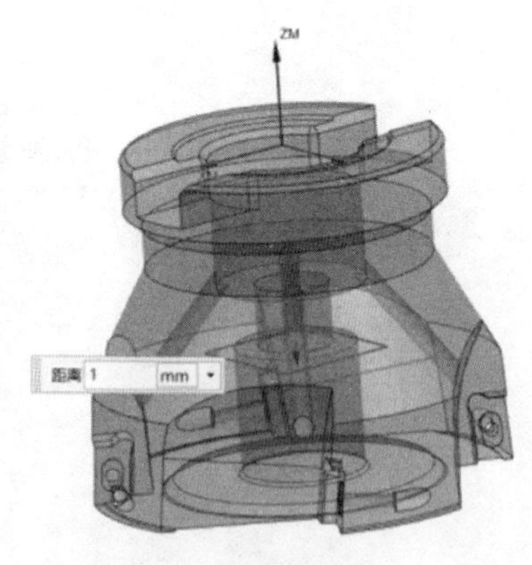

图 3-18　定义指定底面

（3）在“刀轨设置”栏中，设置“切削模式”为“轮廓”，设置“步距”为“刀具平直百分比 50”，如图 3-20 所示。

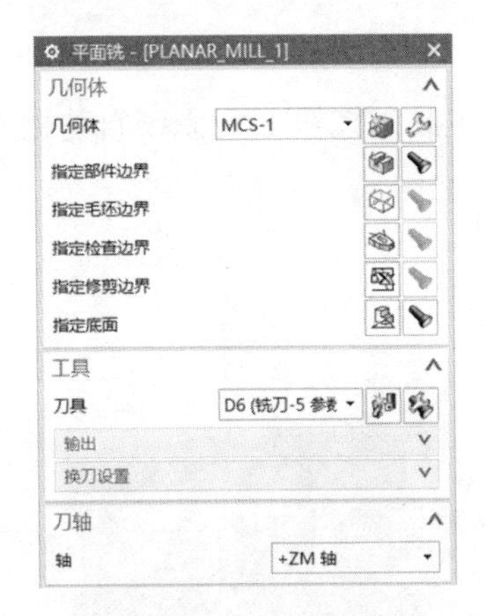

图 3-19 设置刀轴参数

图 3-20 设置刀轨参数

（4）单击“切削参数”按钮，系统弹出“切削参数”对话框，在“余量”选项卡中，设置“部件余量”为“0.1”，设置内外公差为“0.01”，如图 3-21 所示。

（5）单击“非切削移动”按钮，系统弹出“非切削移动”对话框，选择“进刀”选项卡，在“封闭区域”栏中，设置“进刀类型”为“沿形状斜进刀”，设置“斜坡角”为“1”，设置“高度”为“1mm”，设置“高度起点”为“前一层”，设置“最小安全距离”为“0”，设置“最小斜面长度”为“0”。在“开放区域”栏中，设置“进刀类型”为“与封闭区域相同”，如图 3-22 所示。

图 3-21 设置切削参数

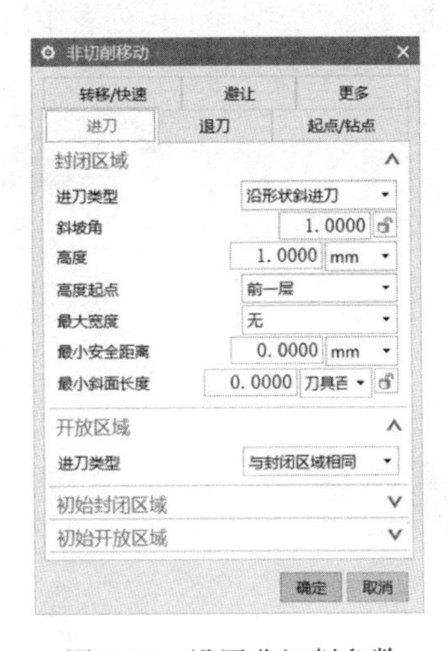

图 3-22 设置非切削参数

（6）单击“进给率和速度”按钮，系统弹出“进给率和速度”对话框，设置“主轴速度”为“5000”，在“进给率”栏中，设置“切削”为“1000mmpm”，

单击“计算”按钮，如图 3-23 所示。

（7）返回“平面铣”对话框，然后单击“生成”按钮，系统自动生成粗加工刀路，如图 3-24 所示。

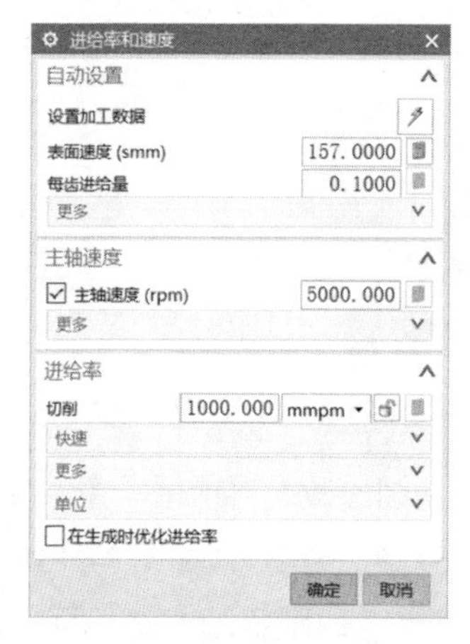

图 3-23　设置进给率和速度参数

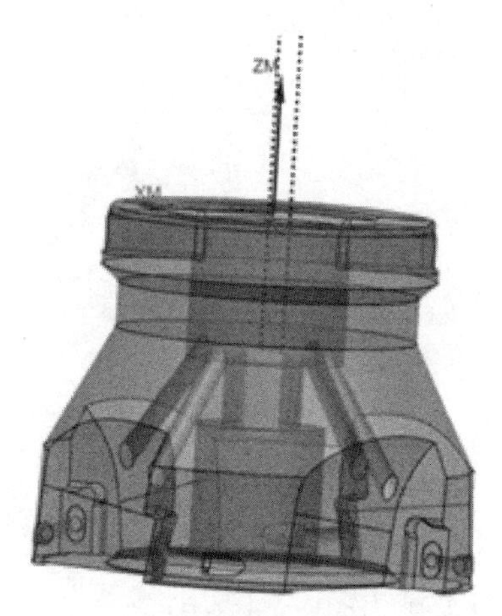

图 3-24　生成内孔粗加工刀路

3.3.3　创建第一工位精加工 JO3A

（1）在“刀片”工具条中单击“创建工序”按钮，系统弹出“创建工序”对话框，在“类型”下拉列表中选择 mill_planar，“工序子类型”选择“面铣”，“位置”参数按图 3-25 设置。

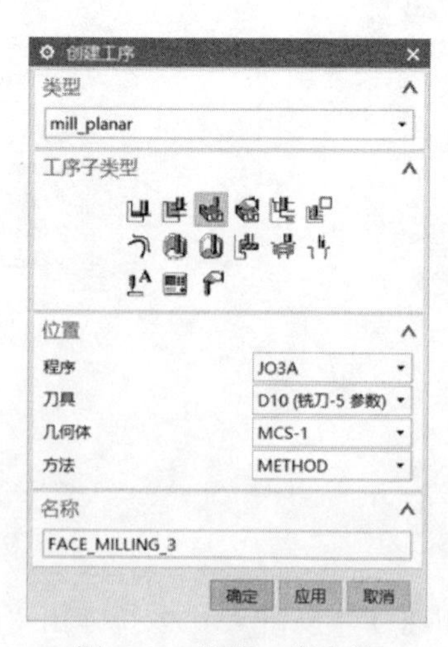

图 3-25　设置工序参数

（2）系统弹出“面铣”对话框，“几何体”选择 MCS-1，单击“指定部件”按钮，系统弹出“部件几何体”对话框，“选择对象”选择“加工零件”，单击“确定”按钮，如图 3-26 所示；单击“指定面边界”按钮，系统弹出“毛坯边界”对话框，设置“刀具侧”为“内部”，设置“刨”为“自动”，然后选择ϕ47.05 的底面，单击“确定”按钮，如图 3-27 所示；“刀具”选择“D10（铣刀-5 参数）”，“轴”选择“垂直于第一个面”，参数设置如图 3-28 所示。

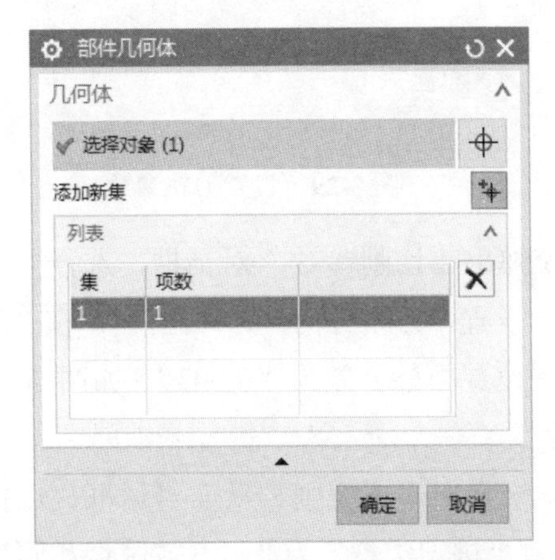

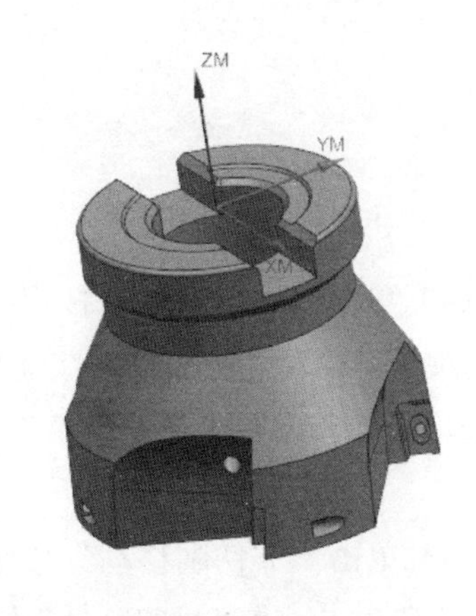

图 3-26　定义指定部件

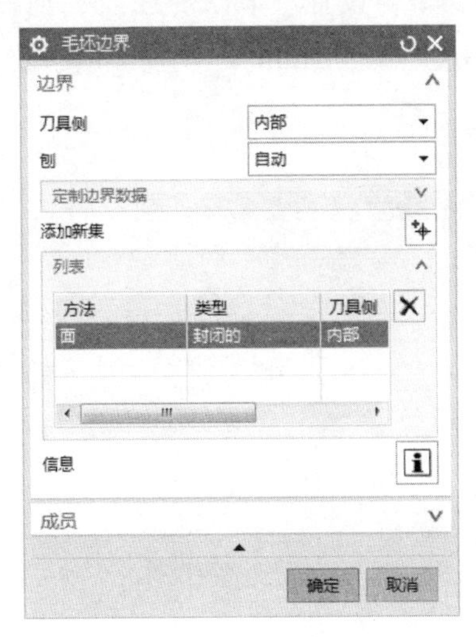

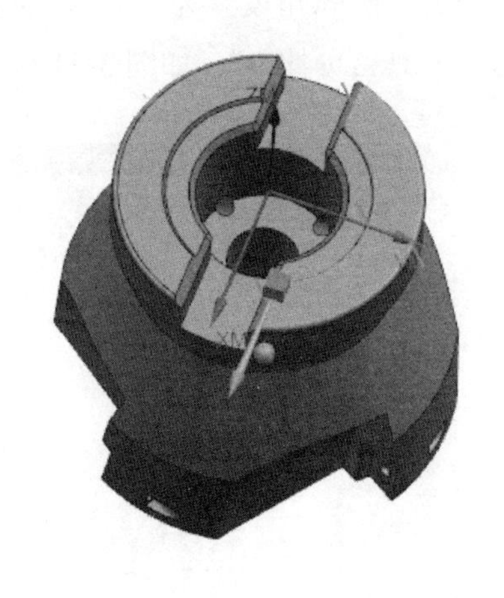

图 3-27　定义指定面边界

（3）在“刀轨设置”选项卡中，设置“切削模式”为“跟随周边”，“步距”选择“刀具平直百分比 60”，设置“毛坯距离”为“3”，如图 3-29 所示。

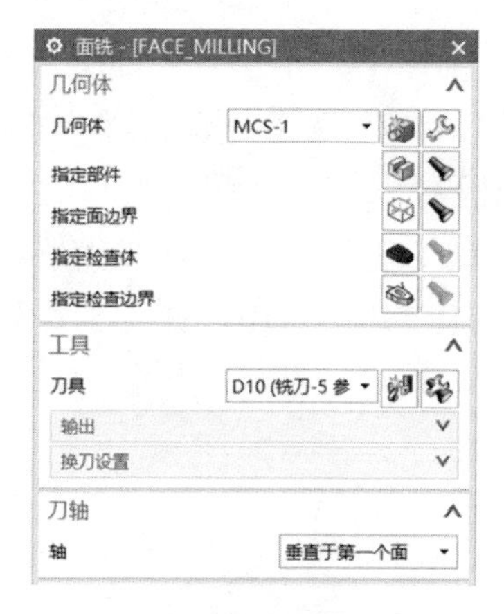

图 3-28　设置刀轴参数

图 3-29　设置刀轨参数

（4）单击“切削参数”按钮，系统弹出“切削参数”对话框，选择“策略”选项卡，设置“切削方向”为“顺铣”，设置“刀路方向”为“向外”。在“余量”选项卡中，设置“部件余量”为“0”，设置内外公差为“0.003”，如图 3-30 所示。

（5）单击“非切削移动”按钮，系统弹出“非切削移动”对话框，选择“进刀”选项卡，在“封闭区域”栏中，设置“进刀类型”为“与开放区域相同”，在“开放区域”栏中，设置“进刀类型”为“圆弧”，设置“半径”为“刀具百分比 30”，设置“圆弧角度”为“90”，设置“高度”为“1mm”，设置“最小安全距离”为“刀具百分比 0”，如图 3-31 所示。

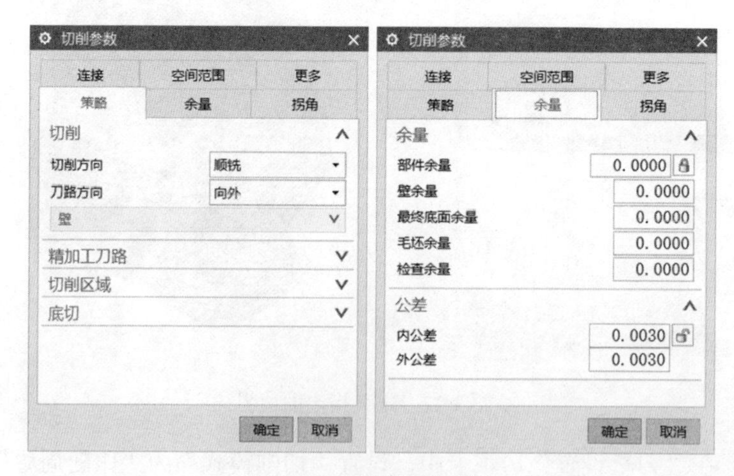

图 3-30　设置切削参数

（6）单击“进给率和速度”按钮，系统弹出“进给率和速度”对话框，设置“主轴速度”为“7000”，在“进给率”栏中，设置“切削”为“1000mmpm”，单击“更多”右侧的下三角按钮，设置“进刀”为“切削百分比 60”，设置“第一刀切削”为“切削百分比 100”，设置“步进”为“切削百分比 100”，设置“退刀”为“切削百分比 100”，单击“计算”按钮，如图 3-32 所示。

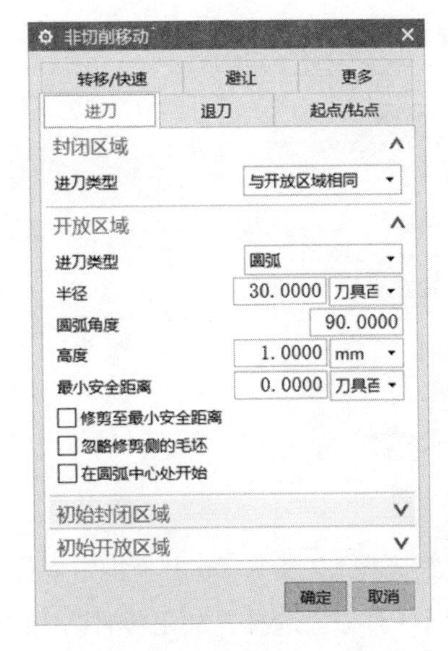

图 3-31 设置非切削移动参数

图 3-32 设置进给率和速度参数

（7）返回“面铣”对话框，然后单击“生成”按钮，系统自动生成精加工刀路，如图 3-33 所示。

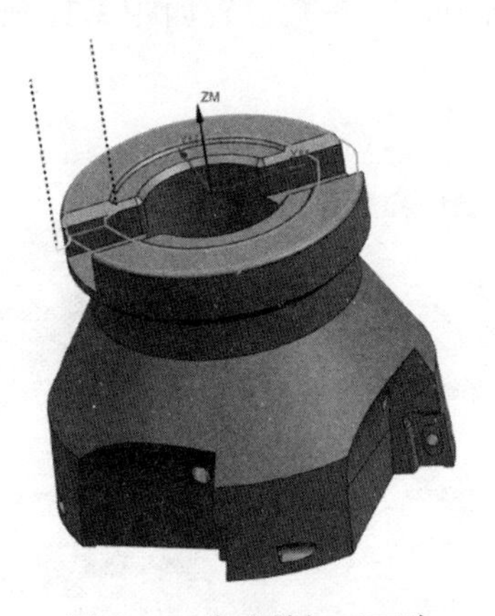

图 3-33 生成精加工刀路

3.3.4 创建第一工位精加工 JO3B

（1）在“刀片”工具条中单击“创建工序”按钮，系统弹出“创建工序”对话框，在“类型”下拉列表中选择 mill_planar，“工序子类型”选择“面铣”，“位置”栏参数按图 3-34 所示设置。

图 3-34　设置工序参数

（2）系统弹出“面铣”对话框，“几何体”选择 MCS-1，单击“指定部件”按钮，系统弹出“部件几何体”对话框，“选择对象”选择“加工零件”，单击“确定”按钮，如图 3-35 所示；单击“指定面边界”按钮，系统弹出“毛坯边界”对话框，设置“刀具侧”为“内部”，设置“刨”为“自动”，然后选择ϕ47.05 的底面，单击“确定”按钮，如图 3-36 所示；“刀具”选择“D10（铣刀-5 参数）”，“轴”选择“垂直于第一个面”，参数设置如图 3-37 所示。

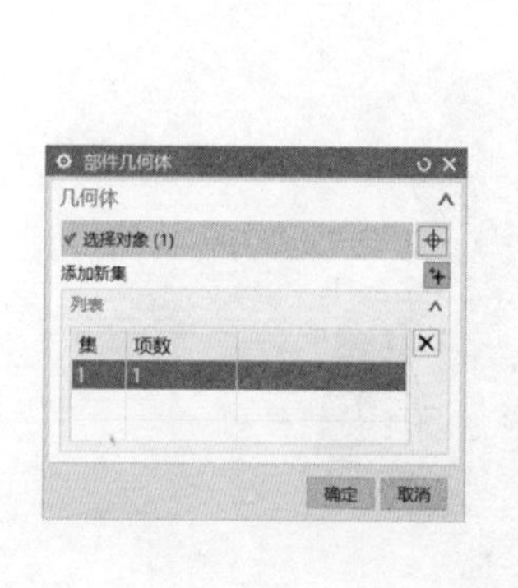

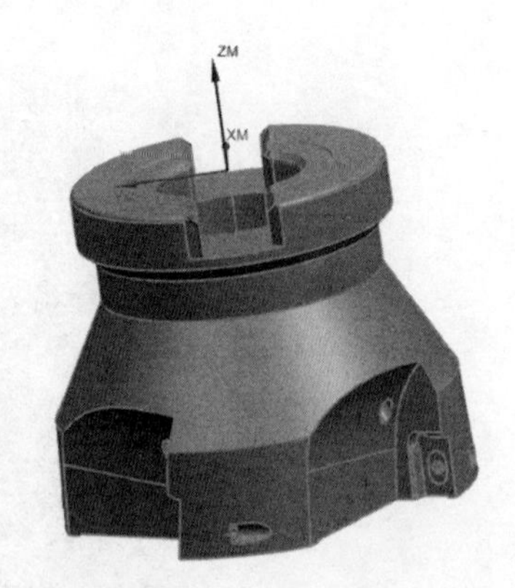

图 3-35　定义指定部件

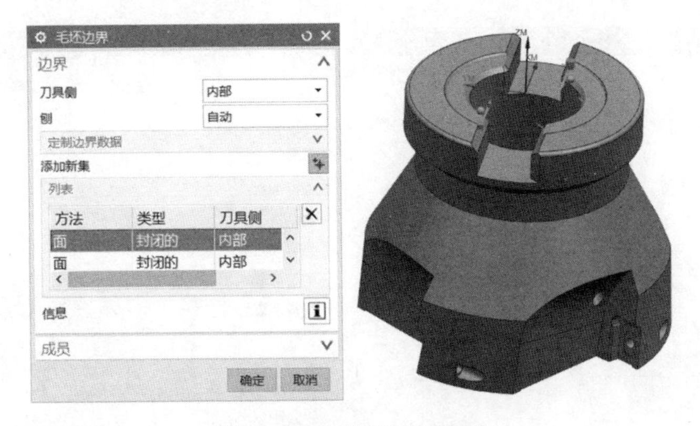

图 3-36 定义指定面边界

（3）在“刀轨设置”选项卡中，设置“切削模式”为“跟随周边”，“步距”选择“刀具平直百分比 60”，设置“毛坯距离”为“3”，如图 3-38 所示。

（4）单击“切削参数”按钮，系统弹出“切削参数”对话框，选择“策略”选项卡，设置“切削方向”为“顺铣”，设置“刀路方向”为“向外”；在“余量”选项卡中，设置“部件余量”为“0”，设置内外公差为“0.003”，如图 3-39 所示。

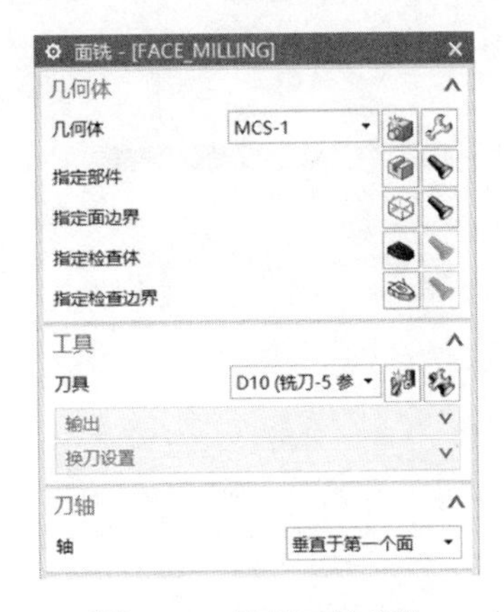

图 3-37 设置刀轴参数

图 3-38 设置刀轨参数

（5）单击“非切削移动”按钮，系统弹出“非切削移动”对话框，选择“进刀”选项卡，在“封闭区域”栏中，设置“进刀类型”为“与开放区域相同”，在“开放区域”栏中，设置“进刀类型”为“圆弧”，设置“半径”为“刀具百分比 30”，设置“圆弧角度”为“90”，设置“高度”为“1mm”，设置“最小安全距离”为“刀具百分比 0”，如图 3-40 所示。

图 3-39　设置切削参数

（6）单击“进给率和速度”按钮，系统弹出“进给率和速度”对话框，设置“主轴速度”为“7000”，在“进给率”栏中，设置“切削”为“1000mmpm”，单击“更多”右侧的下三角按钮，设置“进刀”为“切削百分比 60”，设置“第一刀切削”为“切削百分比 100”，设置“步进”为“切削百分比 100”，设置“退刀”为“切削百分比 100”，单击“计算”按钮，如图 3-41 所示。

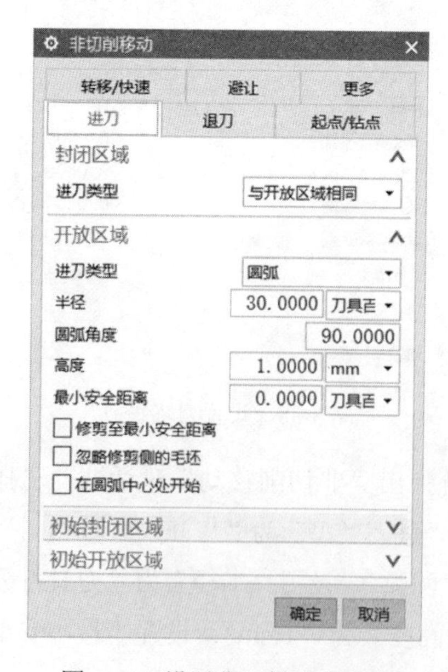

图 3-40　设置非切削移动参数

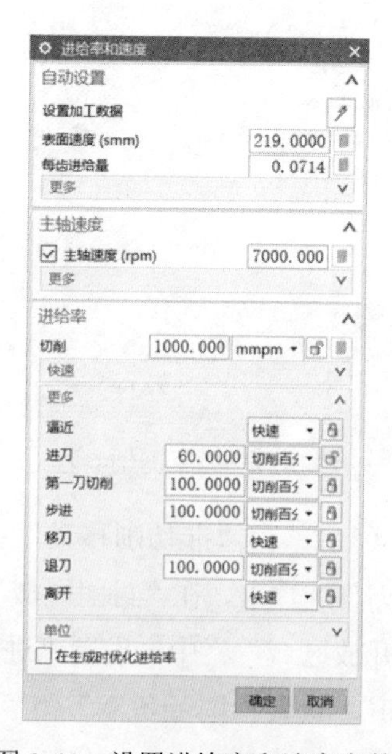

图 3-41　设置进给率和速度参数

（7）返回“面铣”对话框，然后单击“生成”按钮，系统自动生成精加工刀路，如图 3-42 所示。

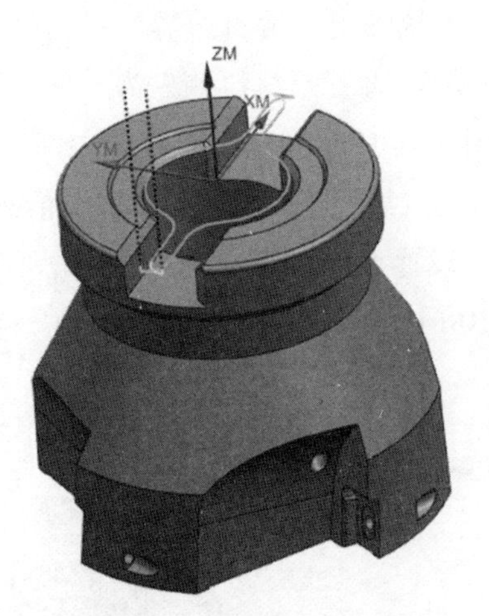

图 3-42　生成精加工刀路

3.3.5　创建第一工位精加工 JO3C

（1）在“刀片”工具条中单击“创建工序”按钮，系统弹出“创建工序”对话框，在“类型”下拉列表中选择 mill_planar，“工序子类型”选择“平面铣”，“位置”栏参数按图 3-43 设置。

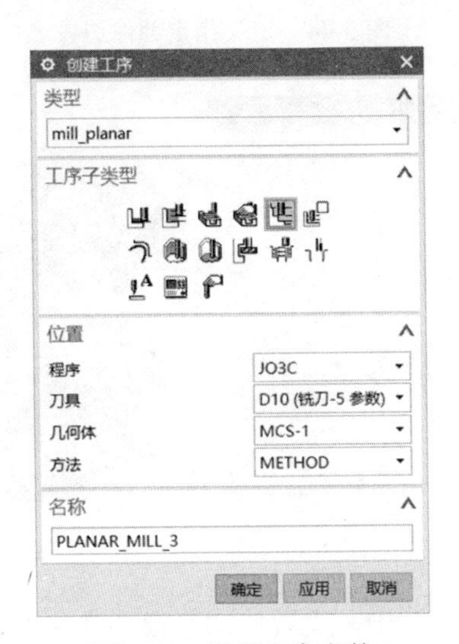

图 3-43　设置工序参数

（2）系统弹出“平面铣”对话框，在“几何体”栏中，设置“几何体”为MCS-1，单击“指定部件边界”按钮，系统弹出“边界几何体”对话框，设置“模式”为“曲线/边”，系统弹出“编辑边界”对话框，设置“类型”为“封闭的”，设置“刨”为“自动”，设置“材料侧”为“外部”，然后选择ϕ22孔的边，单击“确定”按钮，如图3-44所示；单击“指定底面”按钮，系统弹出“刨”对话框，设置“类型”为“按某一距离”，设置“平面参考”为“选择平面对象”，然后选择ϕ22孔的底面，设置“距离”为“0”，单击“确定”按钮，如图3-45所示；设置“刀具”为“D10（铣刀-5参数）”，在“刀轴”栏中，默认“轴”为“+ZM轴”，如图3-46所示。

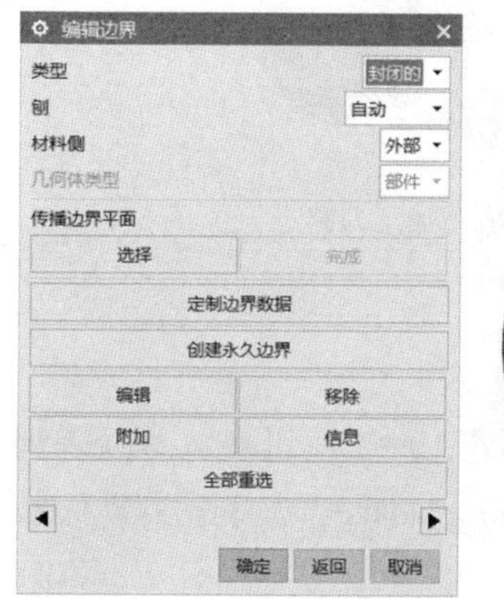

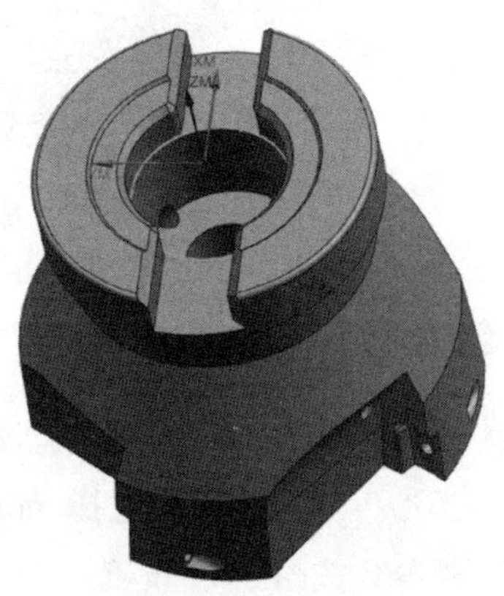

图3-44　定义指定部件边界

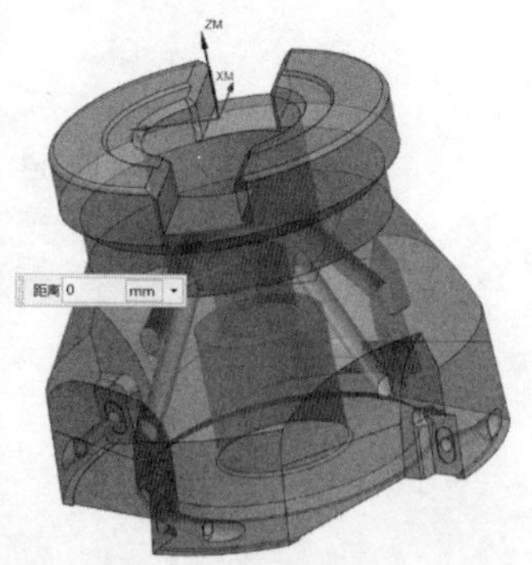

图3-45　定义指定底面

（3）在“刀轨设置”栏中，设置“切削模式”为“轮郭”，“步距”选择“恒定”，高置“最大距离”为“15mm”，如图3-47所示。

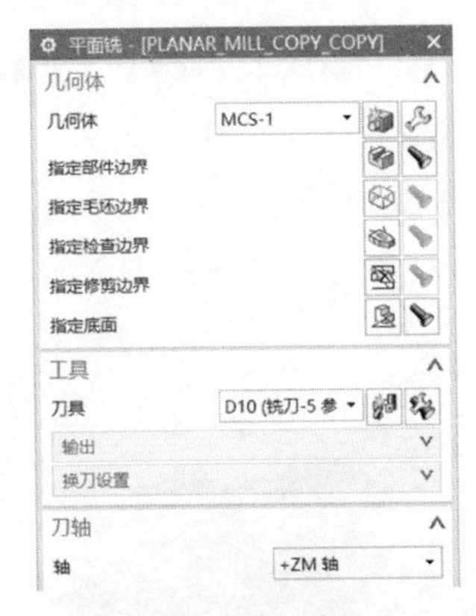

图 3-46　设置刀轴参数

图 3-47　设置刀轨参数

（4）单击“切削参数”按钮，系统弹出“切削参数”对话框，选择“余量”选项卡，设置“部件余量”为“0”，设置内外公差为“0.003”，如图 3-48 所示，单击“确定”按钮并退出。

（5）单击“非切削移动”按钮，系统弹出“非切削移动”对话框，选择“进刀”选项卡，在“封闭区域”栏中，设置“进刀类型”为“与开放区域相同”，在“开放区域”栏中，设置“进刀类型”为“圆弧”，设置“半径”为“刀具百分比 30”，设置“圆弧角度”为“90”，设置“高度”为“1mm”，勾选“修剪至最小安全距离”复选框，如图 3-49 所示。

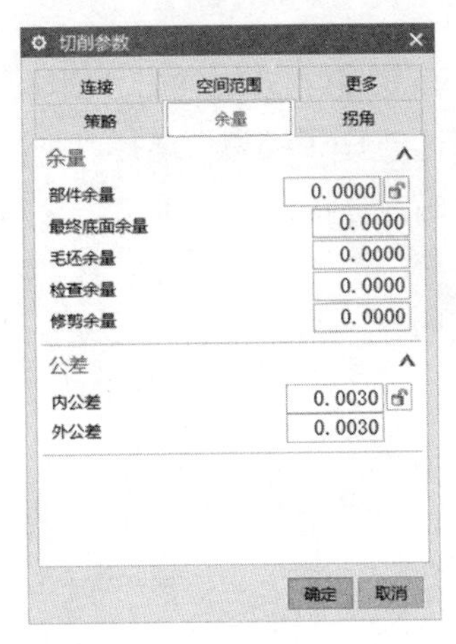

图 3-48　设置切削参数

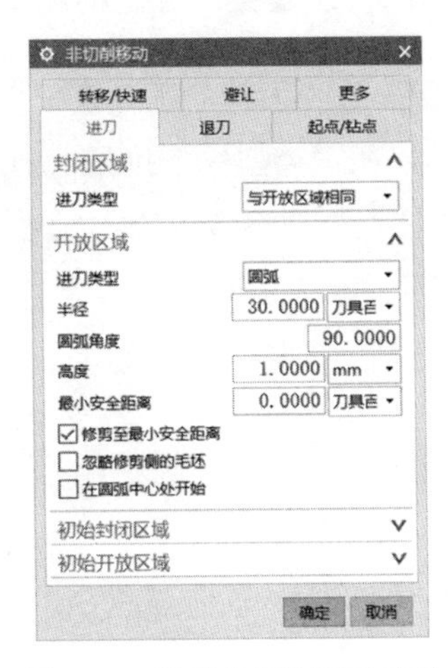

图 3-49　设置非切削移动参数

（6）单击“进给率和速度”按钮，系统弹出“进给率和速度”对话框，设置“主轴速度”为“7000”，在“进给率”栏中，设置“切削”为“1000mmpm”，

单击“更多”右侧的下三角按钮，设置“进刀”为“切削百分比 60”，“第一刀切削”为“切削百分比 100”，设置“步进”为“切削百分比 100”，设置“退刀”为“切削百分比 100”，单击“计算”按钮，如图 3-50 所示。

（7）返回“平面铣”对话框，然后单击“生成”按钮，系统自动生成粗加工刀路，如图 3-51 所示。

图 3-50　设置进给率和速度参数

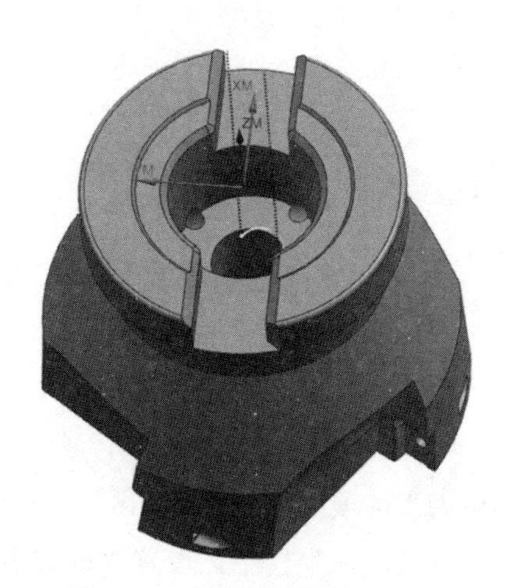

图 3-51　生成内孔精加工刀路

3.3.6　创建第一工位精加工 JO3D

（1）在“刀片”工具条中单击“创建工序”按钮，系统弹出“创建工序”对话框，在“类型”下拉列表中选择 mill_planar，“工序子类型”选择“平面铣”，“位置”栏参数按图 3-52 所示设置，单击“确定”按钮。

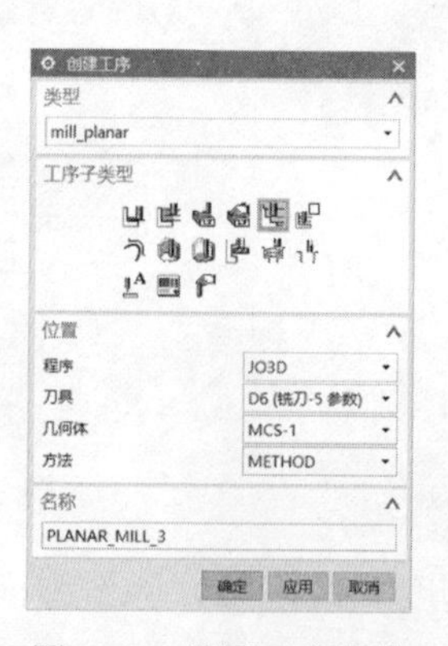

图 3-52　设置工序参数

（2）系统弹出“平面铣”对话框，在“几何体”栏中，设置“几何体”为MCS-1，单击“指定部件边界”按钮，系统弹出“边界几何体”对话框，设置“模式”为“曲线/边”，系统弹出“编辑边界”对话框，设置“类型”为“封闭的”，设置“刨”为“自动”，设置“材料侧”为“外部”，然后选择ϕ11孔的边，单击“确定”按钮，如图3-53所示；单击“指定底面”按钮，系统弹出“刨”对话框，设置“类型”为“按某一距离”，设置“平面参考”为“选择平面对象”，然后选择ϕ11孔的底面，设置“距离”为“1mm”，单击“确定”按钮，如图3-54所示；设置“刀具”为“D10（铣刀-5 参数）”，展开“刀轴”栏，默认“轴”为“+ZM轴”，如图3-55所示。

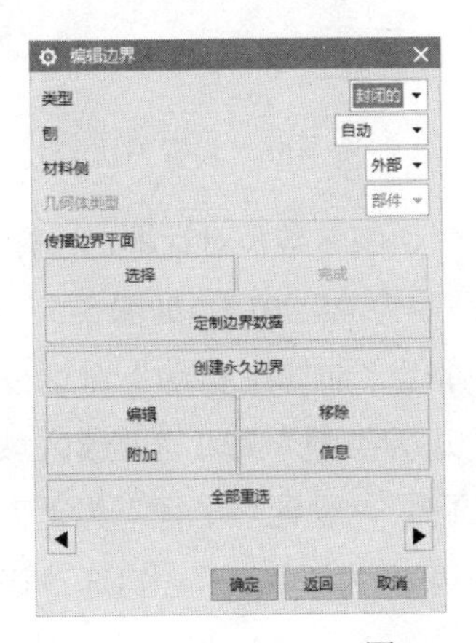

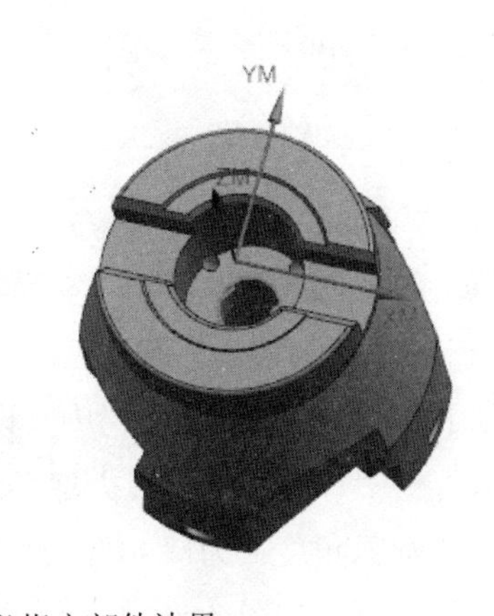

图3-53 定义指定部件边界

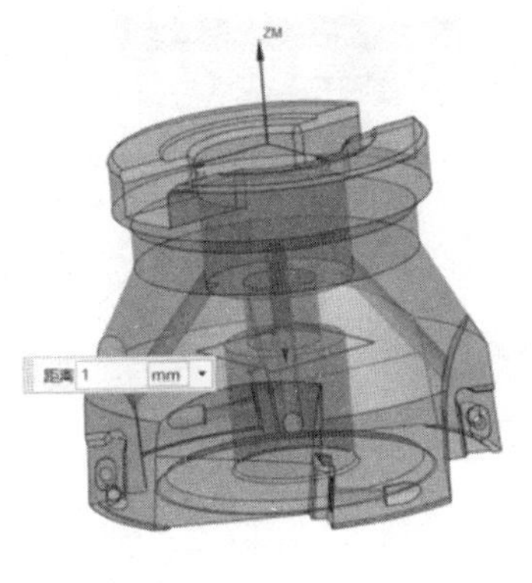

图3-54 定义指定底面

（3）在“刀轨设置”栏中，设置“切削模式”为“轮廓”，“步距”选择“多个”，单击“列表”右侧的下三角按钮，设置“刀路数”为“1”，设置“距离”

为“0.05mm”如图 3-56 所示。

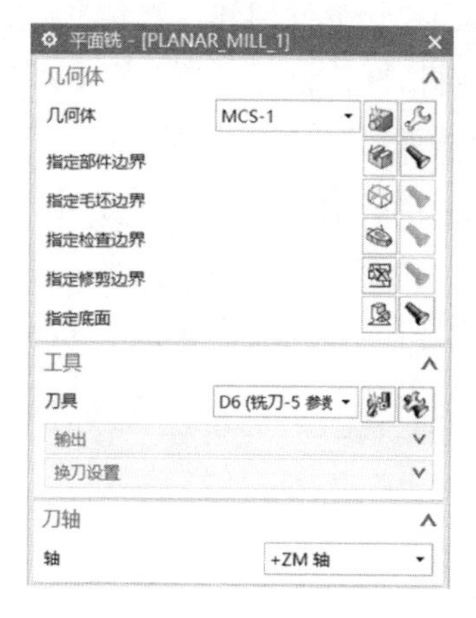

图 3-55 设置刀轴参数

图 3-56 设置刀轨参数

（4）单击“切削参数”按钮，系统弹出“切削参数”对话框，选择“余量”选项卡，设置“部件余量”为“0”，设置内外公差为“0.001”，如图 3-57 所示。

（5）单击“非切削移动”按钮，系统弹出“非切削移动”对话框，选择“进刀”选项卡，在“封闭区域”栏中，设置“进刀类型”为“与开放区域相同”，在“开放区域”栏中，设置“进刀类型”为“圆弧”，设置“半径”为“刀具百分比 30”，设置“圆弧角度”为“90”，设置“高度”为“1mm”，勾选“修剪至最小安全距离”复选框，如图 3-58 所示。

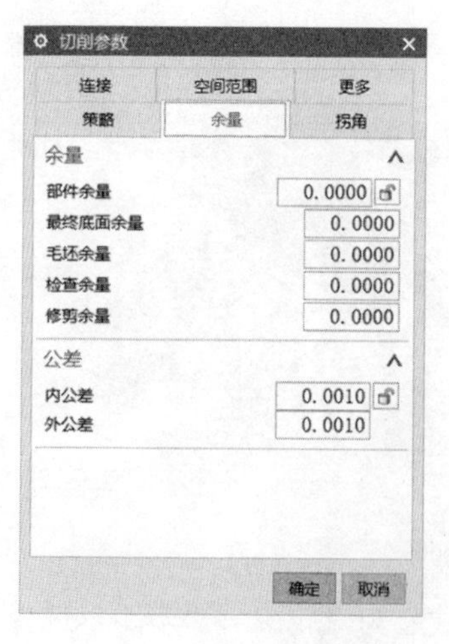

图 3-57 设置切削参数

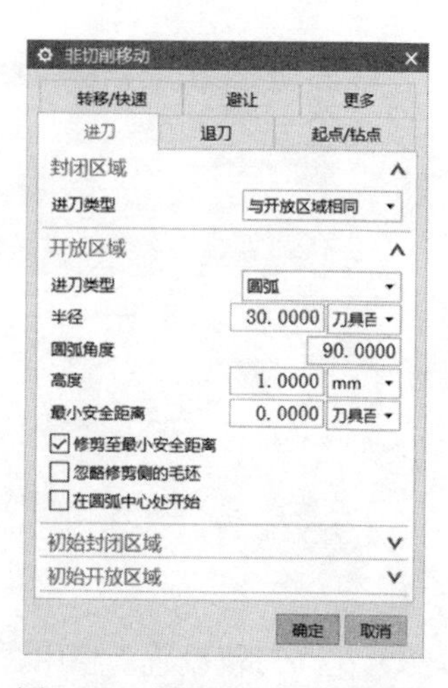

图 3-58 设置非切削移动参数

（6）单击“进给率和速度”按钮，系统弹出“进给率和速度”对话框，设置“主轴速度”为“7000”，在“进给率”栏中，设置“切削”为“1000mmpm”，单击“更多”右侧的下三角按钮，设置“进刀”为“切削百分比60”，设置“第一刀切削”为“切削百分比100”，设置“步进”为“切削百分比100”，设置“退刀”为“切削百分比100”，单击“计算”按钮，如图3-59所示，单击“确定”按钮并退出。

（7）返回“平面铣”对话框，然后单击“生成”按钮，系统自动生成精加工刀路，如图3-60所示。

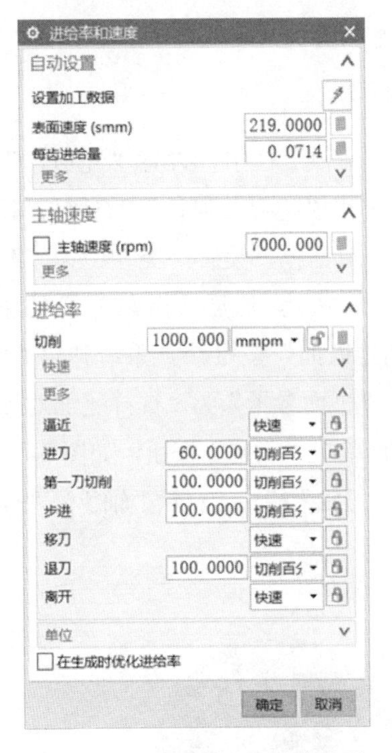

图3-59　设置进给率和速度参数

图3-60　生成内孔精加工刀路

3.3.7　创建第一工位精加工JO3E

（1）在“刀片”工具条中单击“创建工序”按钮，系统弹出“创建工序”对话框，在“类型”下拉列表中选择mill_planar，“工序子类型”选择“平面铣”，“位置”栏参数按图3-61设置，最后单击“确定”按钮。

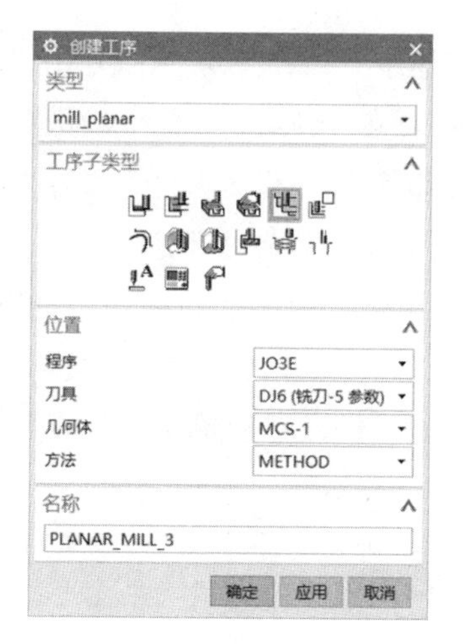

图 3-61　设置工序参数

（2）系统弹出“平面铣”对话框，在“几何体”栏中，设置“几何体”为MCS-1，单击“指定部件边界”按钮，系统弹出“边界几何体”对话框，设置“模式”为“曲线/边”，系统弹出“编辑边界”对话框，设置“类型”为“开放的”，设置“刨”为“自动”，设置“材料侧”为“左”，然后选择ϕ31 孔的边，单击“确定”按钮，如图 3-62 所示；单击“指定底面”按钮，系统弹出“刨”对话框，设置“类型”为“按某一距离”，设置“平面参考”为“选择平面对象”，然后选择ϕ31 孔的底面，设置“距离”为“0”，单击“确定”按钮，如图 3-63 所示；设置“刀具”为“DJ6（铣刀-5 参数）”，在“刀轴”栏中，默认“轴”为“+ZM 轴”，如图 3-64 所示。

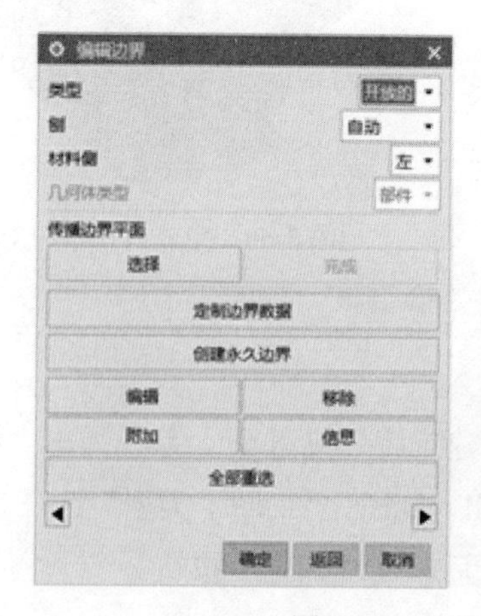

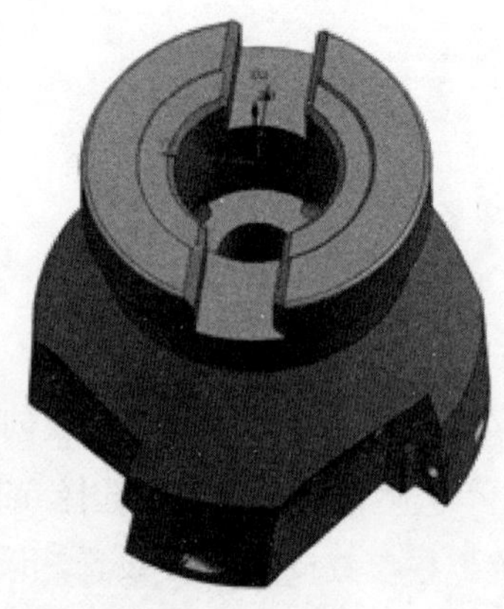

图 3-62　定义指定部件边界

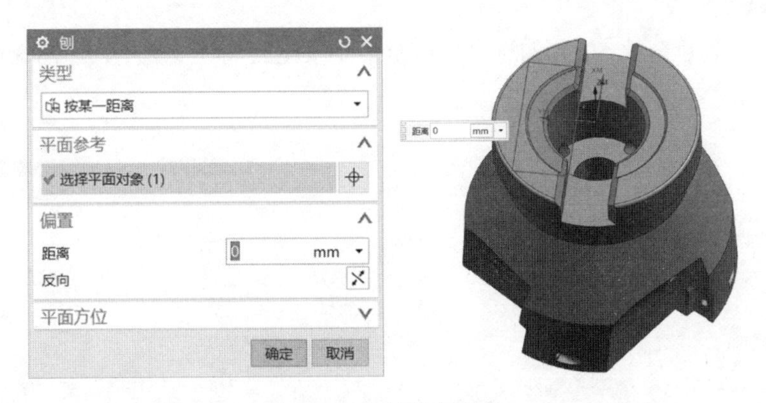

图 3-63　定义指定底面

（3）在“刀轨设置”栏中，设置“切削模式”为“轮廓”，“步距”选择“刀具平直百分比 50”，如图 3-65 所示。

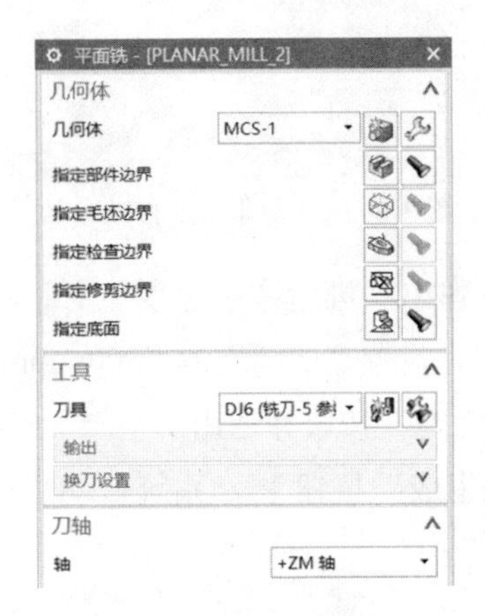

图 3-64　设置刀轴参数

图 3-65　设置刀轨参数

（4）单击“切削参数”按钮，系统弹出“切削参数”对话框，选择“余量”选项卡，设置“部件余量”为“0”，设置内外公差为“0.003”，如图 3-66 所示，单击“确定”按钮并退出。

（5）单击“非切削移动”按钮，系统弹出“非切削移动”对话框，选择“进刀”选项卡，在“封闭区域”栏中，设置“进刀类型”为“螺旋”，设置“直径”为“刀具百分比 90”，设置“斜坡角”为“15”，设置“高度”为“3mm”。设置“高度起点”为“前一层”，设置“最小安全距离”为“0”，设置“最小斜面长度”为“刀具百分比 10”。在“开放区域”栏中，设置“进刀类型”为“线性”，设置“长度”为“刀具百分比 50”，设置“高度”为“3mm”，设置“最小安全距离”为“刀具百分比 50”，勾选“修剪至最小安全距离”复选框，如图 3-67 所示，单击“确定”按钮并退出。

图 3-66　设置切削参数

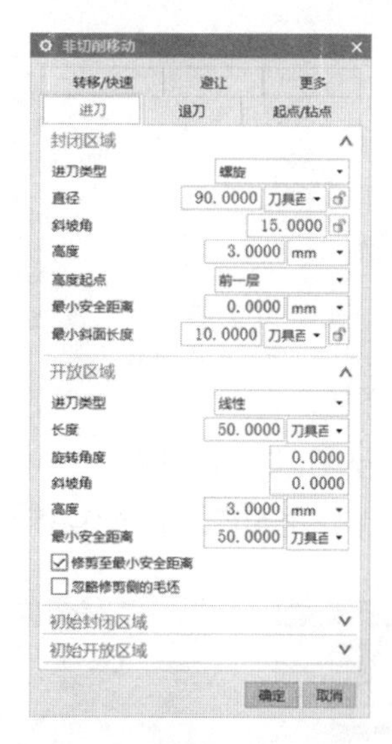

图 3-67　设置非切削移动参数

（6）单击“进给率和速度”按钮，系统弹出“进给率和速度”对话框，设置“主轴速度”为“7000”，在“进给率”栏中，设置“切削”为“500mmpm”，单击“计算”按钮，如图 3-68 所示，单击“确定”按钮并退出。

（7）返回“平面铣”对话框，然后单击“生成”按钮，系统自动生成精加工刀路，如图 3-69 所示。

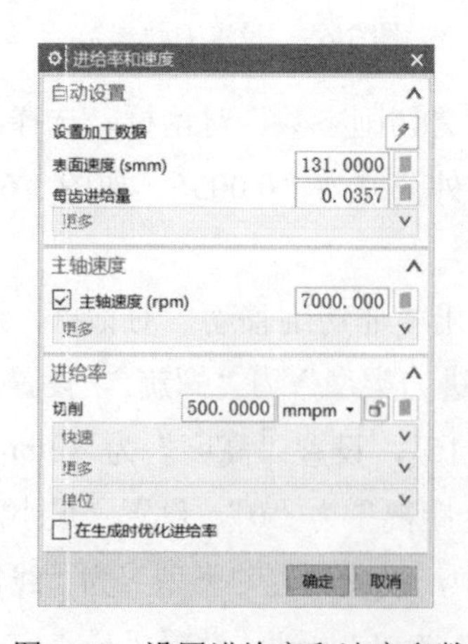

图 3-68　设置进给率和速度参数

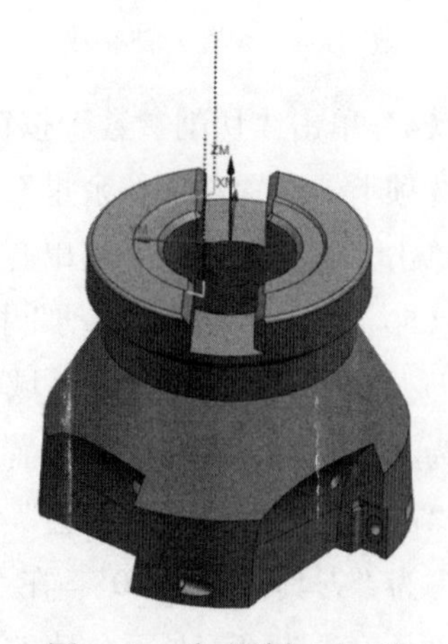

图 3-69　生成精加工刀路

3.3.8 刀路阵列变换

（1）在导航里选择程序组“JO3E”里的第一个刀路，右击，在弹出的快捷菜单里选择“对象”|“变换”命令，系统弹出“变换”对话框，选择“类型”为“通过一平面镜像”，设置平面为YC平面，设置“结果”为“实例”，设置“距离/角度分割”为“1”，设置“实例数”为“1”，按图3-70所示设置参数，单击“确定”按钮。

图3-70　定义变换

（2）返回“平面铣”对话框，然后单击“生成”按钮，系统自动生成精加工刀路，如图3-71所示，单击“确定”按钮并退出。

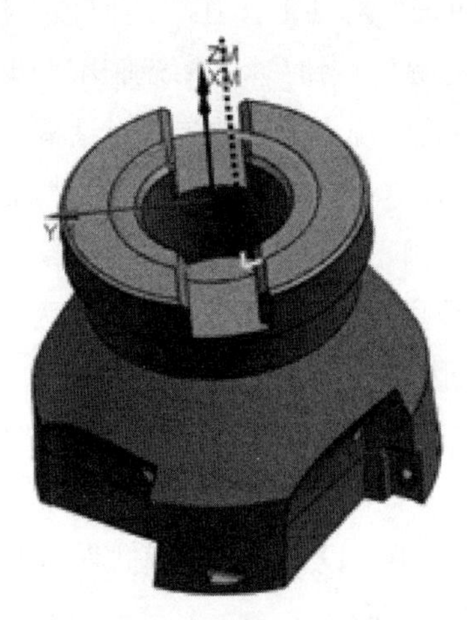

图3-71　生产精加工刀路

3.3.9 创建第一工位精加工 JO3F

（1）在“刀片”工具条中单击“创建工序”按钮，系统弹出“创建工序”对话框，在“类型”下拉列表中选择 mill_planar，“工序子类型”选择“平面铣”，“位置”栏参数按图 3-72 所示设置，单击“确定”按钮。

图 3-72 设置工序参数

（2）系统弹出“平面铣”对话框，在“几何体”栏中，设置“几何体”为 MCS-1，单击“指定部件边界”按钮，系统弹出“边界几何体”对话框，设置“模式”为“曲线/边”，系统弹出“编辑边界”对话框，设置“类型”为“开放”，设置“刨”为“自动”，设置“材料侧”为“左”，然后选择凹槽的边，单击“确定”按钮，如图 3-73 所示；单击“指定底面”按钮，系统弹出“刨”对话框，设置“类型”为“按某一距离”，设置“平面参考”为“选择平面对象”，然后选择ϕ31 孔的底面，设置“距离”为“-2”，单击“确定”按钮，如图 3-74 所示；设置“刀具”为“DJ6（铣刀-5 参数）”，在“刀轴”栏中，默认“轴”为“+ZM 轴”，如图 3-75 所示。

（3）在“刀轨设置”栏中，设置“切削模式”为“轮廓”，“步距”选择“刀具平直百分比 50”，如图 3-76 所示。

图 3-73 定义指定部件边界

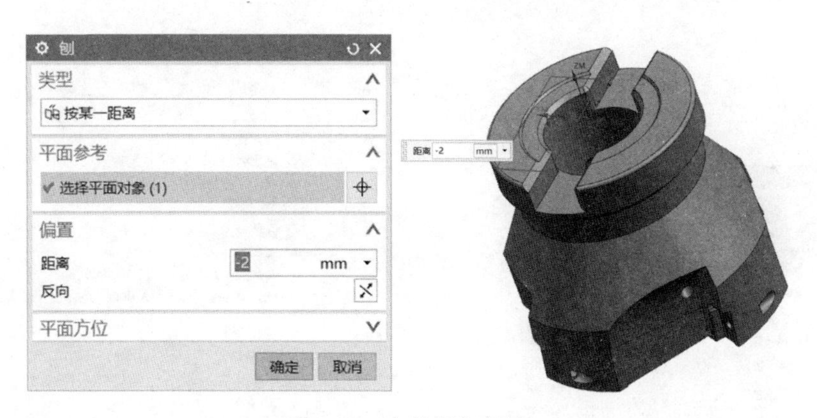

图 3-74 定义指定底面

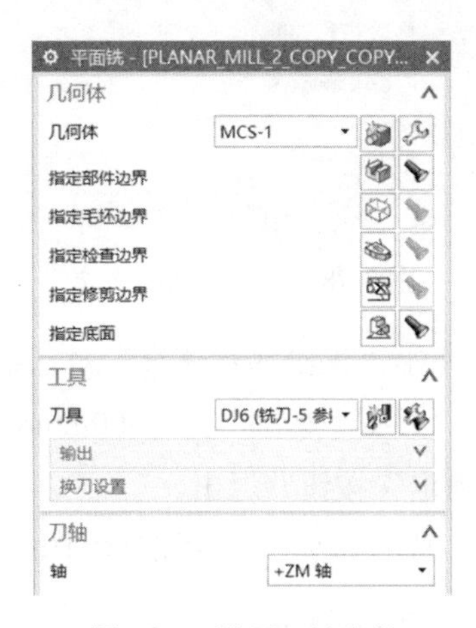

图 3-75 设置刀轴参数

图 3-76 设置刀轨参数

（4）单击“切削参数”按钮，系统弹出“切削参数”对话框，选择“余量”选项卡，设置“部件余量”为“0”，设置内外公差为“0.003”，如图 3-77 所示，单击“确定”按钮并退出。

（5）单击“非切削移动”按钮，系统弹出“非切削移动”对话框，选择“进刀”选项卡，在“封闭区域”栏中，设置“进刀类型”为“螺旋”，设置“直径”为“刀具百分比 90”，设置“斜坡角”为“15”，设置“高度”为“3mm”。设置“高度起点”为“前一层”，设置“最小安全距离”为“0”，设置“最小斜面长度”为“刀具百分比 10”。在“开放区域”栏中，设置“进刀类型”为“线性”，设置“长度”为“刀具百分比 50”，设置“高度”为“3mm”，设置“最小安全距离”为“刀具百分比 50”，勾选“修剪至最小安全距离”复选框，如图 3-78 所示，单击“确定”按钮并退出。

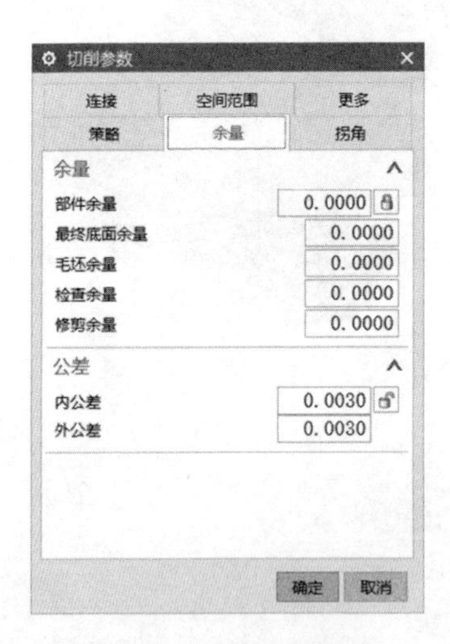

图 3-77　设置切削参数

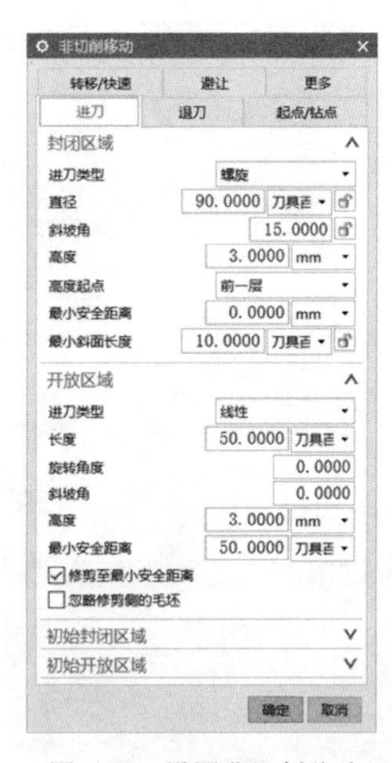

图 3-78　设置非切削移动

（6）单击“进给率和速度”按钮，系统弹出“进给率和速度”对话框，设置“主轴速度”为“7000”，在“进给率”栏中，设置“切削”为“500mmpm”，单击“计算”按钮，如图 3-79 所示，单击“确定”按钮并退出。

（7）返回“平面铣”对话框，然后单击“生成”按钮，系统自动生成精加工刀路，如图 3-80 所示。

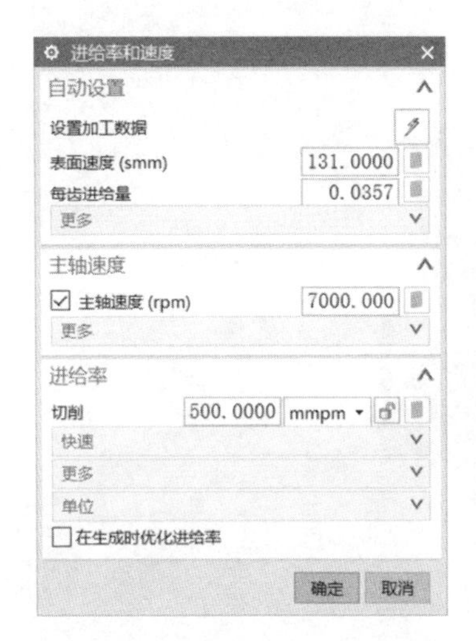

图 3-79 设置进给率和速度参数

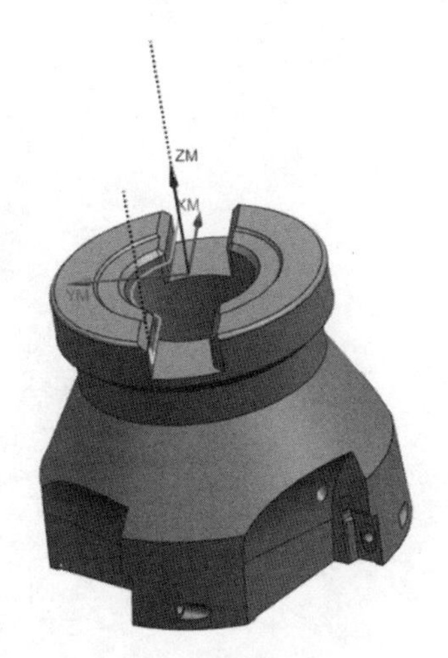

图 3-80 生成精加工刀路

3.3.10 刀路阵列变换

（1）在导航里选择程序组“JO3F”里的第一个刀路，右击，在弹出的快捷菜单里选择“对象”|“变换”命令，系统弹出“变换”对话框，选择“类型”为“通过一平面镜像”，设置平面为 YC 平面，设置“结果”为“实例”，设置“距离/角度分割”为“1”，设置“实例数”为“1”，按图 3-81 所示设置参数，单击“确定”按钮。

图 3-81 定义变换

（2）返回“平面铣”对话框，然后单击“生成”按钮，系统自动生成精加工刀路，如图 3-82 所示。单击“确定”按钮并退出。

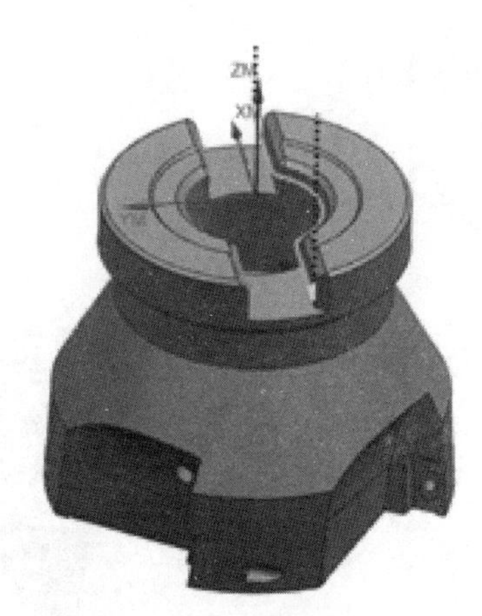

图 3-82 生产精加工刀路

3.3.11 创建第一工位精加工 JO3G

（1）在“刀片”工具条中单击“创建工序”按钮，系统弹出“创建工序”对话框，在“类型”下拉列表中选择 mill_contour，“工序子类型”选择“固定轮廓铣”，“位置”栏参数按图 3-83 所示设置，单击“确定”按钮。

图 3-83 设置工序参数

（2）系统弹出“固定轮廓铣”对话框，在“几何体”栏中，设置“几何体”为 MCS-1，在“驱动方法”栏中，单击“方法”栏左侧的下三角符号▼，在弹出的下拉菜单里选择“曲面”选项，系统会弹出“曲面区域驱动方法”对话框，在“驱动几何体”栏中，设置“指定驱动几何体”为要加的曲面，“切削方向”选择曲面的长方向，设置“材料反向”为“向外”，在“驱动设置”栏中，设置“切削模式”为“往复”，设置“步距”为“数量”，设置“步距数”为“25”，单击“确定”按钮，如图 3-84 所示；设置“刀具”为“R1（铣刀-5 参数）”，在“刀轴”栏中，默认“轴”为“+ZM 轴”，如图 3-85 所示。

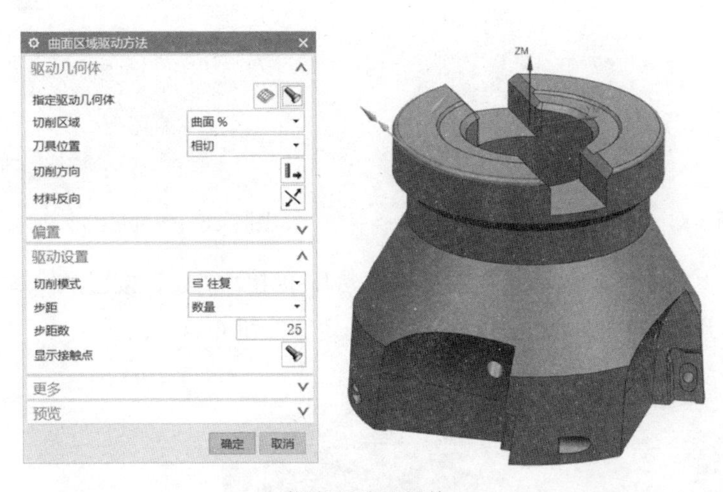

指定驱动几何体

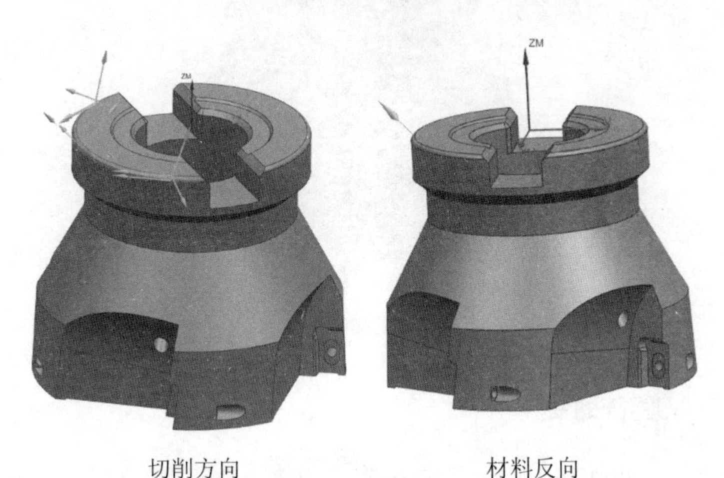

切削方向　　　　材料反向

图 3-84　定义曲面驱动方法

（3）单击“进给率和速度”按钮，系统弹出“进给率和速度”对话框，设置“主轴速度”为“7000”，在“进给率”栏中，设置“切削”为“1000mmpm”，单击“计算”按钮，如图 3-86 所示，单击“确定”按钮并退出。

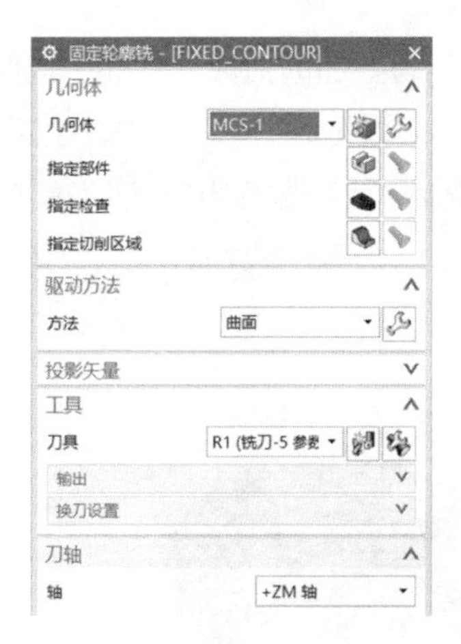

图 3-85　设置刀轴参数

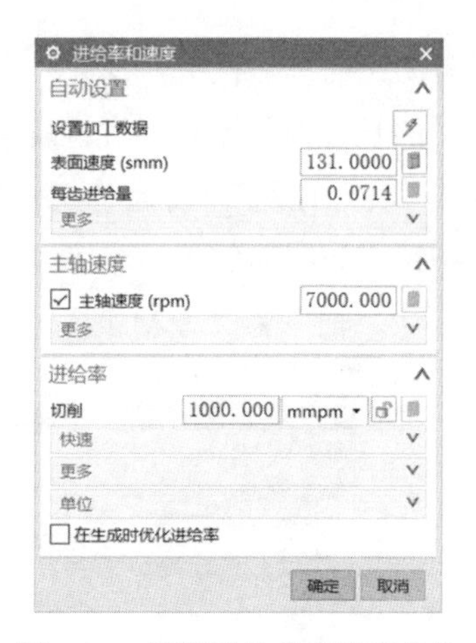

图 3-86　设置进给率和速度参数

（4）返回“固定轮廓铣”对话框，然后单击“生成”按钮，系统自动生成精加工刀路，如图 3-87 所示。单击“确定”按钮并退出。

图 3-87　生成精加工刀路

3.3.12　刀路阵列变换

（1）在导航里选择程序组“JO3G”里的第一个刀路，右击，在弹出的快捷菜单里选择“对象”|“变换”命令，系统弹出“变换”对话框，设置“类型”为“绕点旋转”，在“变换参数”栏中，设置“指定枢轴点”为ϕ31 的圆心，设置“角度”为“180”，设置“结果”为“实例”，设置“距离/角度分割”为“1”，设置“实例数”为“1”，按图 3-88 所示设置参数，单击“确定”按钮。

图 3-88 定义刀路阵列

（2）返回“固定轮廓铣”对话框，然后单击“生成”按钮，系统自动生成精加工刀路，如图 3-89 所示，单击“确定”按钮并退出。

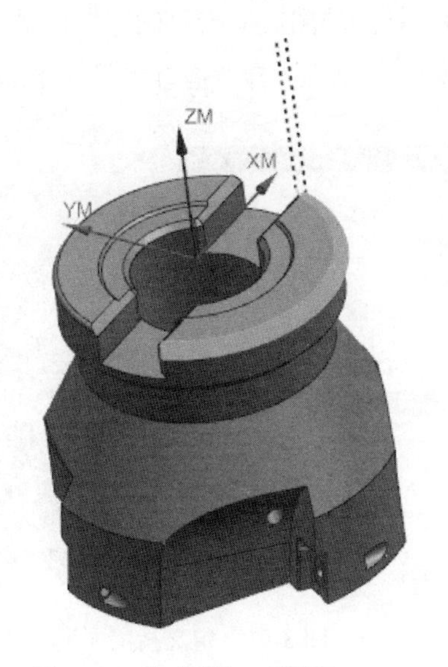

图 3-89 生成精加工程序

3.3.13 创建第二工位精加工 2JO3A

（1）在“刀片”工具条中单击“创建工序”按钮，系统弹出“创建工序”对话框，在“类型”下拉列表中选择 mill_planar，“工序子类型”选择“面铣”，“位置”栏参数按图 3-90 所示设置，单击“确定”按钮。

图 3-90 设置工序参数

（2）系统弹出“面铣”对话框，“几何体”选择 MCS-2，单击“指定面边界”按钮，系统弹出“毛坯边界”对话框，设置“刀具侧”为“内部”，设置“刨”为“自动”，然后选择毛坯的顶面，单击“确定”按钮，如图 3-91 所示；“刀具”选择“D10（铣刀-5 参数）”，“轴”选择“垂直于第一个面”，参数设置如图 3-92 所示。

图 3-91 定义指定面边界

（3）在“刀轨设置”栏中，设置“切削模式”为“往复”，“步距”选择“刀具平直百分比 75”，设置“毛坯距离”为“10”，如图 3-93 所示。

（4）单击“切削参数”按钮，系统弹出“切削参数”对话框，选择“策略”选项卡，设置“切削方向”为“顺铣”，“剖切角”选择“指定”，设置“与 XC 的夹角”为“180”。在“余量”选项卡中，设置“部件余量”为“0”，设置内外公差为“0.003”，如图 3-94 所示，单击“确定”按钮并退出。

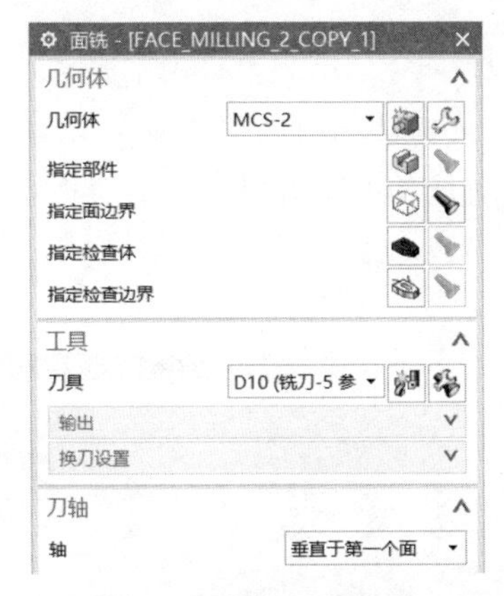

图 3-92　设置刀轴参数　　　　图 3-93　设置刀轨参数

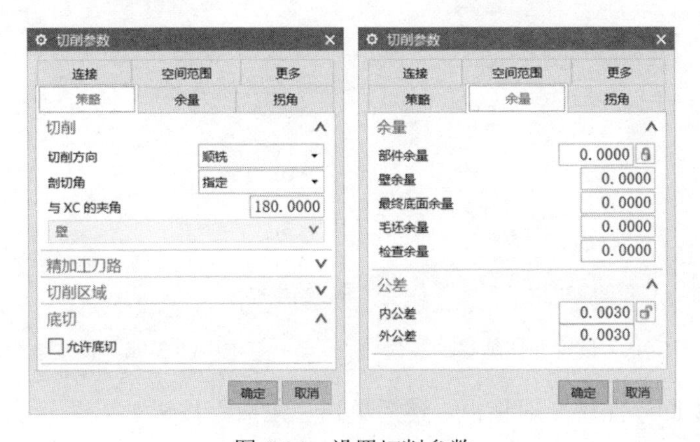

图 3-94　设置切削参数

（5）单击“非切削移动”按钮，系统弹出“非切削移动”对话框，在“转移/快速”选项卡中，设置“安全设置选项”为“使用继承的”，在“区域内”栏中，设置“转移方式”为“进刀/退刀”，设置“转移类型”为“前一平面”，设置“安全距离”为“1mm”。选择“进刀”选项卡，在“封闭区域”栏中，设置“进刀类型”为“沿形状斜进刀”，设置“斜坡角”为“15”，设置“高度”为“3mm”。设置“高度起点”为“前一层”，设置“最小安全距离”为“0”，设置“最小斜面长度”为“刀具百分比 70”。在“开放区域”栏中，设置“进刀类型”为“线性”，设置“长度”为“刀具百分比 50”，设置“高度”为“3mm”，设置“最小安全距离”为“刀具百分比 50”，如图 3-95 所示，单击“确定”按钮并退出。

（6）单击“进给率和速度”按钮，系统弹出“进给率和速度”对话框，设置“主轴速度”为“7000”，在“进给率”栏中，设置“切削”为“1000mmpm”，

单击“更多”右侧的下三角按钮，设置“进刀”为“切削百分比 60”，设置“第一刀切削”为“切削百分比 100”，设置“步进”为“切削百分比 100”，设置“移刀”为“5000mmpm”，设置“退刀”为“切削百分比 100”，单击“计算”按钮，如图 3-96 所示，单击“确定”按钮并退出。

图 3-95 设置非切削移动参数

图 3-96 设置进给率和速度参数

（7）返回“面铣”对话框，然后单击“生成”按钮，系统自动生成精加工刀路，如图 3-97 所示。

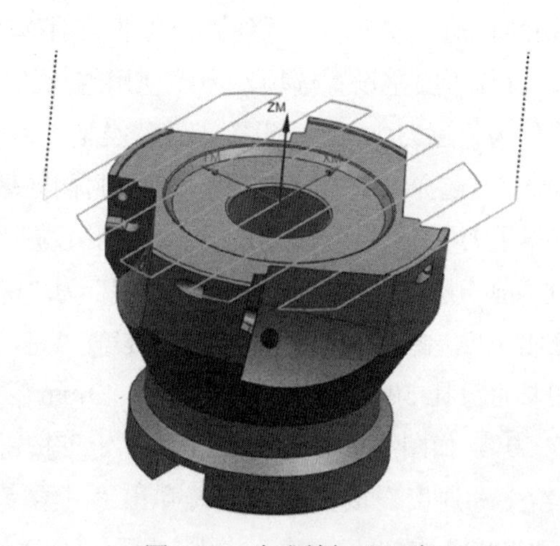

图 3-97 生成精加工刀路

3.3.14 创建第二工位粗加工 2CO3A

此过程先要创建一个辅助圆柱体，沿ϕ3 的圆心法向量，拉伸一个ϕ3 的圆柱体，辅助体的拉伸长度为“29”，如图 3-98 所示。

（1）在“刀片”工具条中单击“创建工序”按钮，系统弹出“创建工序”对话框，在“类型”下拉列表中选择 mill_planar，“工序子类型”选择“面铣”，“位置”参数按图 3-99 所示设置，单击“确定”按钮。

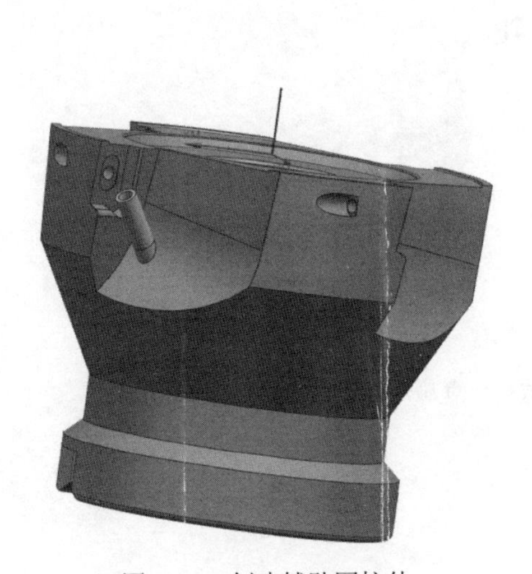

图 3-98 创建辅助圆柱体

图 3-99 设置工序参数

（2）系统弹出“面铣”对话框，“几何体”选择 MCS-2，单击“指定面边界”按钮，系统弹出“毛坯边界”对话框，设置“刀具侧”为“内部”，设置“刨”为“自动”，然后选择辅助体ϕ3 的顶面，单击“确定”按钮，如图 3-100 所示；单击“指定检查体”按钮，系统弹出“检查几何体”对话框，选择加工工件，单击“确定”按钮，如图 3-101 所示；“刀具”选择“D6（铣刀-5 参数）”，“轴”选择“垂直于第一个面”，参数设置如图 3-102 所示。

（3）在“刀轨设置”栏中，设置“切削模式”为“往复”，“步距”选择“刀具平直百分比 75”，设置“毛坯距离”为“7”，设置“每刀切削深度”为“0.3”，如图 3-103 所示。

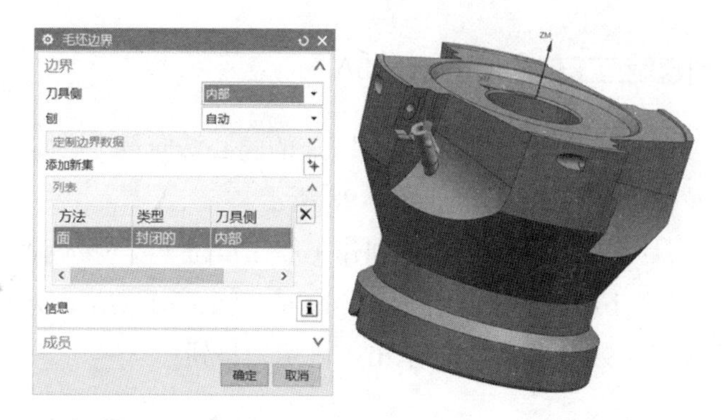

图 3-100 定义指定面边界

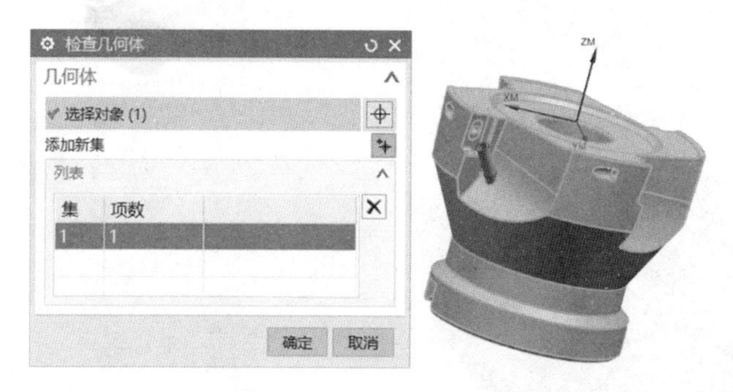

图 3-101 定义指定检查几何体

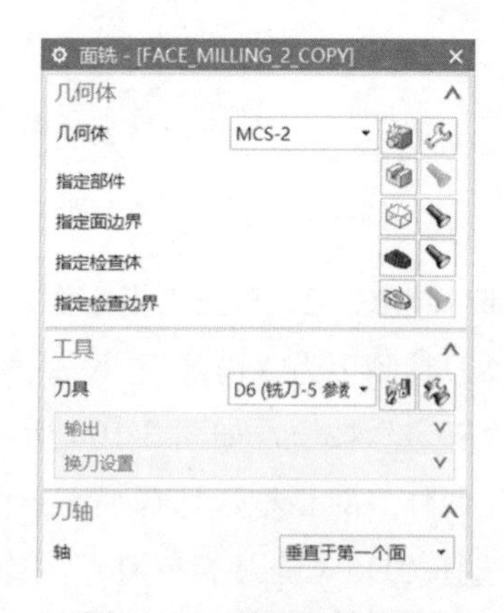

图 3-102 设置刀轴参数

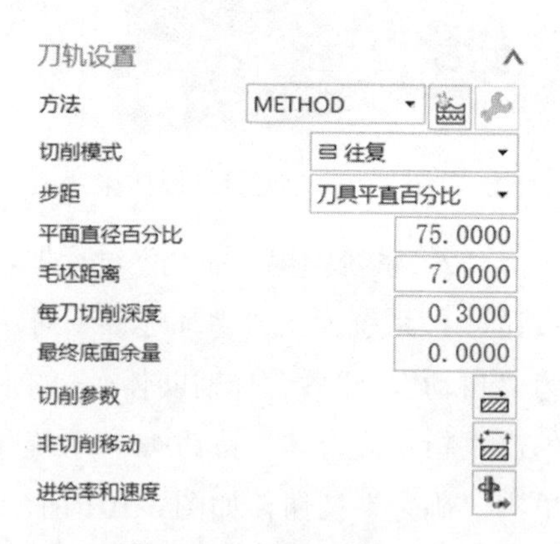

图 3-103 设置刀轨参数

（4）单击“切削参数”按钮，系统弹出“切削参数”对话框，选择“策略”选项卡，设置“切削方向”为“顺铣”，设置“剖切角”为“指定”，设置“与XC的夹角”为“180”；在“余量”选项卡中，设置“部件余量”为“0.1”，设置内外公差为“0.03”，如图 3-104 所示，单击“确定”按钮并退出。

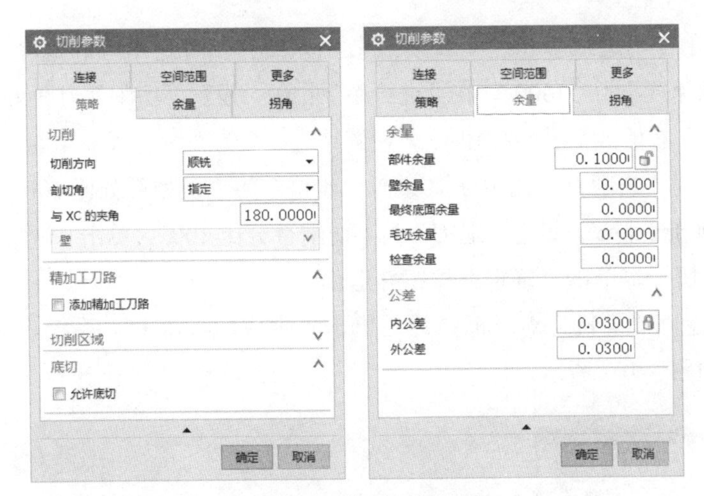

图 3-104　设置切削参数

（5）单击“非切削移动”按钮，系统弹出“非切削移动”对话框，在“转移/快速”选项卡中，设置“安全设置选项”为“使用继承的”，在“区域内”栏中，设置“转移方式”为“进刀/退刀”，设置“转移类型”为“前一平面”，设置“安全距离”为“1mm”。选择“进刀”选项卡，在“封闭区域”栏中，设置“进刀类型”为“与开放区域相同”。在“开放区域”栏中，设置“进刀类型”为“线性”，设置“长度”为“刀具百分比 50”，设置“高度”为“3mm”，设置“最小安全距离”为“刀具百分比 50”，如图 3-105 所示，单击“确定”按钮并退出。

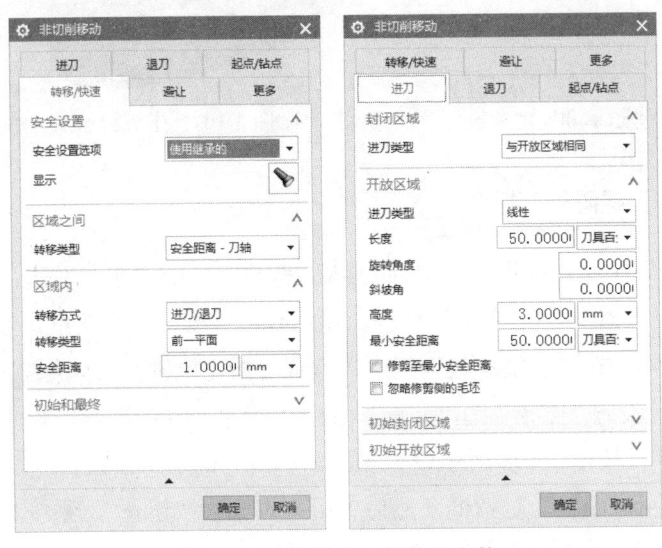

图 3-105　设置非切削移动参数

（6）单击“进给率和速度”按钮，系统弹出“进给率和速度”对话框，设置“主轴速度”为“7000”，在“进给率”栏中，设置“切削”为“1000mmpm”，单击“更多”右侧的下三角按钮，设置“进刀”为“切削百分比 60”，设置“第一刀切削”为“切削百分比 100”，设置“步进”为“切削百分比 100”，设置“移刀”为“5000mmpm”，设置“退刀”为“切削百分比 100”，单击“计算”按钮，如图 3-106 所示，单击“确定”按钮并退出。

（7）返回“面铣”对话框，然后单击“生成”按钮，系统自动生成粗加工刀路，如图 3-107 所示。

图 3-106 设置进给率和速度参数

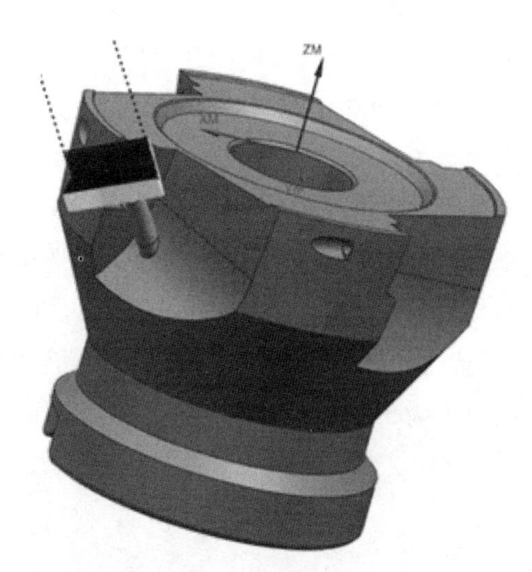

图 3-107 生成粗加工刀路

3.3.15 刀路阵列变换

（1）在导航里选择程序组“2CO3A”里的第一个刀路，右击，在弹出的快捷菜单里选择“对象”|“变换”命令，系统弹出“变换”对话框，设置“类型”为“绕点旋转”，在“变换参数”栏中，设置“指定枢轴点”为ϕ31 的圆心，“角度”为“90”，设置“结果”为“实例”，设置“距离/角度分割”为“1”，设置“实例数”为“3”，按图 3-108 所示设置参数，单击“确定”按钮。

（2）返回“面铣”对话框，然后单击“生成”按钮，系统自动生成精加工刀路，如图 3-109 所示。

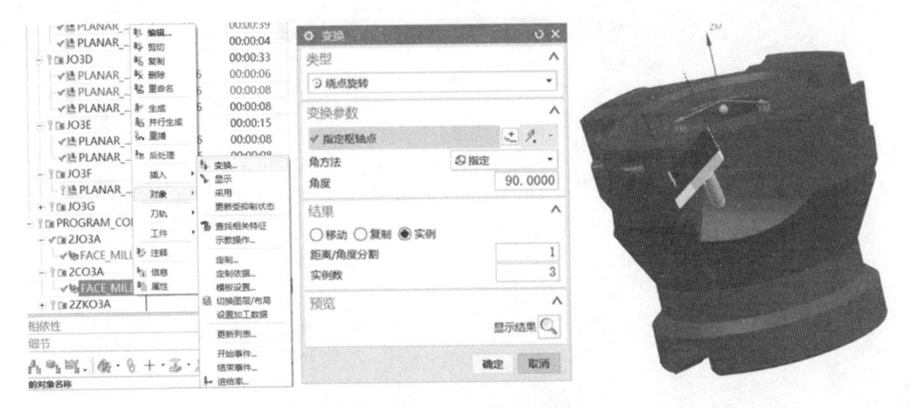

图 3-108　定义刀路阵列

图 3-109　生成精加工刀路

3.3.16　创建第二工位钻孔加工 2ZKO3A

（1）在“刀片”工具条中单击“创建工序”按钮，系统弹出“创建工序”对话框，在“类型”下拉列表中选择 drill，“工序子类型”选择“孔”，“位置”栏参数按图 3-110 设置，单击“确定”按钮。

（2）系统弹出“钻孔”对话框，在“几何体”栏中，设置“几何体”为 MCS-2，单击“指定孔”按钮，系统弹出“点到点几何体”对话框，单击“选择”按钮，然后直接选择做好的辅助孔，单击两下“确定”按钮，如图 3-111 所示；设置“刀具”为“ZXZ3（钻刀）”，在“刀轴”栏中，设置“轴”为“指定矢量”，单击右边的按钮，系统弹出“矢量”对话框，设置“类型”为“面/平面法向”，选择辅助体的顶面，如图 3-112 所示。

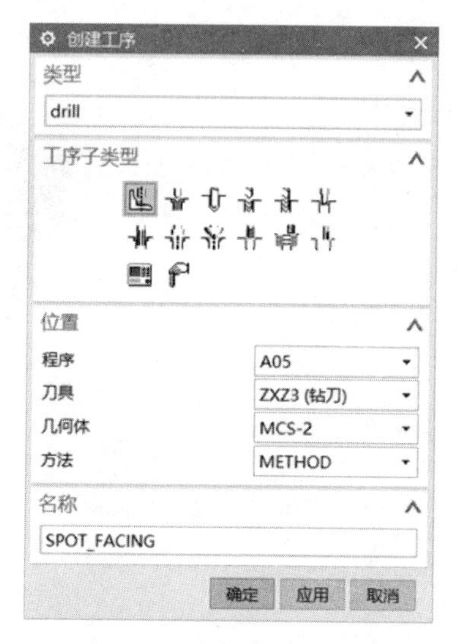

图 3-110　设置工序参数

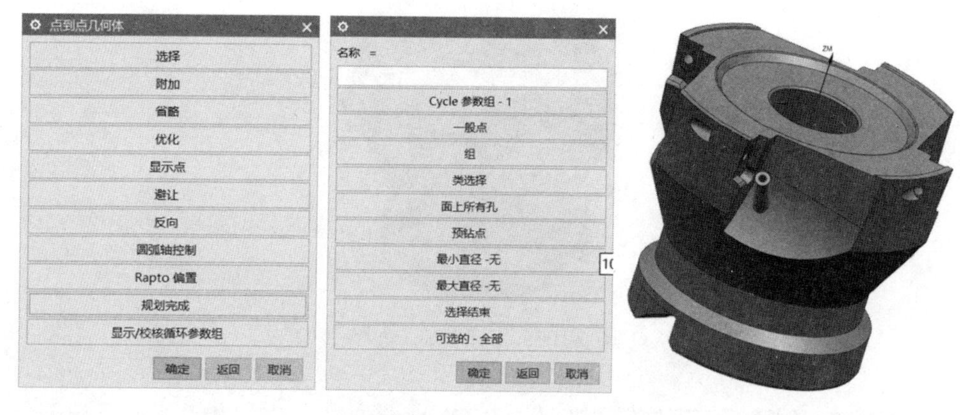

图 3-111　定义指定孔

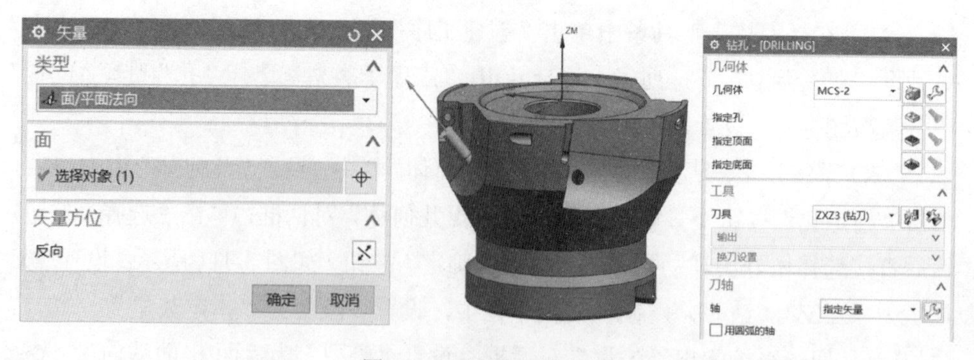

图 3-112　设置刀轴参数

（3）在“循环类型”栏中，设置“循环”为“标准钻”，单击右边的按钮，系统弹出“指点参数组”对话框，单击“确定”按钮，系统会弹出“Cycle 参数”对话框，单击“Depth”按钮，单击“刀尖深度”，设置深度为“1”，单击“确定”按钮，单击“Rtrcto”按钮，设置为“自动”，然后单击“确定”按钮，设置“最小安全距离”为“3”，如图 3-113 所示。

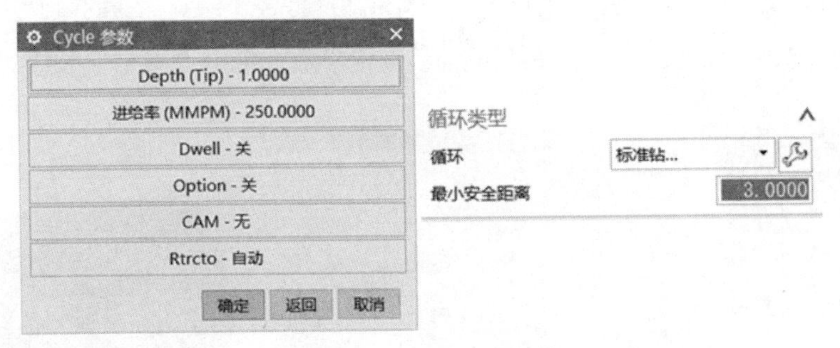

图 3-113　设置刀轨参数

（4）在“刀轨设置”栏中，单击“进给率和速度”按钮，系统弹出“进给率和速度”对话框，设置“主轴速度”为“1000”，在“进给率”栏中，设置“切削”为“250mmpm”，单击“计算”按钮，如图 3-114 所示，单击“确定”按钮并退出。

（5）返回“钻孔”对话框，然后单击“生成”按钮，系统自动生成钻孔加工刀路，如图 3-115 所示，单击“确定”按钮并退出。

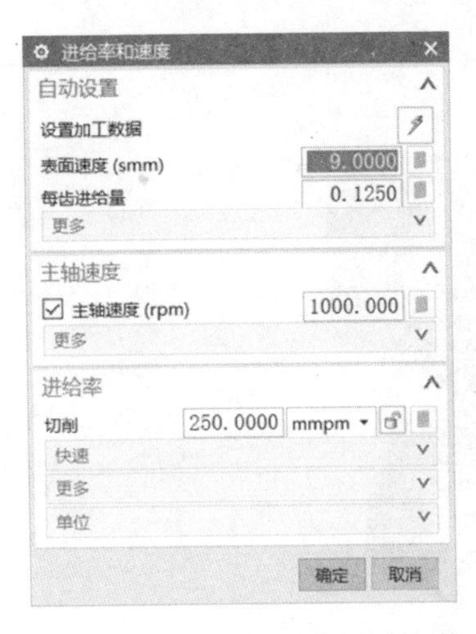

图 3-114　设置进给率和速度参数

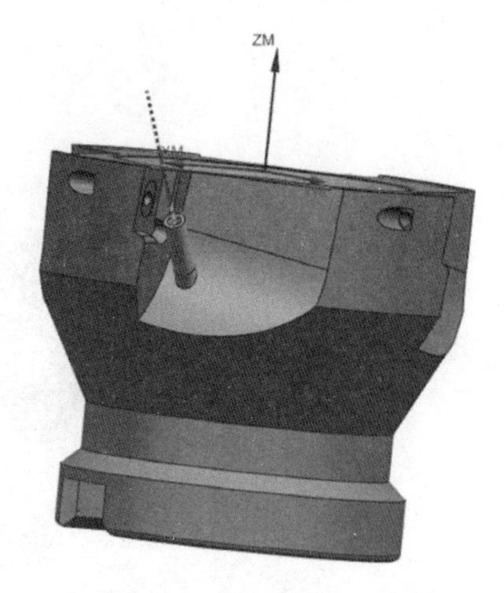

图 3-115　生成钻孔加工刀路

3.3.17 刀路阵列变换

（1）在导航里选择程序组“2ZKO3A”里的第一个刀路，右击，在弹出的快捷菜单里选择“对象”|“变换”命令，系统弹出“变换”对话框，选择“类型”为“绕点旋转”，在“变换参数”栏中，设置“指定枢轴点”为ϕ31 的圆心，设置“角度”为“90”，设置“结果”为“实例”，设置“距离/角度分割”为“1”，设置“实例数”为“3”，按图 3-116 所示设置参数，单击“确定”按钮。

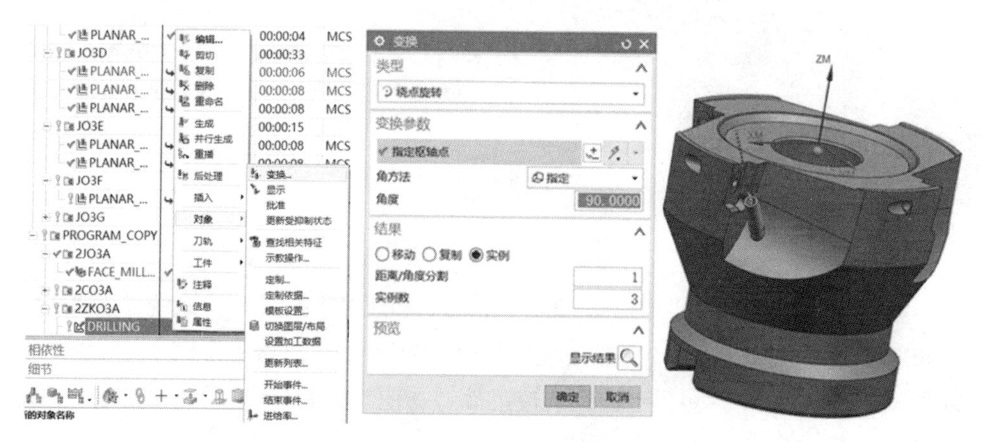

图 3-116　定义刀路阵列

（2）返回“钻孔”对话框，然后单击“生成”按钮，系统自动生成预打点加工刀路，如图 3-117 所示。

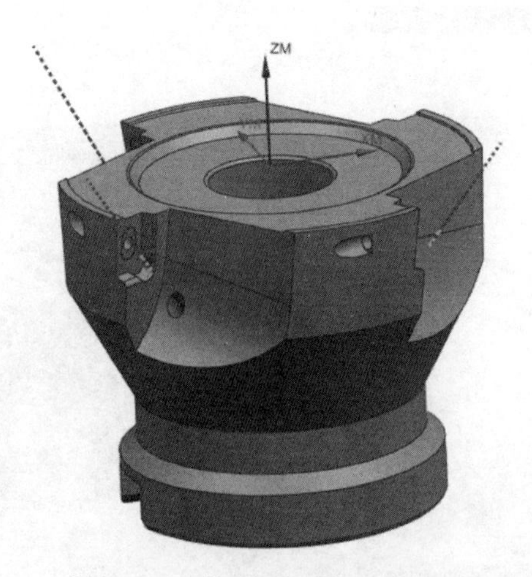

图 3-117　生成预打点加工刀路

3.3.18 创建第二工位钻孔加工 2ZKO3B

（1）在导航里选择程序组“2ZKO3A”里的第一个刀路，右击，在弹出的快捷菜单中选择“复制”命令，然后在导航器 2ZKO3B 组中进行粘贴，如图 3-118 所示。

2ZKO3A			00:00:17	
DRILLING	✔	ZXZ3	00:00:01	MCS-2
DRILLING_I...	↳	ZXZ3	00:00:01	MCS-2
DRILLING_I...	↳	ZXZ3	00:00:01	MCS-2
DRILLING_I...	↳	ZXZ3	00:00:01	MCS-2
2ZKO3B			00:00:22	
DRILLING_...	✔	ZXZ3	00:00:22	MCS-2

图 3-118 复制程序

（2）修改“刀具”为“ZX Z3（钻刀）”，在“循环类型”栏中，设置“循环”为“标准钻，深孔...”，单击右边的按钮，系统弹出“指点参数组”对话框，单击“确定”按钮，系统会弹出“Cycle 参数”对话框，单击“Depth”按钮，单击“刀尖深度”，设置深度为“31.5”，单击“确定”按钮，单击“Rtrcto”按钮，设置为“自动”，单击“Step 值”按钮，设置“Step#1”为“1”，然后单击两次“确定”按钮，设置“最小安全距离”为“3”，如图 3-119 所示。

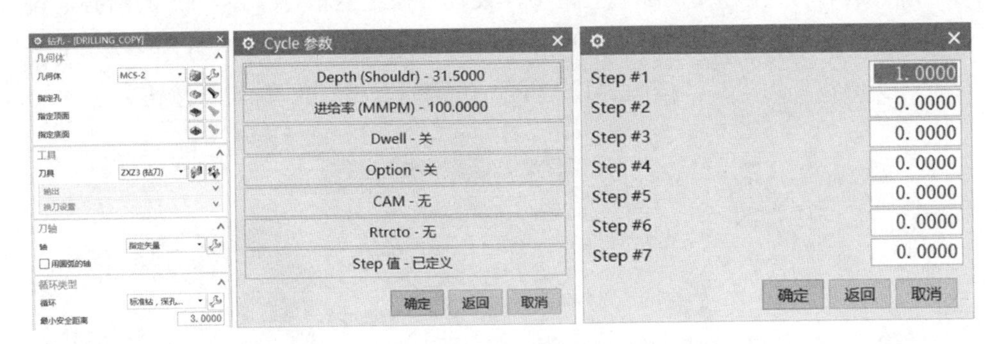

图 3-119 定义循环类型

（3）在“刀轨设置”栏中，单击“进给率和速度”按钮，系统弹出“进给率和速度”对话框，设置“主轴速度”为“1000”，在“进给率”栏中，设置“切削”为“100mmpm”，单击“计算”按钮，如图 3-120 所示，单击“确定”按钮并退出。

（4）返回“钻孔”对话框，然后单击“生成”按钮，系统自动生成钻孔加工刀路，如图 3-121 所示，单击“确定”按钮并退出。

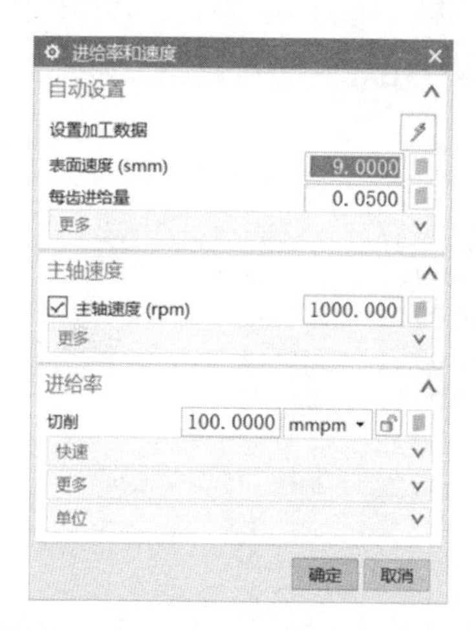

图 3-120 设置定义进给率和速度参数

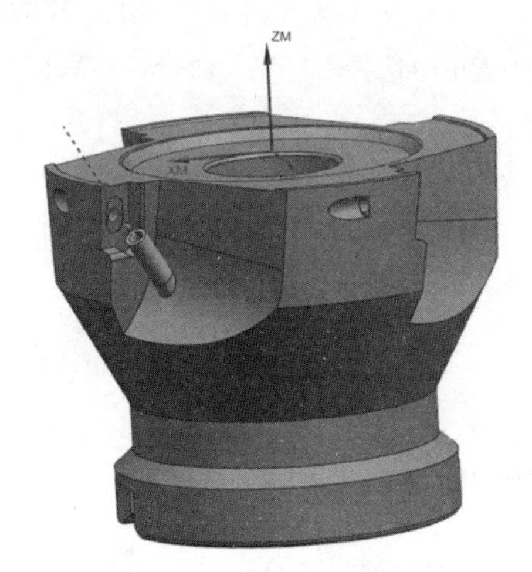

图 3-121 生成钻孔加工刀路

3.3.19 刀路阵列变换

（1）在导航里选择程序组“2ZKO3B”里的第一个刀路，右击，在弹出的快捷菜单里选择“对象”|“变换”命令，系统弹出“变换”对话框，选择“类型”为“绕点旋转”，在“变换参数”栏中，设置“指定枢轴点”为ϕ31 的圆心，设置“角度”为“90”，设置“结果”为“实例”，设置“距离/角度分割”为“1”，设置“实例数”为“3”，按图 3-122 所示设置参数，单击“确定”按钮。

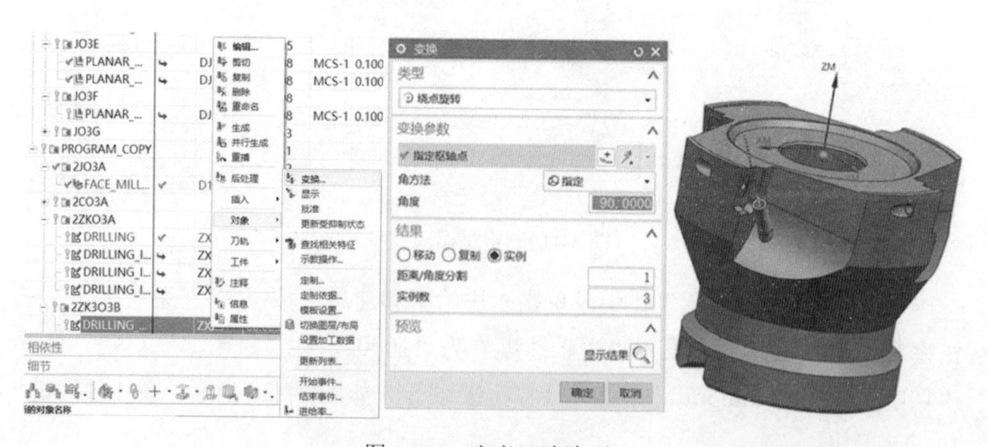

图 3-122 定义刀路阵列

（2）返回“钻孔”对话框，然后单击“生成”按钮，系统自动生成钻孔加工刀路，如图3-123所示，单击“确定”按钮并退出。

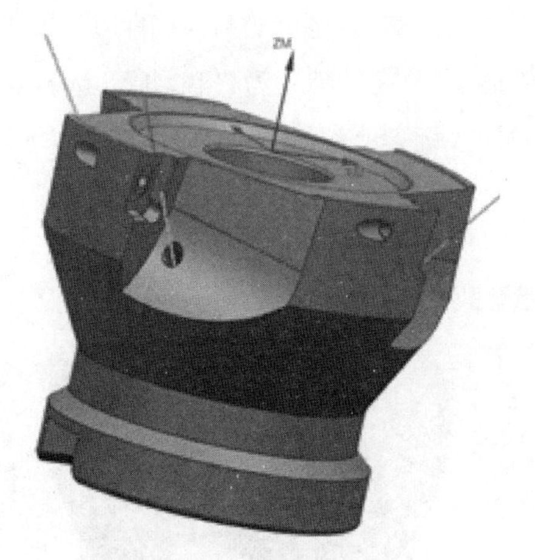

图3-123 生成钻孔加工刀路

3.3.20 创建第二工位粗加工2CO3B

（1）在“刀片”工具条中单击“创建工序”按钮，系统弹出“创建工序”对话框，在“类型”下拉列表中选择mill_contour，“工序子类型”选择“型腔铣”按钮，“位置”栏参数按图3-124所示设置，单击“确定”按钮。

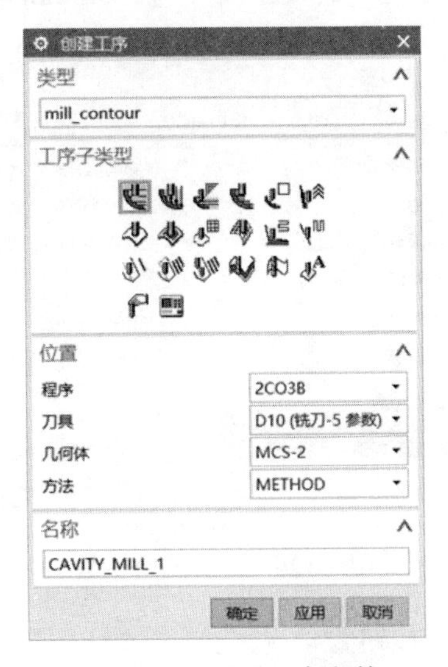

图3-124 设置工序参数

（2）系统弹出“型腔铣”对话框，“几何体”选择MCS-2，单击“指定修剪边界”按钮，系统弹出“修剪边界”对话框，在“边界”栏中，设置“修剪侧”为“外部”，设置“刨”为“自动”，选择ϕ41.41的边，单击“添加新集”按钮，设置“修剪侧”为“内部”，设置“刨”为“自动”，选择ϕ18的边，单击“确定”按钮，“刀具”选择“D10（铣刀-5参数）”，“轴”选择“+ZM轴”，参数设置如图3-125所示。

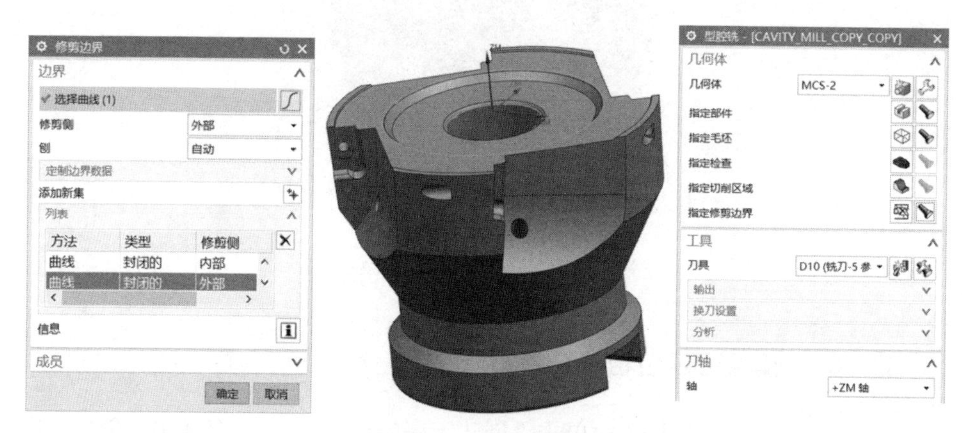

图3-125 设置刀轴参数

（3）在“刀轨设置”栏中，设置“切削模式”为“跟随周边”，“步距”选择“刀具平直百分比50”，设置“最大距离”为“0.3mm”，如图3-126所示。

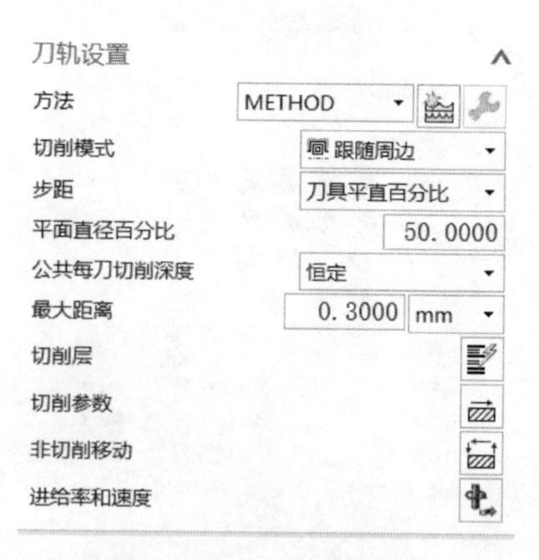

图3-126 设置刀轨参数

（4）单击“切削层”按钮，系统弹出“切削层”对话框，设置“范围类型”为“用户定义”，设置层深“最大距离”为“0.3mm”，按回车键，系统自动显示“选择定义”栏，设置“范围深度”为“22”，单击“确定”按钮，如图 3-127 所示，单击“确定”按钮并退出。

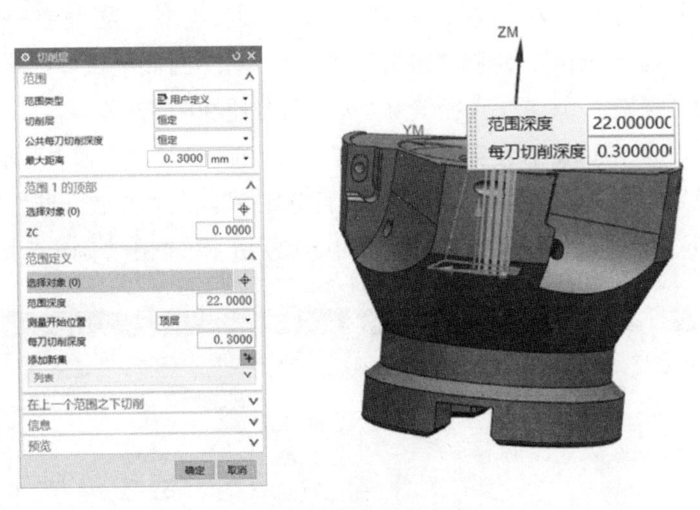

图 3-127 设置切削层参数

（5）单击“切削参数”按钮，系统弹出“切削参数”对话框，选择“策略”选项卡，“切削方向”选择“顺铣”，“切削顺序”选择“深度优先”，“刀路方向”选择“向内”。在“余量”选项卡中，勾选“使底面余量与侧面余量一致”复选框，“部件侧面余量”设置为“0.15”，内外公差设置为“0.01”，如图 3-128 所示，单击“确定”按钮并退出。

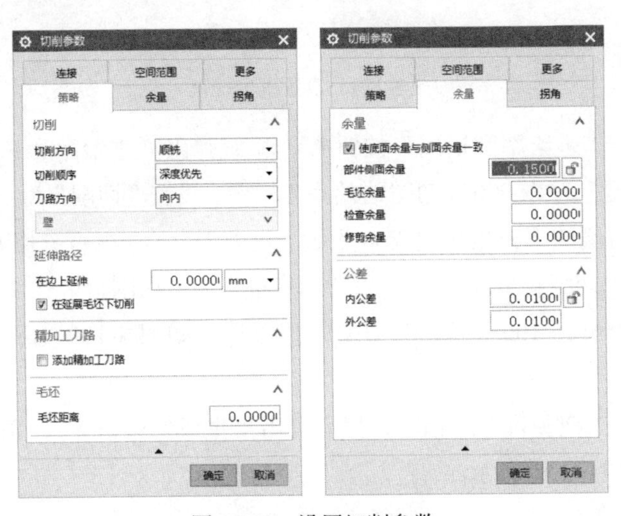

图 3-128 设置切削参数

（6）单击“非切削移动”按钮，系统弹出“非切削移动”对话框，在“转移/快速”选项卡中，设置“安全设置选项”为“使用继承的”，在“区域内”栏中，设置“转移方式”为“进刀/退刀”，设置“转移类型”为“前一平面”，设置“安全距离”为“1mm”。选择“进刀”选项卡，在“封闭区域”栏中，设置“进刀类型”为“螺旋”，设置“直径”为“刀具百分比 90”，设置“斜坡角”为“1”，设置“高度”为“1mm”。设置“高度起点”为“前一层”，设置“最小安全距离”为“0”，设置“最小斜面长度”为“刀具百分比 0”。在“开放区域”栏中，设置“进刀类型”为“与封闭区域相同”，如图 3-129 所示，单击“确定”按钮并退出。

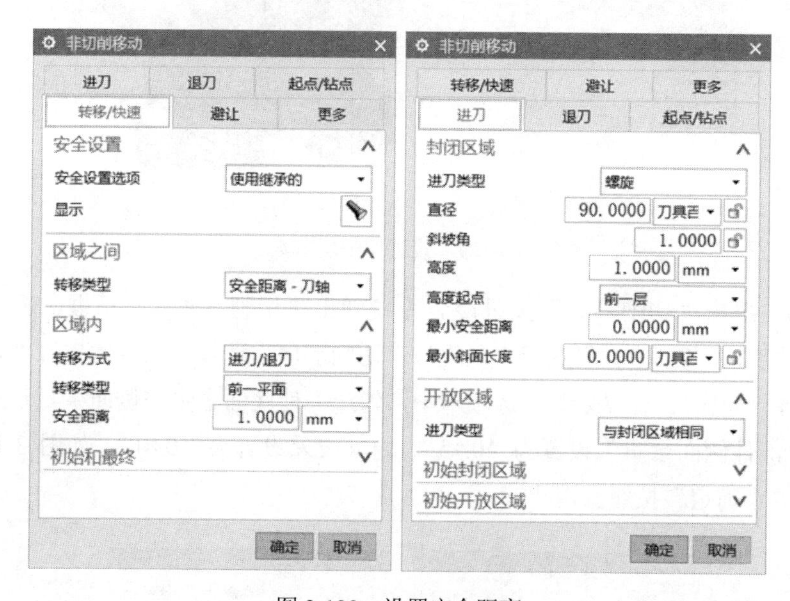

图 3-129 设置安全距离

（7）单击“进给率和速度”按钮，系统弹出“进给率和速度”对话框，设置“主轴速度”为“5000”，在“进给率”栏中，设置“切削”为“3000mmpm”，单击“更多”右侧的下三角按钮，设置“进刀”为“切削百分比 60”，设置“第一刀切削”为“切削百分比 100”，设置“步进”为“切削百分比 100”，设置“退刀”为“切削百分比 100”，单击“计算”按钮，如图 3-130 所示，单击“确定”按钮并退出。

（8）返回“型腔铣”对话框，然后单击“生成”按钮，系统自动生成粗加工刀路，如图 3-131 所示。

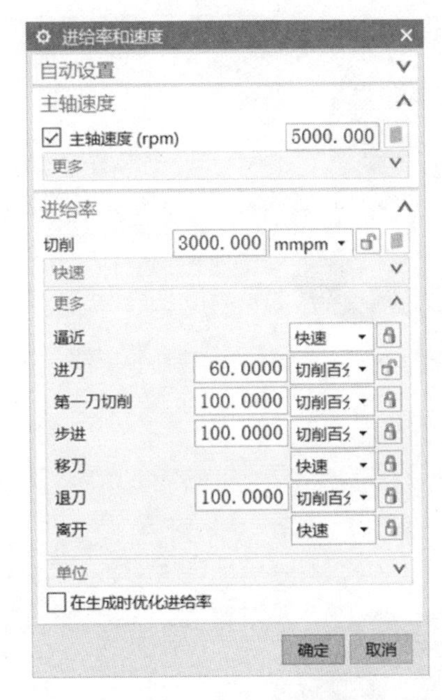

图 3-130　设置进刀参数

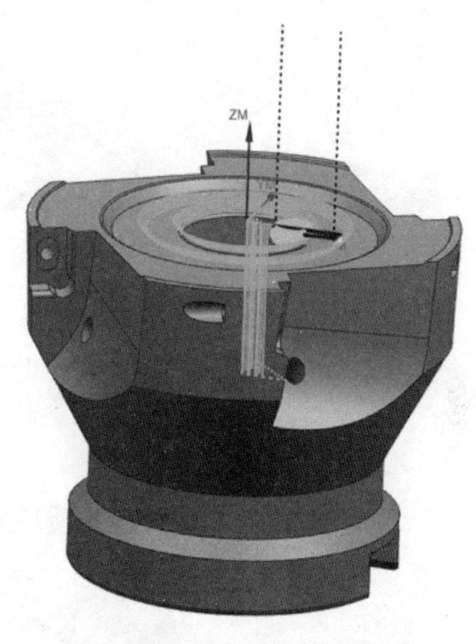

图 3-131　生成凹槽粗加工刀路

3.3.21　创建第一工位粗加工 2CO3C

（1）在导航里选择程序组“2CO3B”里的第一个刀路，右击，在弹出的快捷菜单里选择“复制”命令，然后在导航器 2CO3C 组里进行粘贴，如图 3-132 所示。

2CO3B			00:00:41
CAVITY_MI...	✔	D10	00:00:29
2CO3C			00:00:00
CAVITY_MI...	✕	D10	00:00:00

图 3-132　复制程序

（2）单击“指定切削区域”按钮，系统弹出“切削区域”对话框，选择侧面的加工面，单击“指定修剪边界”按钮，系统弹出“修剪边界”对话框，在“边界”栏中，设置“修剪侧”为“内部”，设置“刨”为“自动”，选择ϕ18 的边，单击“确定”按钮，参数设置如图 3-133 所示。

（3）返回“型腔铣”对话框，然后单击“生成”按钮，系统自动生成精加工刀路，如图 3-134 所示。

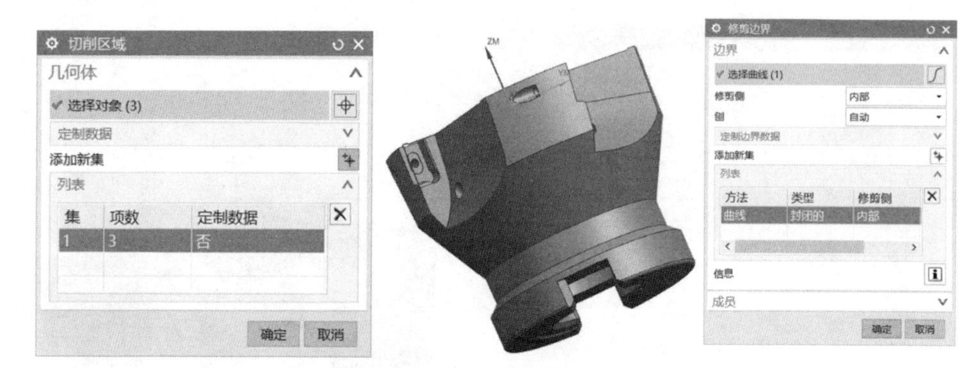

图 3-133　定义几何体

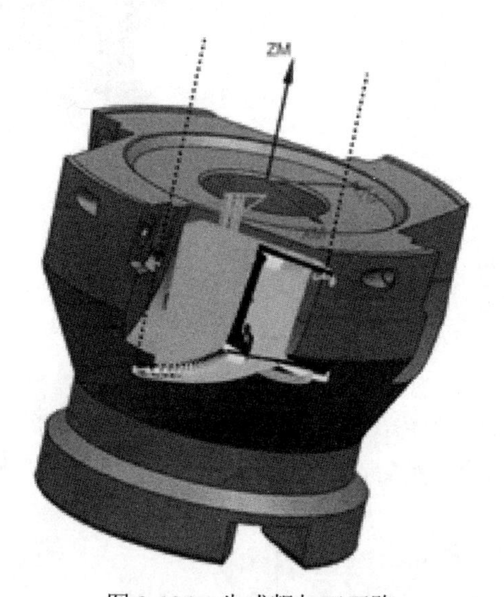

图 3-134　生成粗加工刀路

3.3.22　刀路阵列变换

（1）在导航里选择程序组“2CO3C”里的第一个刀路，右击，在弹出的快捷菜单里选择“对象”|“变换”命令，系统弹出“变换”对话框，选择“类型”为“绕点旋转”，在“变换参数”栏中，设置“指定枢轴点”为ϕ31 的圆心，设置“角度”为“90”，设置“结果”为“实例”，设置“距离/角度分割”为“1”，设置“实例数”为“3”，按图 3-135 所示设置参数，单击“确定”按钮。

（2）返回“型腔铣”对话框，然后单击“生成”按钮，系统自动生成粗加工刀路，如图 3-136 所示。

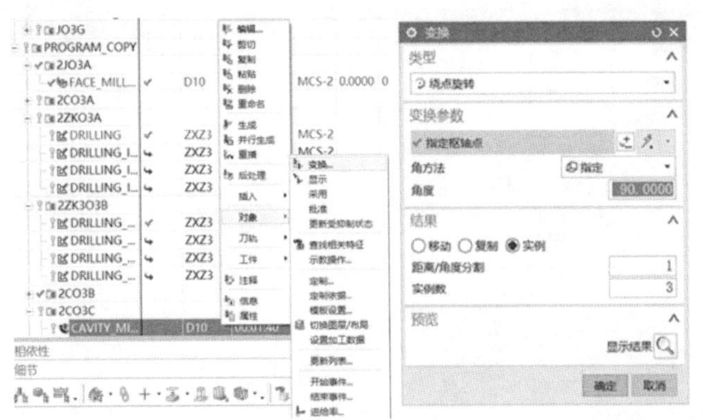
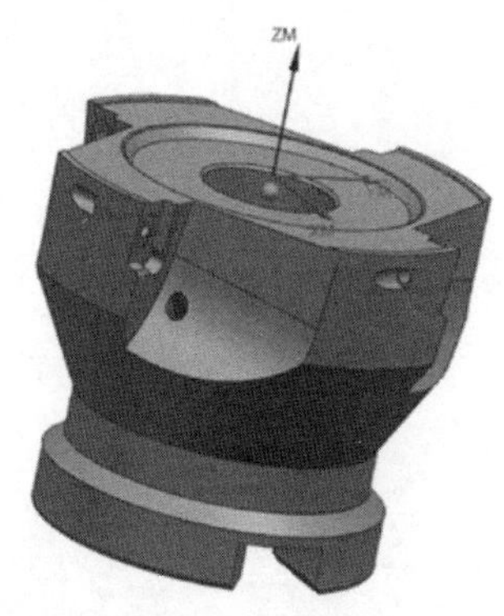

图 3-135 定义刀路阵列

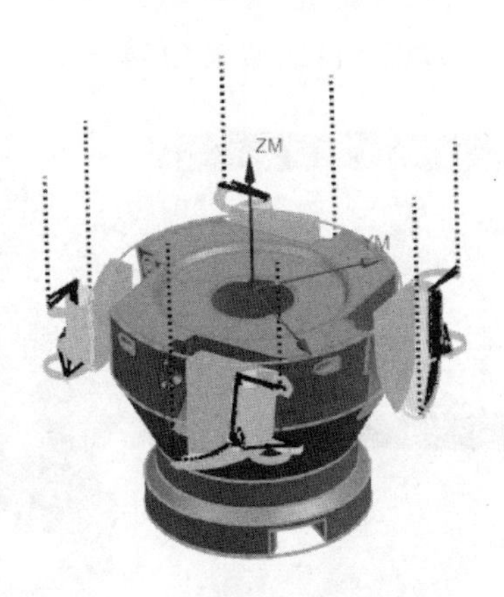

图 3-136 生成粗加工刀路

3.3.23 创建第二工位粗加工 2CO3D

（1）在“刀片”工具条中单击“创建工序”按钮，系统弹出“创建工序”对话框，在“类型”下拉列表中选择 mill_planar，“工序子类型”选择“面铣”，“位置”栏参数按图 3-137 所示设置，单击“确定”按钮。

（2）系统弹出“面铣”对话框，“几何体”选择 MCS-2，单击“指定部件”按钮，系统弹出“部件几何体”对话框，“选择对象”选择“加工零件”，单击“确定”按钮，如图 3-138 所示；单击“指定面边界”按钮，系统弹出“毛坯边界”对话框，设置“刀具侧”为“内部”，设置“刨”为“自动”，然后选择凹槽的底面，单击“确定”按钮，如图 3-139 所示；“刀具”选择“D2（铣刀-5 参数)，“轴”选择“垂直于第一个面”，参数设置如图 3-140 所示。

图 3-137 设置工序参数

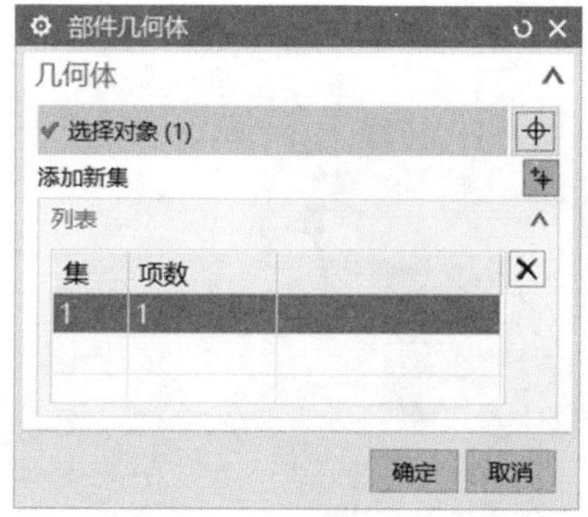

图 3-138 定义指定部件

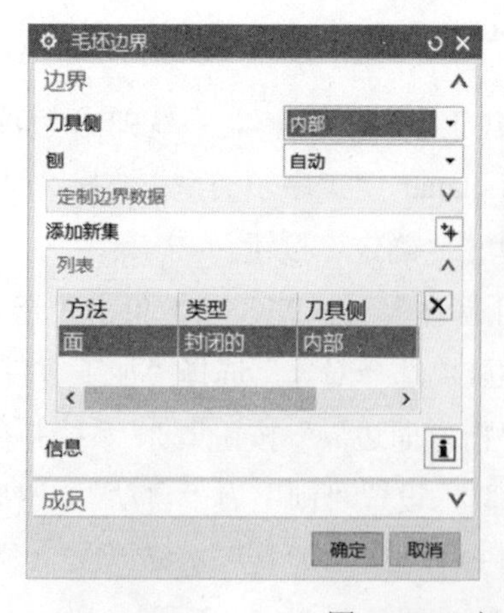

图 3-139 定义指定面边界

图 3-140　设置刀轴参数

（3）在“刀轨设置”栏中，设置“切削模式”为“跟随部件”，“步距”选择“刀具平直百分比 75”，“毛坯距离”为“2.3”，设置“每刀切削深度”为“0.2”，设置“最终底面余量”为“0.2”，如图 3-141 所示。

（4）单击“切削参数”按钮，系统弹出“切削参数”对话框，设置“部件余量”为“0.2”，设置内外公差为“0.003”，如图 3-142 所示，单击“确定”按钮并退出。

图 3-141　设置刀轨参数

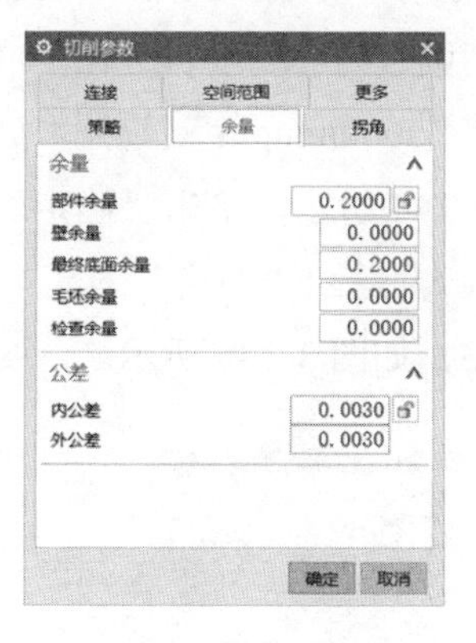

图 3-142　设置切削参数

（5）单击“非切削移动”按钮，系统弹出“非切削移动”对话框，选择“转移/快速”选项卡，在“安全设置”栏中，设置“安全设置选项”为“刨”，“指定平面”选择加工的底面距离为 42，在“区域内”栏中，“转移方式”为“进刀/退刀”，设置“转移类型”为“前一平面”，设置“安全距离”为“3mm”，选择“进刀”选项卡，在“封闭区域”栏中，设置“进刀类型”为“与开放区域相同”，在“开放区域”栏中，设置“进刀类型”为“线性”，设置“长度”为“刀具百分比

50”，设置“高度”为“3mm”，设置“最小安全距离”为“刀具百分比 50”，如图 3-143 所示，单击“确定”按钮并退出。

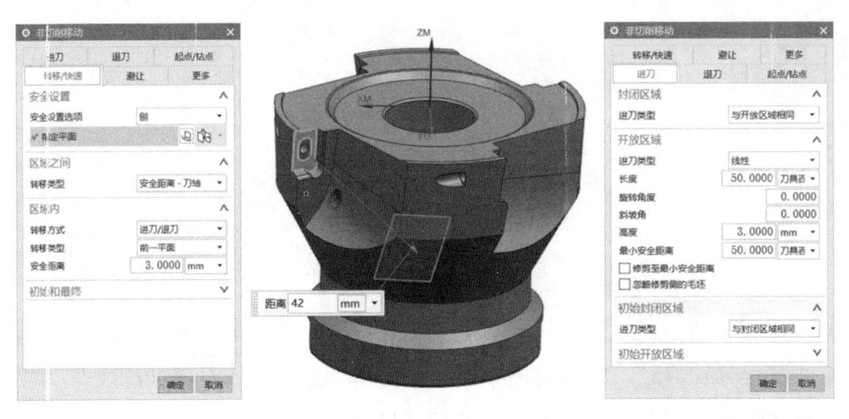

图 3-143 设置非切削移动参数

（6）单击“进给率和速度”按钮，系统弹出“进给率和速度”对话框，设置“主轴速度”为“7000”，在“进给率”栏中，设置“切削”为“500mmpm”，单击“更多”右侧的下三角按钮，设置“进刀”为“切削百分比 60”，设置“第一刀切削”为“切削百分比 100”，设置“步进”为“切削百分比 100”，设置“移刀”为“3000mmpm”，设置“退刀”为“切削百分比 100”。单击“计算”按钮，如图 3-144 所示，单击“确定”按钮并退出。

（7）返回“面铣”对话框，然后单击“生成”按钮，系统自动生成粗加工刀路，如图 3-145 所示。

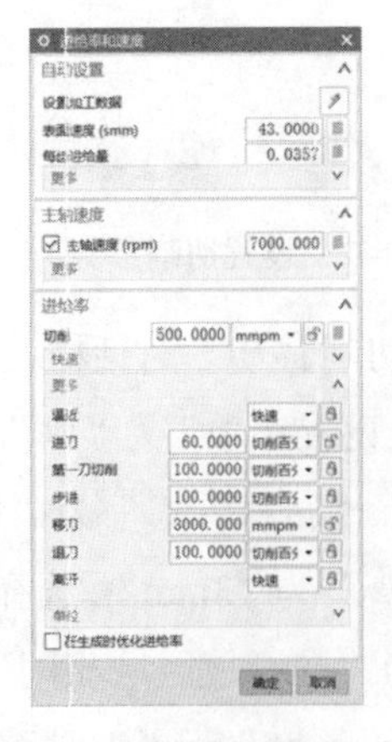

图 3-144 设置进给率和速度参数

图 3-145 生成粗加工刀路

3.3.24 刀路阵列变换

（1）在导航里选择程序组“2CO3D”里的第一个刀路，右击，在弹出的快捷菜单里选择“对象”|“变换”命令，系统弹出“变换”对话框，选择“类型”为“绕点旋转”，在“变换参数”栏中，设置“指定枢轴点”为ϕ31 的圆心，设置“角度”为“90”，设置“结果”为“实例”，设置“距离/角度分割”为“1”，设置“实例数”为“3”，按图 3-146 所示设置参数，单击“确定”按钮。

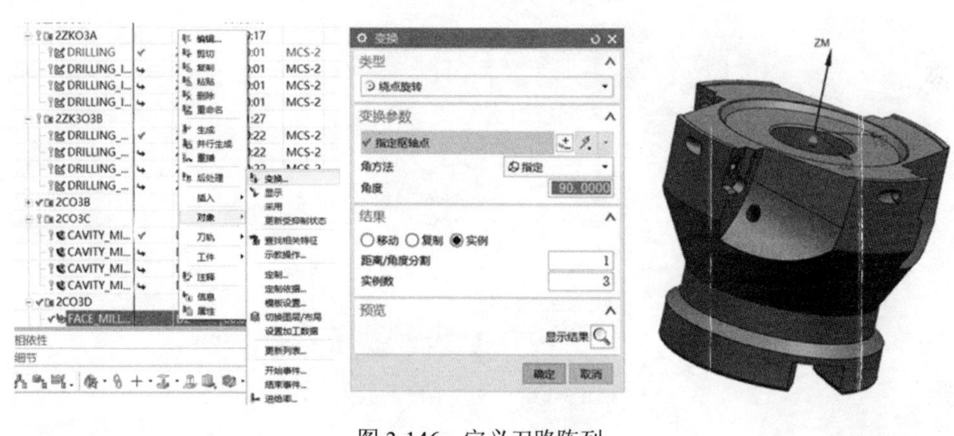

图 3-146　定义刀路阵列

（2）返回“面铣”对话框，然后单击“生成”按钮，系统自动生成粗加工刀路，如图 3-147 所示。

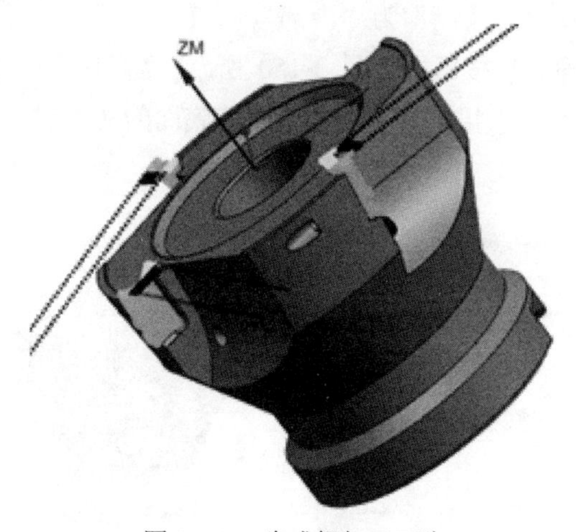

图 3-147　生成粗加工刀路

3.3.25 创建第二工位粗加工 2CO3E

（1）在“刀片”工具条中单击“创建工序”按钮，系统弹出“创建工序”对话框，在“类型”下拉列表中选择 mill_planar，“工序子类型”选择“面铣”，“位置”栏参数按图 3-148 所示设置，单击“确定”按钮。

图 3-148　设置工序参数

（2）系统弹出“面铣”对话框，“几何体”选择 MCS-2，单击“指定部件”按钮，系统弹出“部件几何体”对话框，“选择对象”选择“加工零件”，单击“确定”按钮，如图 3-149 所示；单击“指定面边界”按钮，系统弹出“毛坯边界”对话框，设置“刀具侧”为“内部”，设置“刨”为“自动”，然后选择凹槽的底面，单击“确定”按钮，如图 3-150 所示；“刀具”选择“D2（铣刀-5 参数）”，在“刀轴”栏中，“指定矢量”选择凹槽底面的法向量方向，参数设置如图 3-151 所示。

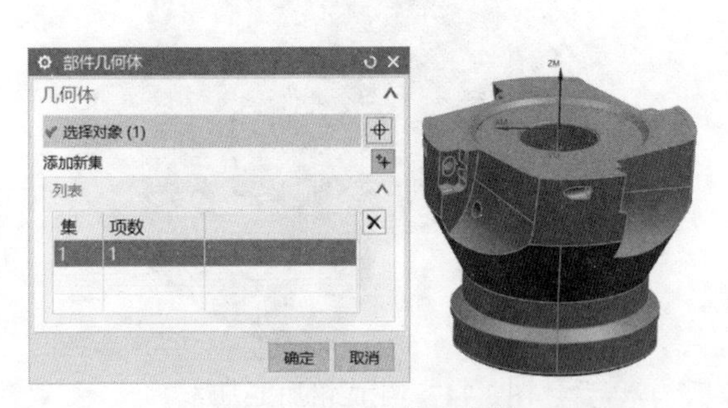

图 3-149　定义指定部件

图 3-150　定义指定面边界

图 3-151　设置刀轴参数

（3）在“刀轨设置”栏中，设置“切削模式”为“轮廓”，“步距”选择“刀具平直百分比 80”，设置“毛坯距离”为“3”，设置“每刀切削深度”为“0.3”，设置“最终底面余量”为“0.05”，如图 3-152 所示。

图 3-152　设置刀轨参数

（4）单击“切削参数”按钮，系统弹出“切削参数”对话框，设置“部件余量”为“0.05”，设置内外公差为“0.01”，如图3-153所示，单击“确定”按钮并退出。

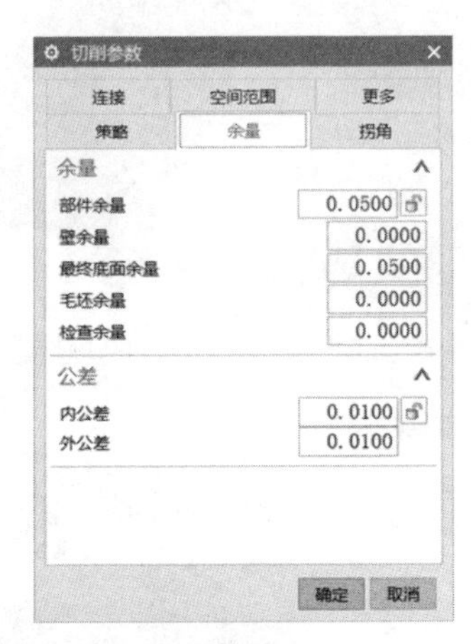

图3-153 设置切削参数

（5）单击“非切削移动”按钮，系统弹出“非切削移动”对话框，单击“转移/快速”选项卡，在“安全设置”栏中，设置“安全设置选项”为“使用继承的”，在“区域内”栏中，设置“转移方式”为“进刀/退刀”，设置“转移类型”为“前一平面”，设置“安全距离”为“3mm”，选择“进刀”选项卡，在“封闭区域”栏中，设置“进刀类型”为“沿形状斜进刀”，设置“斜坡角”为“15”，设置“高度”为“3mm”，设置“最小斜面长度”为“刀具百分比70”，在“开放区域”栏中，设置“进刀类型”为“线性”，设置“长度”为“刀具百分比50”，设置“高度”为“3mm”，设置“最小安全距离”为“刀具百分比50”，如图3-154所示，单击“确定”按钮并退出。

（6）单击“进给率和速度”按钮，系统弹出“进给率和速度”对话框，设置“主轴速度”为“7000”，在“进给率”栏中，设置“切削”为“500mmpm”，单击“更多”右侧的下三角按钮，设置“进刀”为“切削百分比60”，设置“第一刀切削”为“切削百分比100”，设置“步进”为“切削百分比100”，设置“移刀”为“5000mmpm”，设置“退刀”为“切削百分比100”。单击“计算”按钮，如图3-155所示，单击“确定”按钮并退出。

（7）返回“面铣”对话框，然后单击“生成”按钮，系统自动生成粗加工刀路，如图3-156所示。

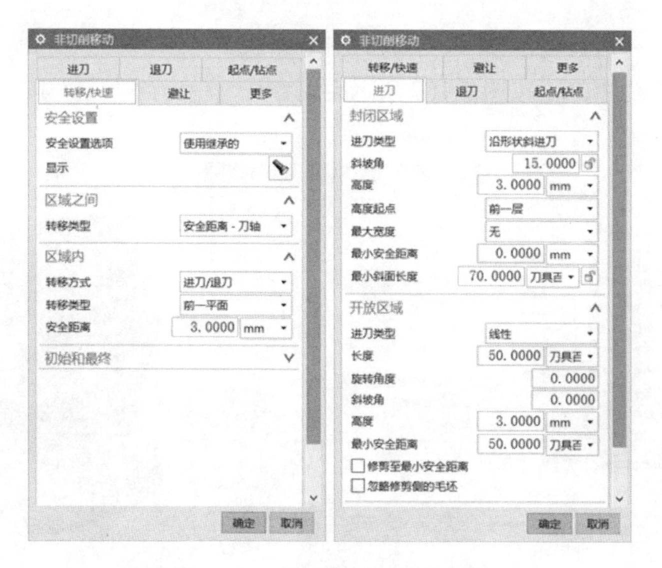

图 3-154 设置非切削移动参数

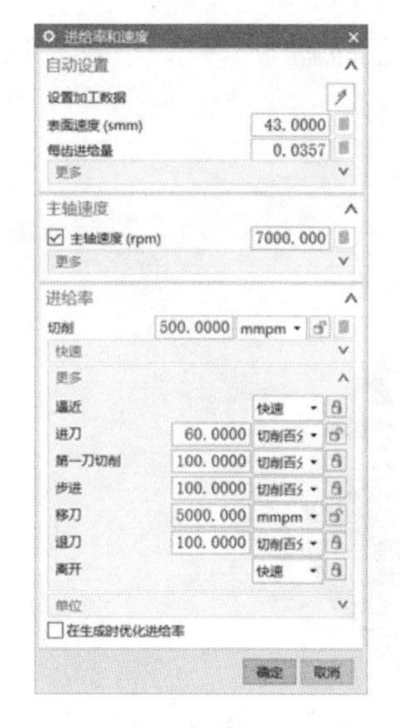

图 3-155 设置进给率和速度参数

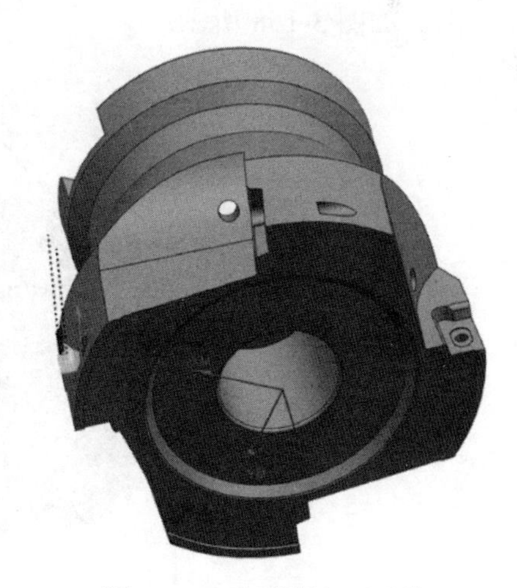

图 3-156 生成粗加工刀路

3.3.26 刀路阵列变换

（1）在导航里选择程序组“2CO3E”里的第一个刀路，右击，在弹出的快捷菜单里选择“对象”|“变换”命令，系统弹出“变换”对话框，选择“类型”为“绕点旋转”，在“变换参数”栏中，设置“指定枢轴点”为ϕ31 的圆心，设置

“角度”为“90”，设置“结果”为“实例”，设置“距离/角度分割”为“1”，设置“实例数”为“3”，按图 3-157 所示设置参数，单击“确定”按钮。

图 3-157　定义刀路阵列

（2）返回“面铣”对话框，然后单击“生成”按钮，系统自动生成粗加工刀路，如图 3-158 所示。

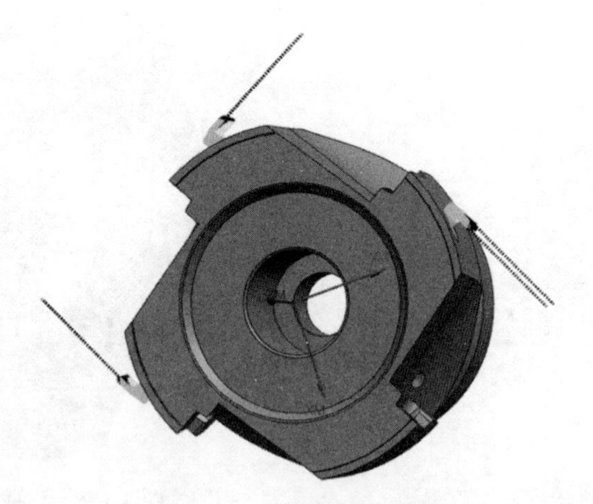

图 3-158　生成粗加工刀路

3.3.27　创建第二工位精加工 2JO3B

（1）在“刀片”工具条中单击“创建工序”按钮，系统弹出“创建工序”对话框，在“类型”下拉列表中选择 mill_planar，“工序子类型”选择“面铣”，“位置”栏参数按图 3-159 所示设置，单击“确定”按钮。

图 3-159　设置工序参数

（2）系统弹出“面铣”对话框，“几何体”选择 MCS-2，单击“指定部件”按钮，系统弹出“部件几何体”对话框，“选择对象”选择“加工零件”，单击“确定”按钮，如图 3-160 所示；单击“指定面边界”按钮，系统弹出“毛坯边界”对话框，设置“刀具侧”为“内部”，设置“刨”为“自动”，然后选择外圆的底面，单击“添加新集”按钮，然后选择ϕ38 圆的底面，单击“确定”按钮，如图 3-161 所示；“刀具”选择“D10（铣刀-5 参数）”，“刀轴”选择“垂直于第一个面”，参数设置如图 3-162 所示。

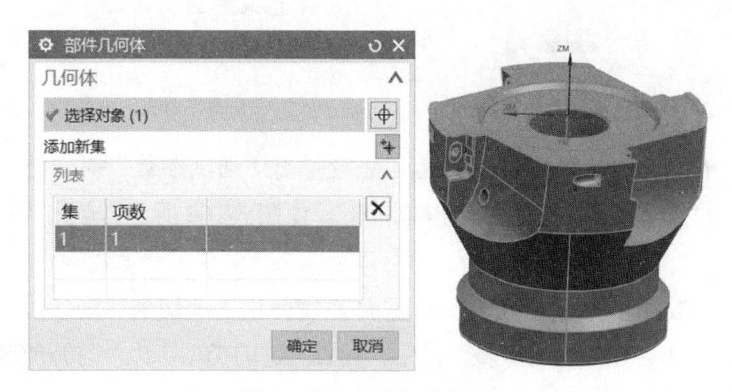

图 3-160　定义指定部件

（3）在“刀轨设置”栏中，设置“切削模式”为“跟随周边”，“步距”选择“刀具平直百分比 80”，设置“毛坯距离”为“3”，设置“每刀切削深度”为“0”，设置“最终底面余量”为“0”，如图 3-163 所示。

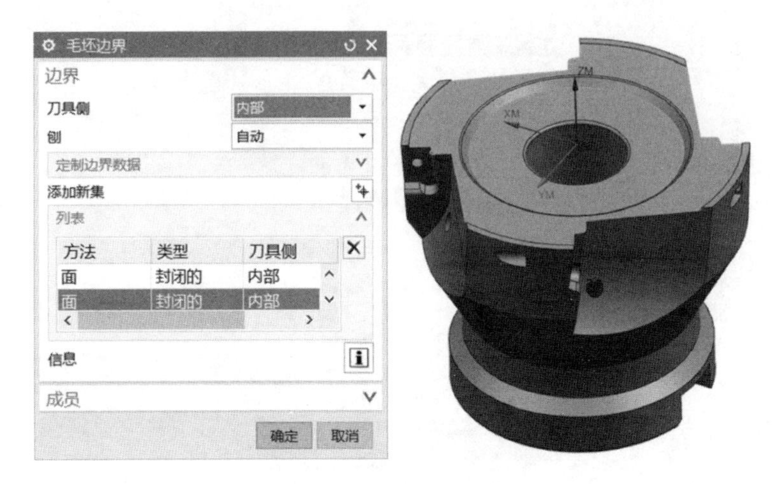

图 3-161 定义指定面边界

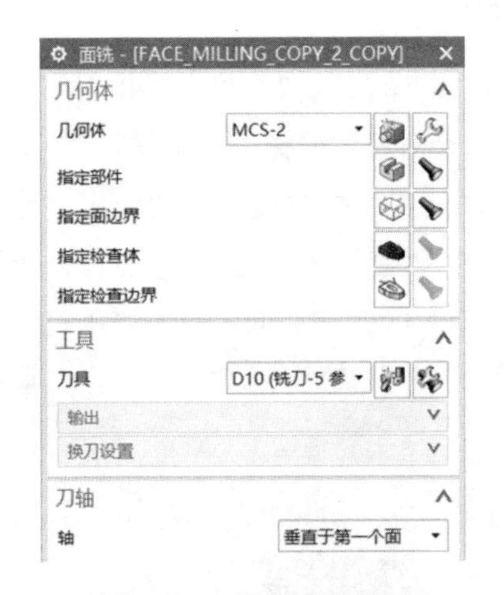

图 3-162 设置刀轴参数

图 3-163 设置刀轨参数

（4）单击“切削参数”按钮，系统弹出“切削参数”对话框，设置“部件余量”为“0”，设置内外公差为“0.003”，如图 3-164 所示，单击“确定”按钮并退出。

（5）单击“非切削移动”按钮，系统弹出“非切削移动”对话框，选择“进刀”选项卡，在“封闭区域”栏中，设置“进刀类型”为“与开放区域相同”，在“开放区域”栏中，设置“进刀类型”为“圆弧”，设置“半径”为“刀具百分比 30”，设置“圆弧角度”为“90”，设置“高度”为“1mm”，设置“最小安全距离”为“刀具百分比 0”，如图 3-165 所示，单击“确定”按钮并退出。

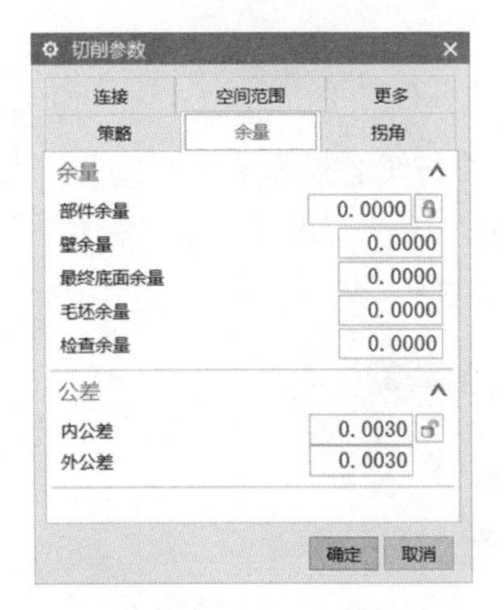

图 3-164 设置切削参数

图 3-165 设置非切削移动参数

（6）单击“进给率和速度”按钮，系统弹出“进给率和速度”对话框，设置“主轴速度”为“7000”，在“进给率”栏中，设置“切削”为“1000mmpm”，单击“更多”右侧的下三角按钮，设置“进刀”为“切削百分比 60”，设置“第一刀切削”为“切削百分比 100”，设置“步进”为“切削百分比 100”，设置“移刀”为“5000mmpm”，设置“退刀”为“切削百分比 100”。单击“计算”按钮，如图 3-166 所示，单击“确定”按钮并退出。

（7）返回“面铣”对话框，然后单击“生成”按钮，系统自动生成精加工刀路，如图 3-167 所示。

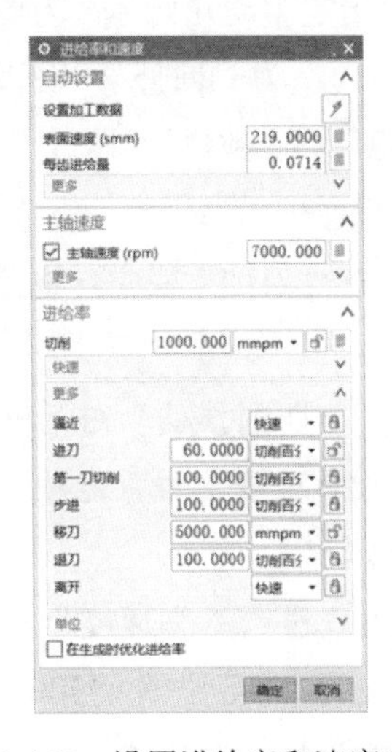

图 3-166 设置进给率和速度参数

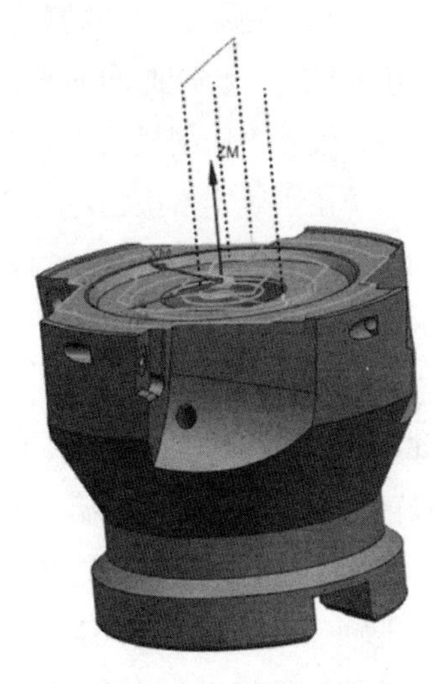

图 3-167 生成精加工刀路

3.3.28 创建第二工位精加工 2JO3C

（1）在“刀片”工具条中单击“创建工序”按钮，系统弹出“创建工序”对话框，在“类型”下拉列表中选择 mill_multi-axis，“工序子类型”选择“可变轮廓铣”，“位置”栏参数按图 3-168 所示设置，单击“确定”按钮。

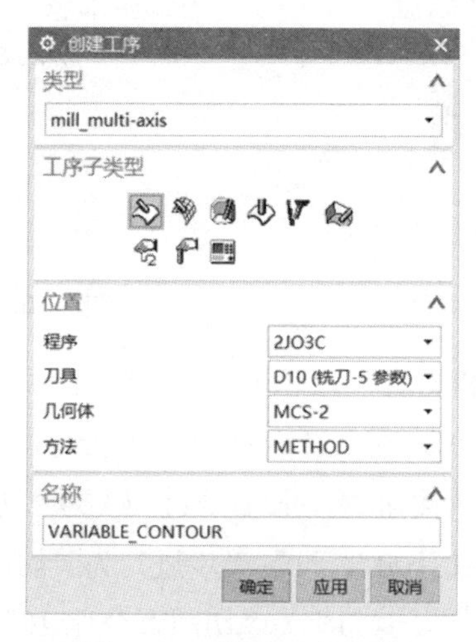

图 3-168 设置工序参数

（2）系统弹出“可变轮廓铣”对话框，在“几何体”栏中，设置“几何体”为 MCS-2，在“驱动方法”栏中，设置“方法”为“曲面”，系统弹出“曲面区域驱动方法”对话框，在“驱动几何体”栏中，设置“指定驱动几何体”为要加的曲面，“切削方向”选择曲面的长方向，设置“材料反向”为“向外”，在“驱动设置”栏中，设置“切削模式”为“螺旋”，设置“步距”为“数量”，设置“步距数”为“0”，单击“确定”按钮，如图 3-169 所示；在“投影矢量”栏中，设置“矢量”为“刀轴”，设置“刀具”为“D6（铣刀-5 参数）”，在“刀轴”栏中，设置“轴”为“侧刃驱动体”，设置“指定侧刃方向”为向上的方向，如图 3-170 所示。

（3）单击“非切削移动”按钮，系统弹出“非切削移动”对话框，选择“转移/快速”选项卡，在“公共安全设置”栏中，设置“安全设置选项”为“使用继承的”，如图 3-171 所示，单击“确定”按钮并退出。

（4）单击“进给率和速度”按钮，系统弹出“进给率和速度”对话框，设置“主轴速度”为“7000”，在“进给率”栏中，设置“切削”为“300mmpm”，单击“计算”按钮，如图 3-172 所示，单击“确定”按钮并退出。

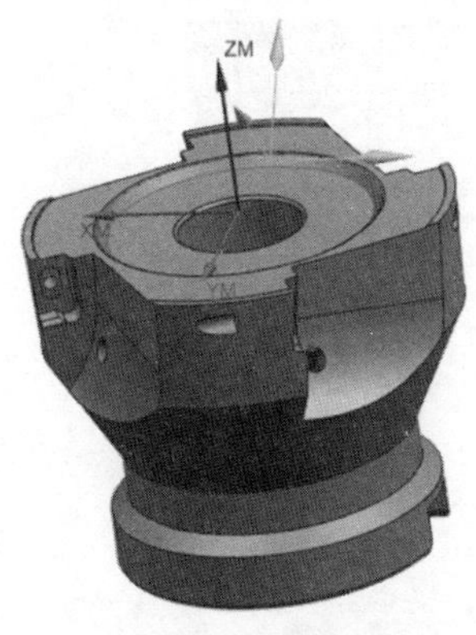

指定驱动几何体

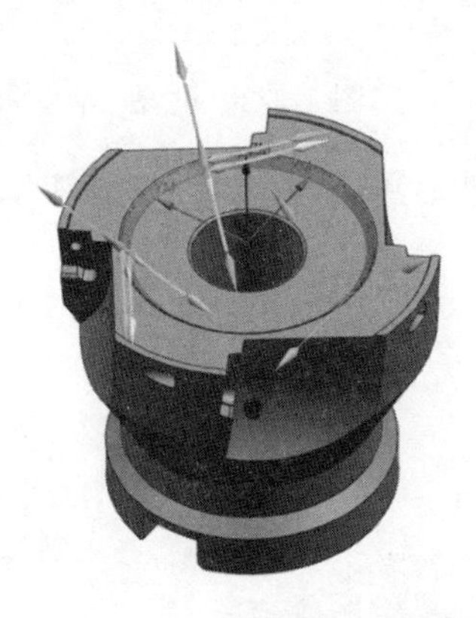
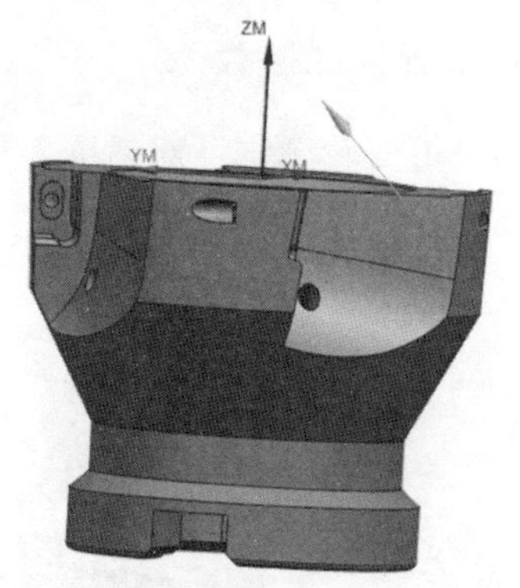

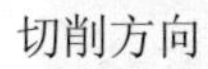

切削方向　　　　　　　　　材料反向

图 3-169　定义曲面驱动方法

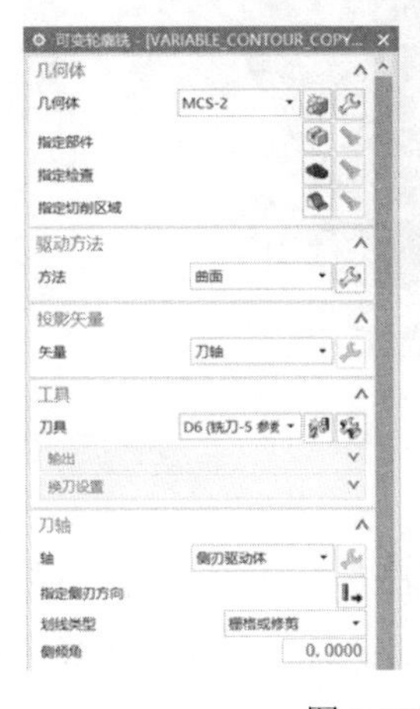

图 3-170　设置刀轴参数

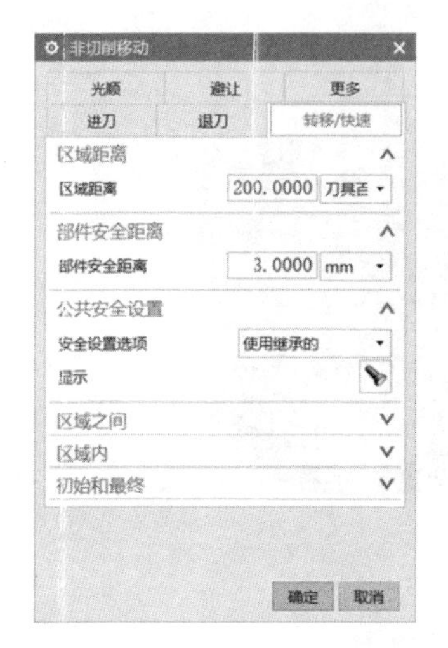

图 3-171 设置非切削参数

图 3-172 设置进给率和速度参数

（5）返回“可变轮廓铣”对话框，然后单击“生成”按钮，系统自动生成精加工刀路，如图 3-173 所示。

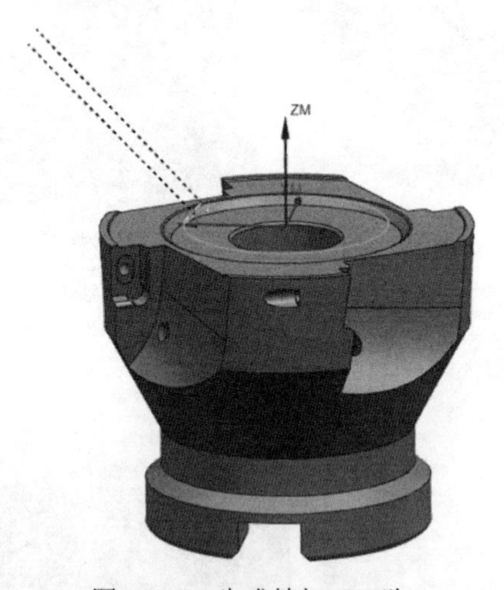

图 3-173 生成精加工刀路

3.3.29 创建第二工位精加工 2JO3D

（1）在“刀片”工具条中单击“创建工序”按钮，系统弹出“创建工序”对话框，在“类型”下拉列表中选择 mill_multi-axis，“工序子类型”选择“外形轮廓铣”，“位置”栏参数按图 3-174 所示设置，单击“确定”按钮。

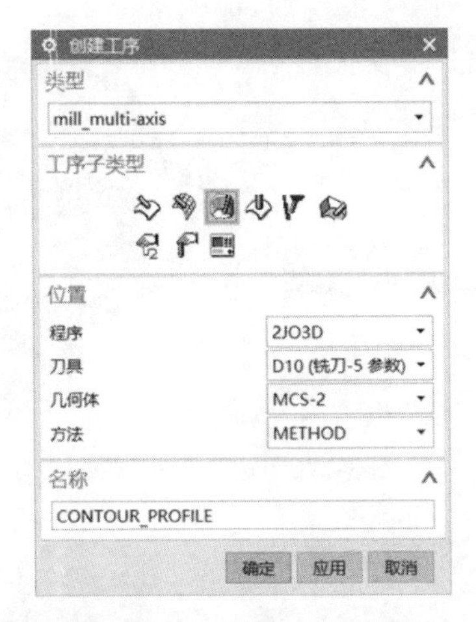

图 3-174　设置工序参数

（2）系统弹出“外形轮廓铣”对话框，在“几何体”栏中，设置“几何体”为 MCS-2，单击“指定部件”按钮，系统弹出“部件几何体”对话框，“选择对象”选择“加工零件”，单击“确定”按钮，如图 3-175 所示；单击“指定底面”按钮，系统弹出“底面几何体”对话框，选择凹槽的底面，如图 3-176 所示；单击“指定壁”按钮，系统弹出“壁几何体”对话框，选择凹槽的底面，如图 3-177 所示；在“驱动方法”栏中，设置“方法”为“外形轮廓铣”；设置“刀具”为“D10（铣刀-5 参数）”，在“刀轴”栏中，设置“轴”为“自动”，在“驱动设置”栏中，设置“进刀矢量”为“+ZM”，如图 3-178 所示。

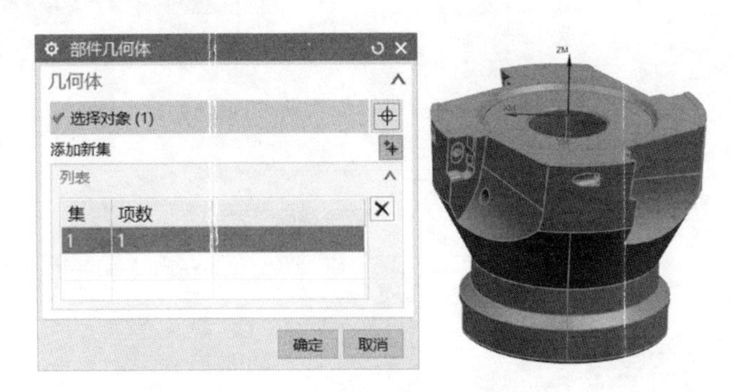

图 3-175　定义指定部件

（3）单击“切削参数”按钮，系统弹出“切削参数”对话框，单击“余量”选项卡，勾选“使底面余量与侧面余量一致”，设置“部件侧面余量”为“0”，内外公差设置为“0.003”，如图 3-179 所示，单击“确定”按钮并退出。

图 3-176　定义指定底面

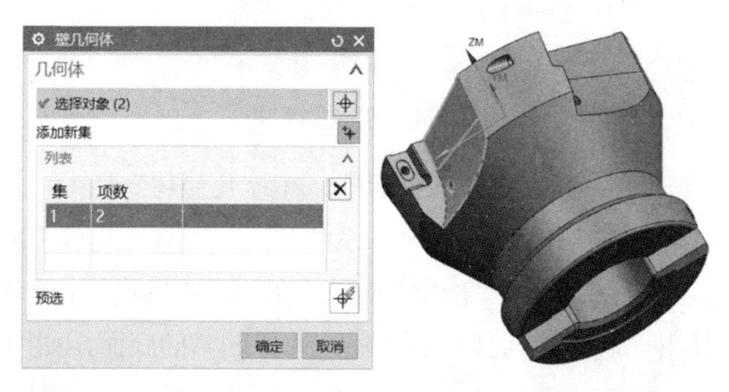

图 3-177　定义指定壁

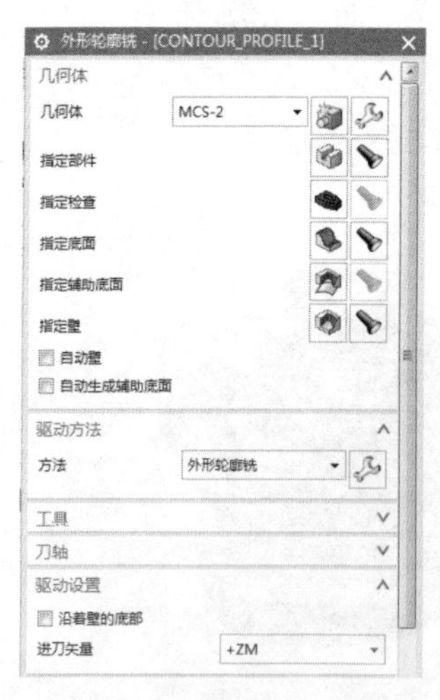

图 3-178　设置刀轴参数

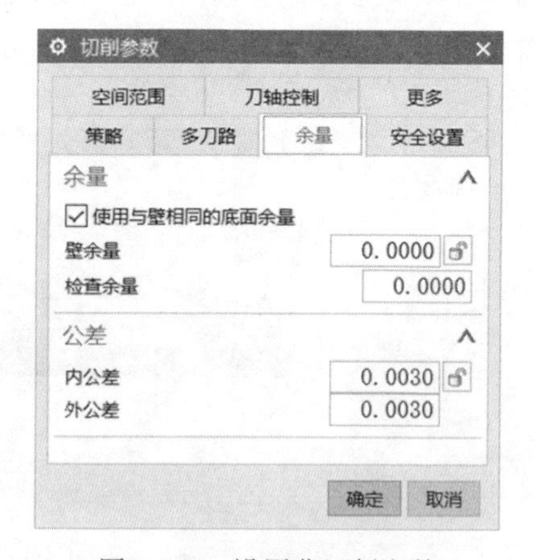

图 3-179　设置非切削参数

（4）单击“非切削移动”按钮，系统弹出“非切削移动”对话框，选择“转移/快速”选项卡，在“公共安全设置”栏中，设置“安全设置选项”为“刨”，“指定平面”选择加工的底面距离为 45，选择“进刀”选项卡，在“开放区域”

栏中，设置“进刀类型”为“线性”，设置“进刀位置”为“距离”，设置“长度”为“刀具百分比 100”，如图 3-180 所示，单击“确定”按钮并退出。

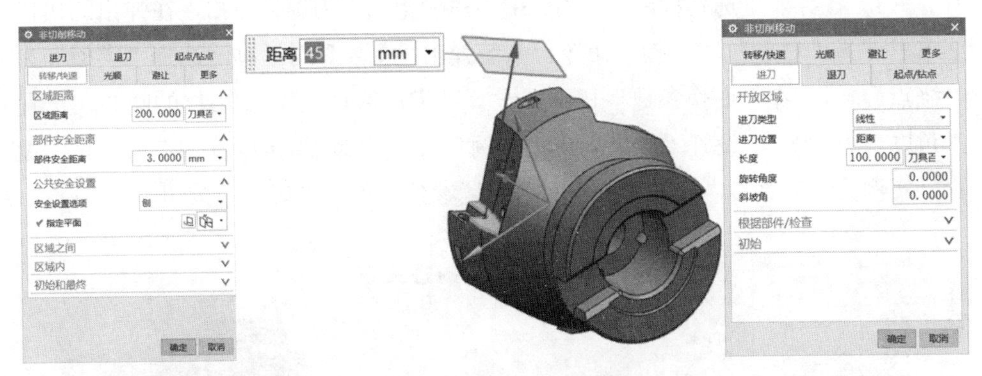

图 3-180 设置非切削移动参数

（5）单击“进给率和速度”按钮，系统弹出“进给率和速度”对话框，设置“主轴速度”为“7000”，在“进给率”栏中，设置“切削”为“200mmpm”，单击“更多”右侧的下三角按钮，设置“进刀”为“切削百分比 60”，设置“第一刀切削”为“切削百分比 100”，设置“步进”为“切削百分比 100”，设置“移刀”为“5000mmpm”，设置“退刀”为“切削百分比 100”，单击“计算”按钮，如图 3-181 所示，单击“确定”按钮并退出。

（6）返回“外形轮廓铣”对话框，然后单击“生成”按钮，系统自动生成精加工刀路，如图 3-182 所示。

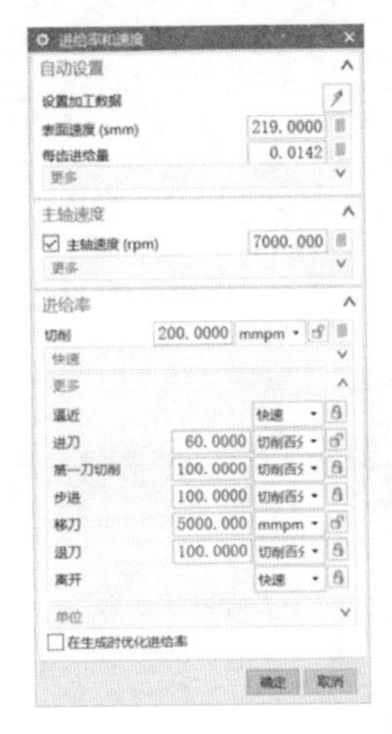

图 3-181 设置进给率和速度参数

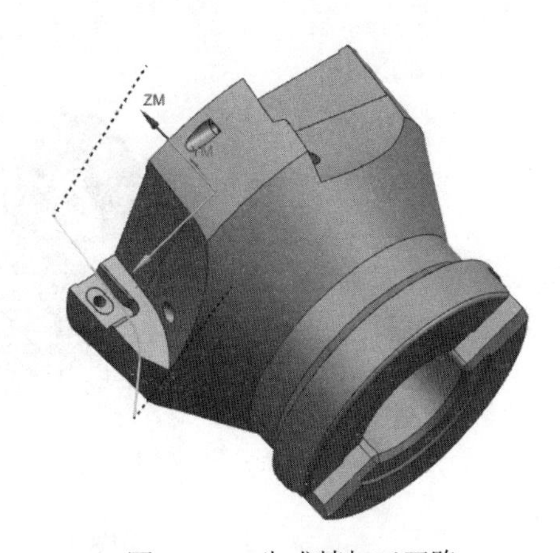

图 3-182 生成精加工刀路

3.3.30 刀路阵列变换

（1）在导航里选择程序组“2JO3D”里的第一个刀路，右击，在弹出的快捷菜单里选择“对象”|“变换”命令，系统弹出“变换”对话框，选择“类型”为“绕点旋转”，在“变换参数”栏中，设置“指定枢轴点”为ϕ31 的圆心，设置“角度”为“90”，设置“结果”为“实例”，设置“距离/角度分割”为“1”，设置“实例数”为“3”，按图 3-183 所示设置参数，单击“确定”按钮。

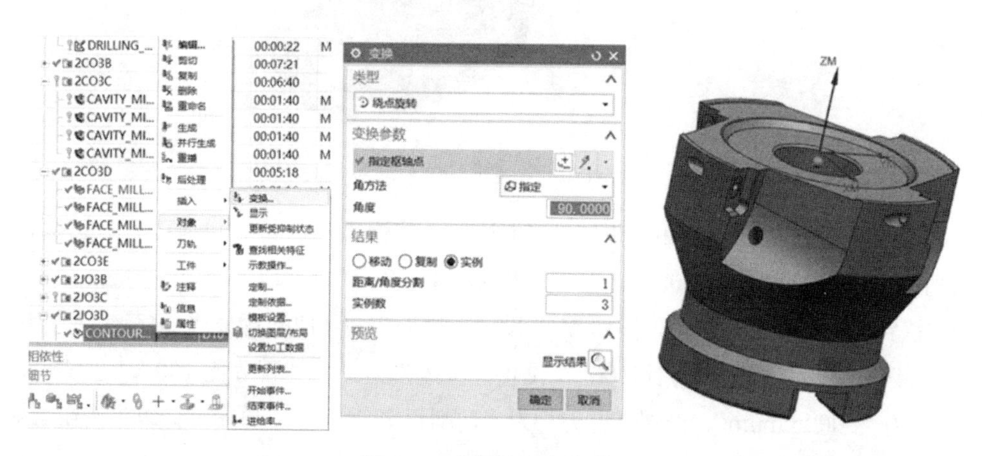

图 3-183 定义刀路阵列

（2）返回“外形轮廓铣”对话框，然后单击“生成”按钮，系统自动生成精加工刀路，如图 3-184 所示，单击“确定”按钮并退出。

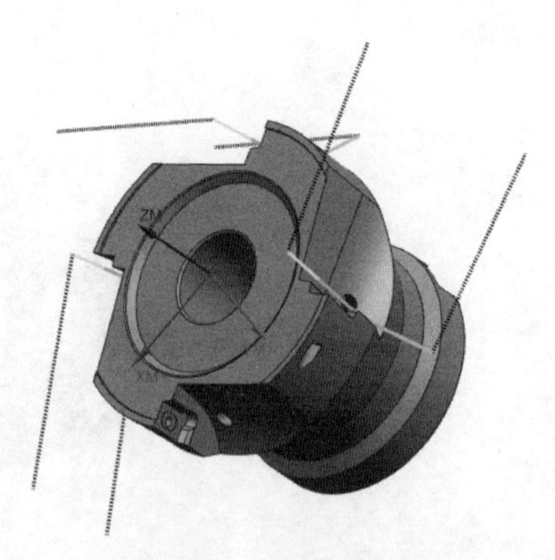

图 3-184 生成精加工刀路

3.3.31 创建第二工位精加工 2JO3E

（1）在“刀片”工具条中单击“创建工序”按钮，系统弹出“创建工序”对话框，在“类型”下拉列表中选择 mill_contour，“工序子类型”选择“固定轮廓铣”，“位置”栏参数按图 3-185 所示设置，单击“确定”按钮。

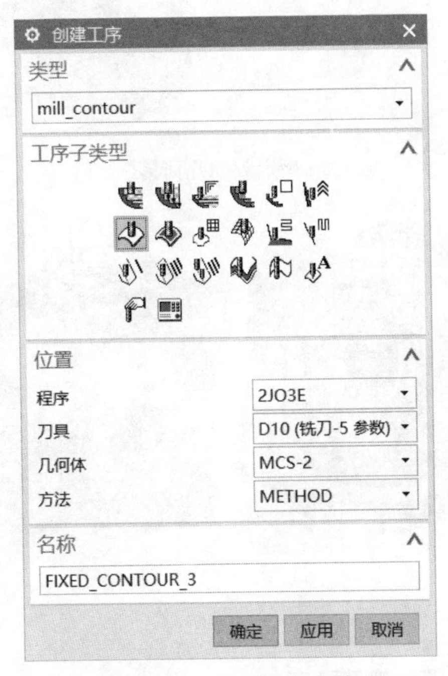

图 3-185　设置工序参数

（2）系统弹出“固定轮廓铣”对话框，在“几何体”栏中，设置“几何体”为 MCS-2，在“驱动方法”栏中，设置“方法”为“曲面”，系统弹出“曲面区域驱动方法”对话框，在“驱动几何体”栏中，设置“指定驱动几何体”为要加的曲面，“切削方向”选择曲面的长方向，设置“材料反向”为“向外”，在“驱动设置”栏中，设置“切削模式”为“螺旋”，设置“步距”为“数量”，设置“步距数”为“30”，单击“确定”按钮，如图 3-186 所示；设置“刀具”为“R3（铣刀-5 参数）”，在“刀轴”栏中，默认“轴”为“+ZM 轴”，如图 3-187 所示。

（3）单击“非切削移动”按钮，系统弹出“非切削移动”对话框，在“开放区域”栏中，设置“进刀类型”为“插削”，设置“进刀距离”为“距离”，设置“高度”为“刀具百分比 200”，如图 3-188 所示，单击“确定”按钮并退出。

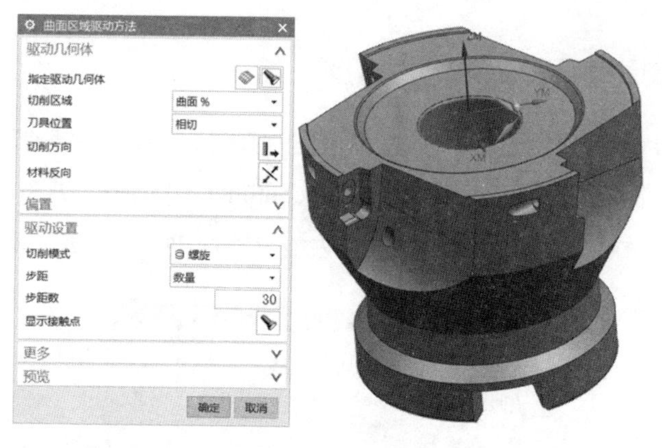

指定驱动几何体

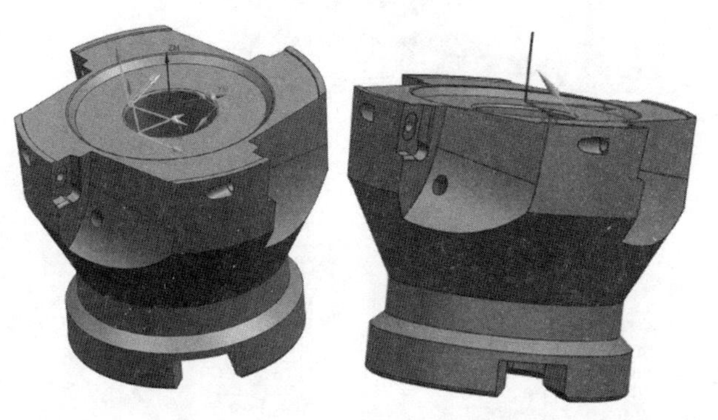

切削方向　　材料反向

图 3-186　定义曲面驱动方法

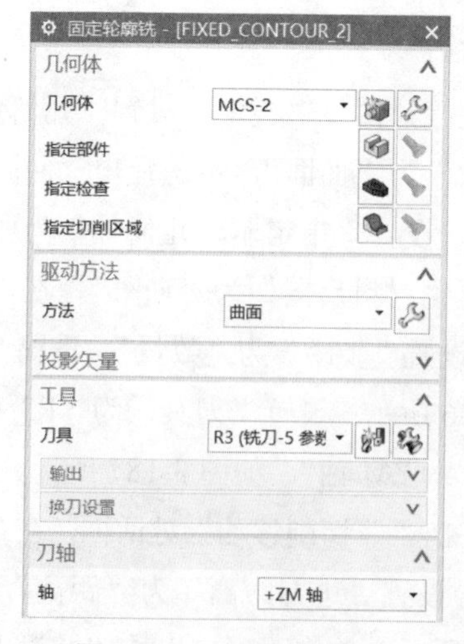

图 3-187　设置刀轴参数

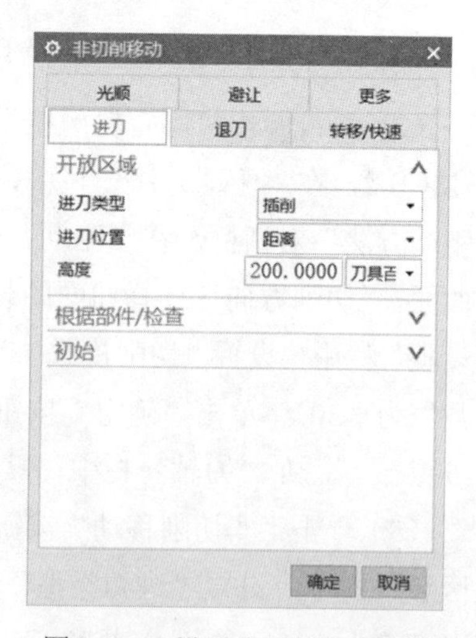

图 3-188　设置非切削移动参数

（4）单击“进给率和速度”按钮，系统弹出“进给率和速度”对话框，设置“主轴速度”为“7000”，在“进给率”栏中，设置“切削”为“1000mmpm”，单击“计算”按钮，如图 3-189 所示，单击“确定”按钮并退出。

（5）返回“固定轮廓铣”对话框，然后单击“生成”按钮，系统自动生成粗加工刀路，如图 3-190 所示。

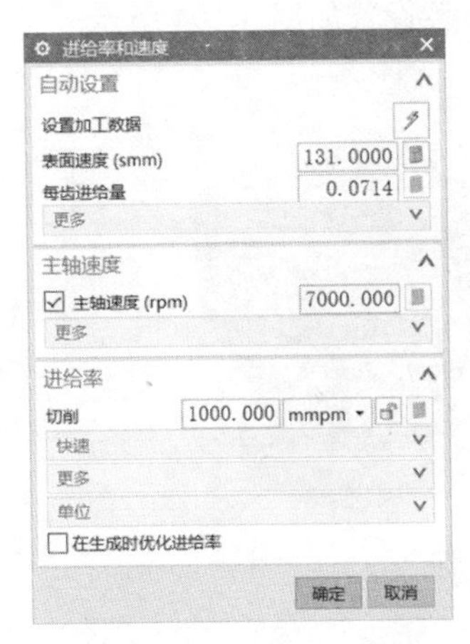

图 3-189　定义进给率和速度

图 3-190　生成精加工刀路

3.3.32　创建第二工位精加工 2JO3F

（1）在“刀片”工具条中单击“创建工序”按钮，系统弹出“创建工序”对话框，在“类型”下拉列表中选择 mill_planar，“工序子类型”选择“面铣”，“位置”栏参数按图 3-191 设置，单击“确定”按钮。

图 3-191　设置工序参数

（2）系统弹出“面铣”对话框，“几何体”选择 MCS-2，单击“指定部件”按钮，系统弹出“部件几何体”对话框，“选择对象”选择“加工零件”，单击“确定”按钮，如图 3-192 所示；单击“指定面边界”按钮，系统弹出“毛坯边界”对话框，设置“刀具侧”为“内部”，设置“刨”为“自动”，然后选择凹槽的底面，单击“确定”按钮，如图 3-193 所示；“刀具”选择“D2（铣刀-5 参数）”，“轴”选择“指定矢量”，选择凹槽底面的法向量方向，参数设置如图 3-194 所示。

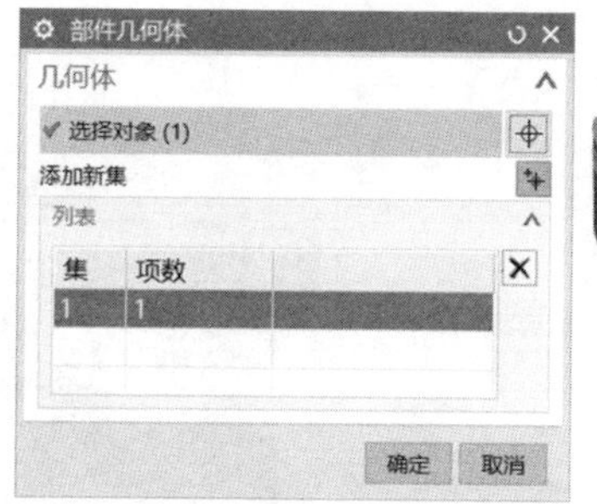

图 3-192　定义指定部件

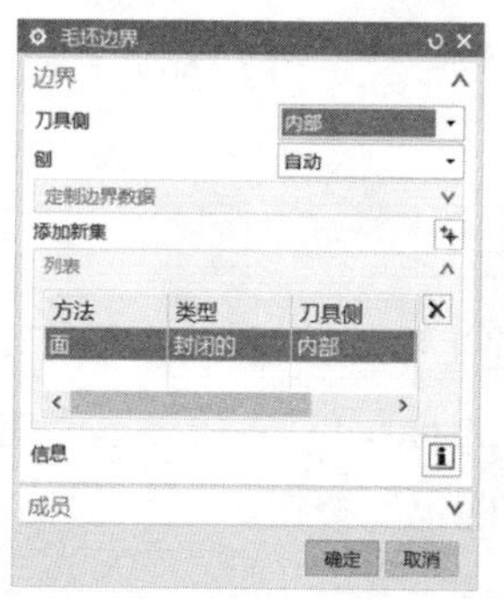

图 3-193　定义指定面边界

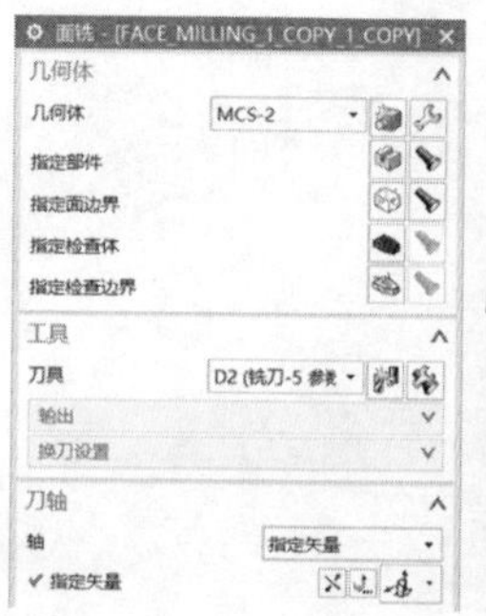

图 3-194　设置刀轴参数

（3）在“刀轨设置”栏中，设置“切削模式”为“轮廓”，“步距”选择“刀具平直百分比80”，设置“毛坯距离”为“3”，设置“每刀切削深度”为“0.3”，设置“最终底面余量”为“0”，如图3-195所示。

（4）单击“切削参数”按钮，系统弹出“切削参数”对话框，设置“部件余量”为“0”，设置内外公差为“0.001”，如图3-196所示，单击“确定”按钮并退出。

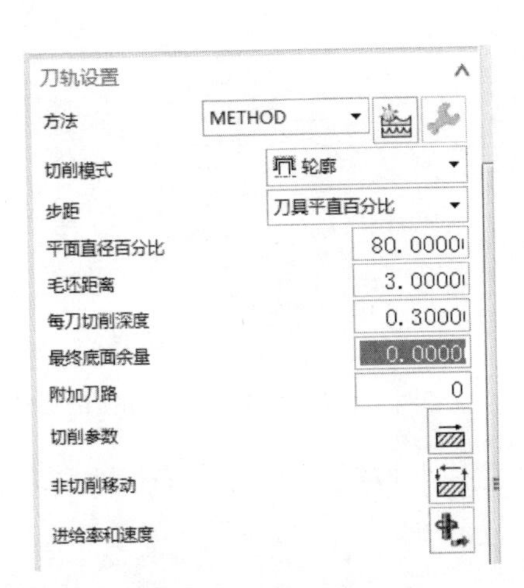

图3-195 设置刀轨参数

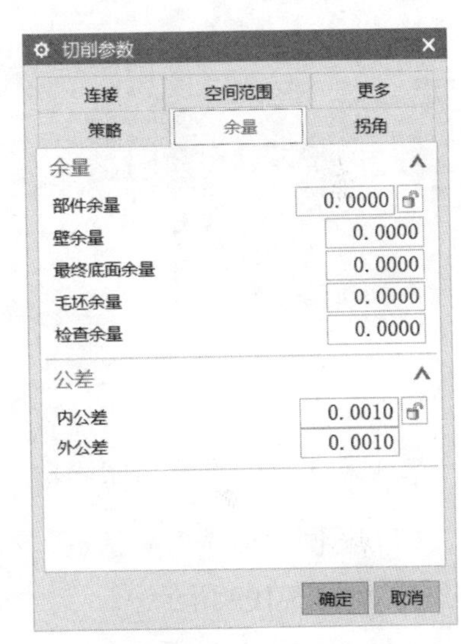

图3-196 设置切削参数

（5）单击“非切削移动”按钮，系统弹出“非切削移动”对话框，选择“转移/快速”选项卡，在“安全设置”栏中，设置“安全设置选项”为“使用继承的”，在“区域内”栏中，设置“转移方式”为“进刀/退刀”，设置“转移类型”为“前一平面”，设置“安全距离”为“3mm”，选择“进刀”选项卡，在“封闭区域”栏中，设置“进刀类型”为“沿形状斜进刀”，设置“斜坡角”为“15”，设置“高度”为“3mm”，设置“最小斜面长度”为“刀具百分比70”，在“开放区域”栏中，设置“进刀类型”为“线性”，设置“长度”为“刀具百分比50”，设置“高度”为“3mm”，设置“最小安全距离”为“刀具百分比50”，如图3-197所示，单击“确定”按钮并退出。

（6）单击“进给率和速度”按钮，系统弹出“进给率和速度”对话框，设置“主轴速度”为“7000”，在“进给率”栏中，设置“切削”为“500mmpm”，单击“更多”右侧的下三角按钮，设置“进刀”为“切削百分比60”，设置“第一刀切削”为“切削百分比 100”，设置“步进”为“切削百分比 100”，设置“移刀”为“5000mmpm”，设置“退刀”为“切削百分比 100”，单击“计算”按钮，如图 3-198 所示，单击“确定”按钮并退出。

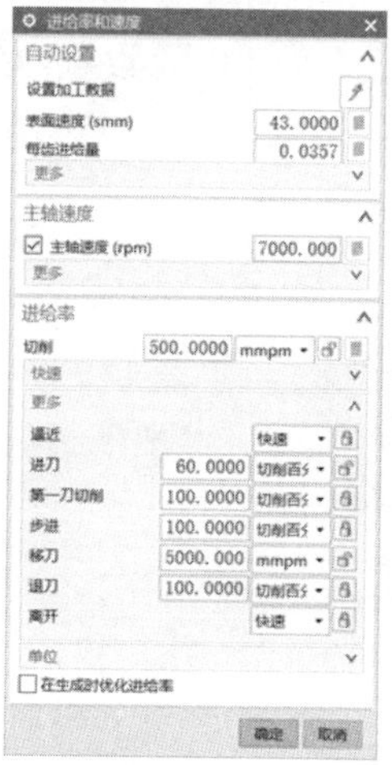

图 3-197 设置非切削移动参数

图 3-198 设置进给率和速度参数

（7）返回“面铣”对话框，然后单击“生成”按钮，系统自动生成精加工刀路，如图 3-199 所示。

图 3-199 生成精加工刀路

3.3.33 刀路阵列变换

（1）在导航里选择程序组“2JO3F”里的第一个刀路，右击，在弹出的快捷

菜单里选择“对象”|“变换”命令，系统弹出“变换”对话框，设置“类型”为“绕点旋转”，在“变换参数”栏中，设置“指定枢轴点”为ϕ31的圆心，设置“角度”为“90”，设置“结果”为“实例”，设置“距离/角度分割”为“1”，设置“实例数”为“3”，按图3-200所示设置参数，单击“确定”按钮。

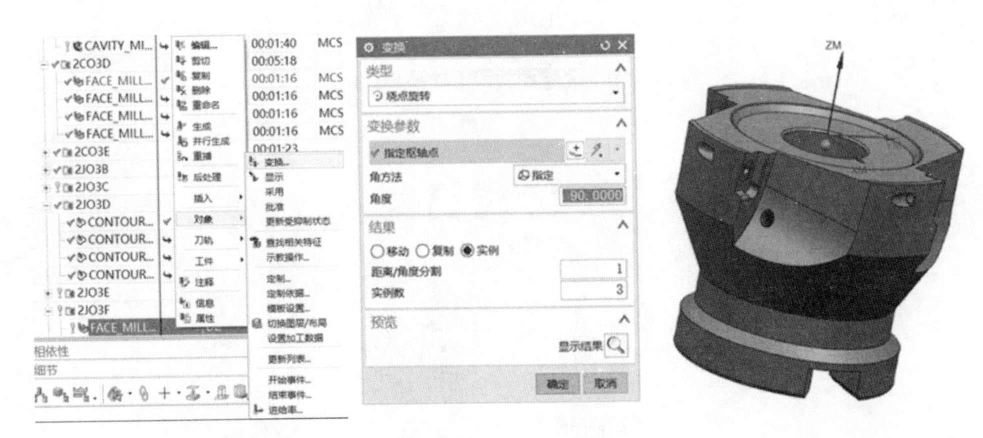

图3-200 定义刀路阵列

（2）返回“面铣”对话框，然后单击“生成”按钮，系统自动生成精加工刀路，如图3-201所示。

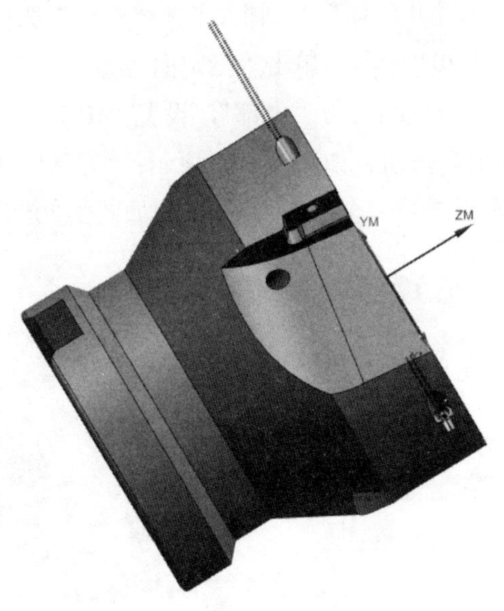

图3-201 生成精加工刀路

3.3.34 创建第二工位精加工 2JO3G

（1）在“刀片”工具条中单击“创建工序”按钮，系统弹出“创建工序”对话框，在“类型”下拉列表中选择 mill_planar，“工序子类型”选择“面铣”，“位置”栏参数按图 3-202 设置，单击“确定”按钮。

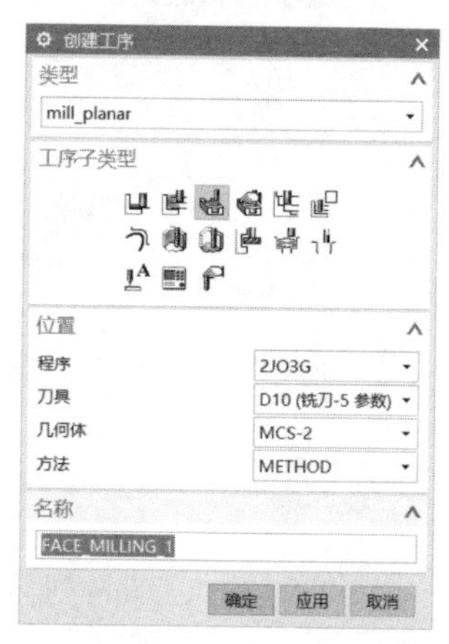

图 3-202 设置工序参数

（2）系统弹出“面铣”对话框，“几何体”选择 MCS-2，单击“指定部件”按钮，系统弹出“部件几何体”对话框，“选择对象”选择“加工零件”，单击“确定”按钮，如图 3-203 所示；单击“指定面边界”按钮，系统弹出“毛坯边界”对话框，设置“刀具侧”为“内部”，设置“刨”为“自动”，然后选择凹槽的底面，单击“确定”按钮，如图 3-204 所示；“刀具”选择“D2（铣刀-5 参数）”，“轴”选择“垂直于第一个面”，参数设置如图 3-205 所示。

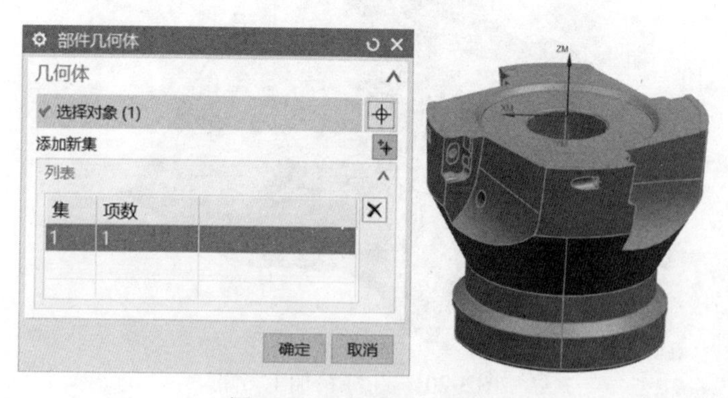

图 3-203 定义指定部件

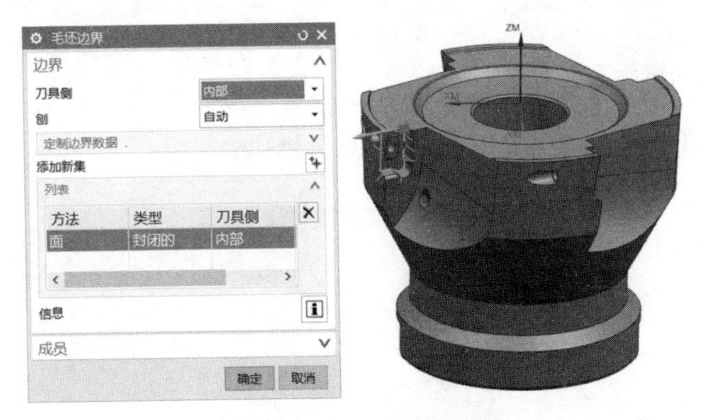

图 3-204　定义指定面边界

（3）在“刀轨设置”栏中，设置“切削模式”为“跟随部件”，“步距”选择“刀具平直百分比 75”，设置“毛坯距离”为“2.3”，设置“每刀切削深度”为“0”，设置“最终底面余量”为“0”，如图 3-206 所示。

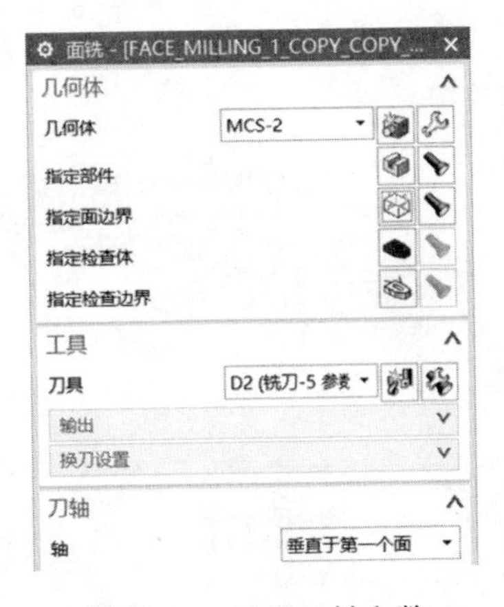

图 3-205　设置刀轴参数

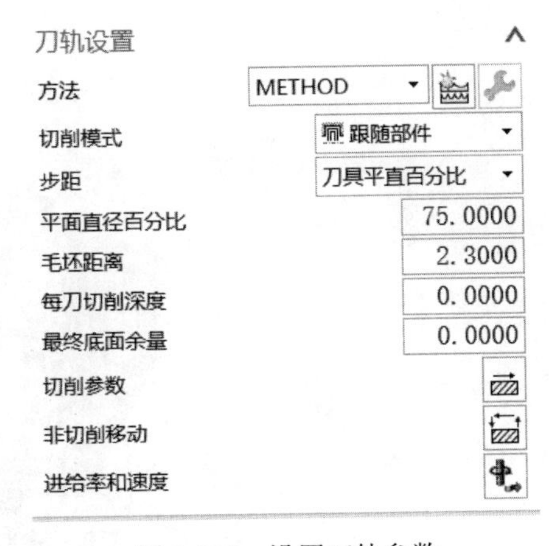

图 3-206　设置刀轨参数

（4）单击“切削参数”按钮，系统弹出“切削参数”对话框，设置“部件余量”为“0”，设置内外公差为“0.003”，如图 3-207 所示，单击“确定”按钮并退出。

（5）单击“非切削移动”按钮，系统弹出“非切削移动”对话框，选择“转移/快速”选项卡，在“安全设置”栏中，设置“安全设置选项”为“刨”，“指定平面”选择加工的底面距离为 42，在“区域内”栏中，设置“转移方式”为“进刀/退刀”，设置“转移类型”为“前一平面”，设置“安全距离”为“3mm”，选择“进刀”选项卡，在“封闭区域”栏中，设置“进刀类型”为“与开放区域相同”，在“开放区域”栏中，设置“进刀类型”为“线性”，设置“长度”为“刀具百分比 50”，设置“高度”为“3mm”，设置“最小安全距离”为“刀具百分比 50”，如图 3-208 所示，单击“确定”按钮并退出。

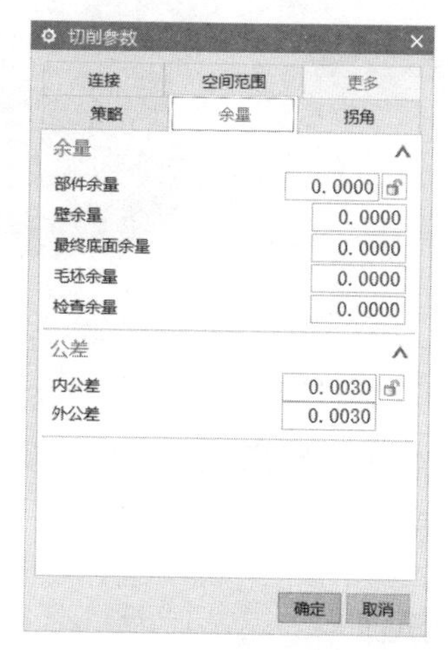

图 3-207　设置切削参数

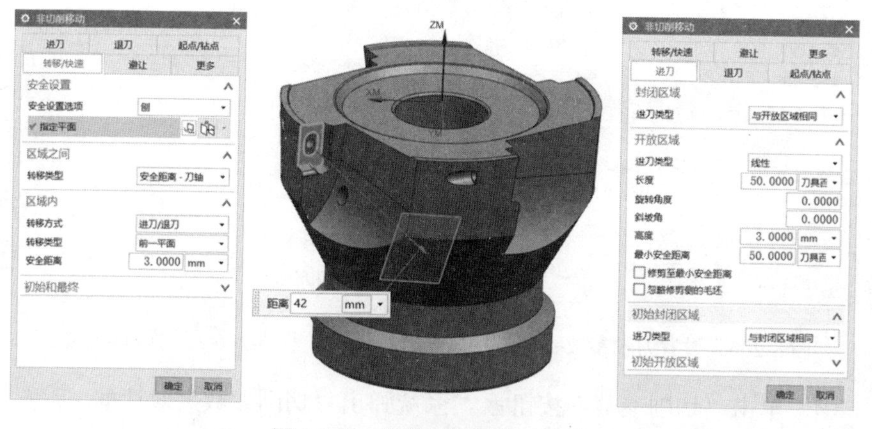

图 3-208　设置非切削移动参数

（6）单击“进给率和速度”按钮，系统弹出“进给率和速度”对话框，设置“主轴速度”为“7000”，在“进给率”栏中，设置“切削”为“500mmpm”，单击“更多”右侧的下三角按钮，设置“进刀”为“切削百分比 60”，设置“第一刀切削”为“切削百分比 100”，设置“步进”为“切削百分比 100”，设置“移刀”为“3000mmpm”，设置“退刀”为“切削百分比 100”，单击“计算”按钮，如图 3-209 所示，单击“确定”按钮并退出。

（7）返回“面铣”对话框，然后单击“生成”按钮，系统自动生成精加工刀路，如图3-210所示。

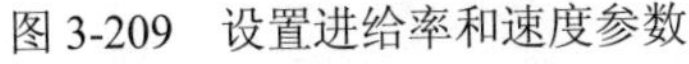
图3-209　设置进给率和速度参数

图3-210　生成精加工刀路

3.3.35　刀路阵列变换

（1）在导航里选择程序组“2JO3G”里的第一个刀路，右击，在弹出的快捷菜单里选择“对象”|“变换”命令，系统弹出“变换”对话框，设置“类型”为“绕点旋转”，在“变换参数”栏中，设置“指定枢轴点”为ϕ31的圆心，设置“角度”为“90”，设置“结果”为“实例”，设置“距离/角度分割”为“1”，设置“实例数”为“3”，按图3-211所示设置参数，单击“确定”按钮。

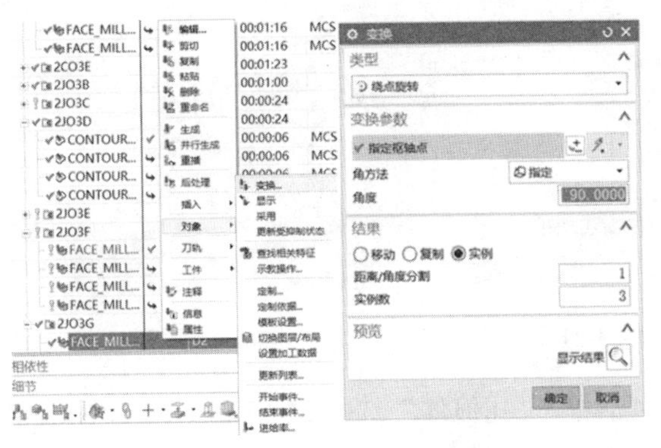

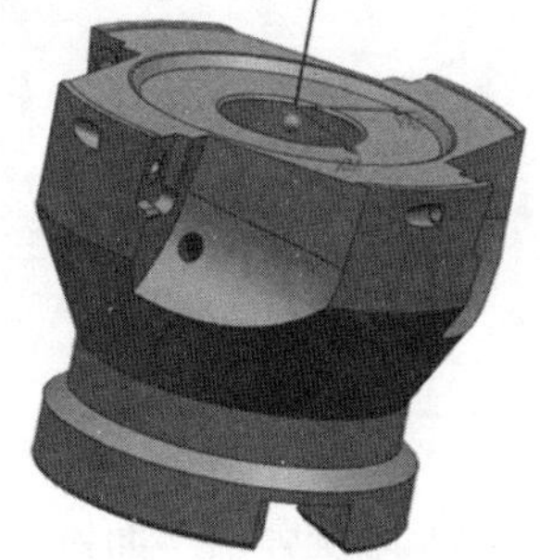

图3-211　定义刀路阵列

（2）返回“面铣”对话框，然后单击“生成”按钮，系统自动生成精加工刀路，如图 3-212 所示。

图 3-212 生成精加工刀路

3.3.36 创建第二工位精加工 2JO3H

（1）在“刀片”工具条中单击“创建工序”按钮，系统弹出“创建工序”对话框，在“类型”下拉列表中选择 mill_planar，“工序子类型”选择“面铣”，“位置”栏参数按图 3-213 设置，单击“确定”按钮。

图 3-213 设置工序参数

（2）系统弹出“面铣”对话框，“几何体”选择 MCS-2，单击“指定部件”按钮，系统弹出“部件几何体”对话框，“选择对象”选择“加工零件”，单击“确定”按钮，如图3-214所示；单击“指定面边界”按钮，系统弹出“毛坯边界”对话框，设置“刀具侧”为“内部”，设置“刨”为“自动”，然后选择凹槽的底面，单击“确定”按钮，如图3-215所示；“刀具”选择“D2（铣刀-5参数）”，“轴”选择“指定矢量”，选择凹槽底面的法向量方向，参数设置如图3-216所示。

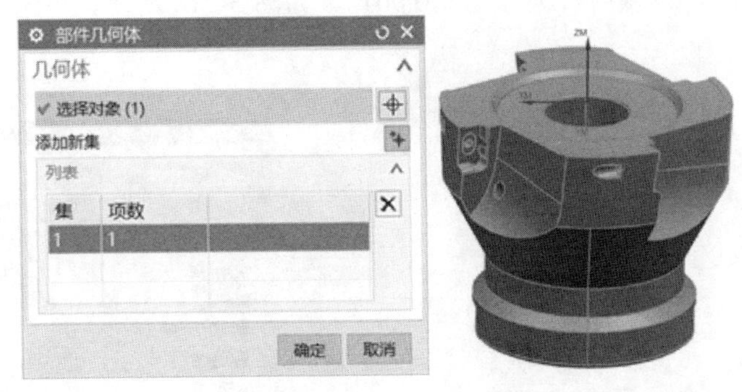

图3-214　定义指定部件

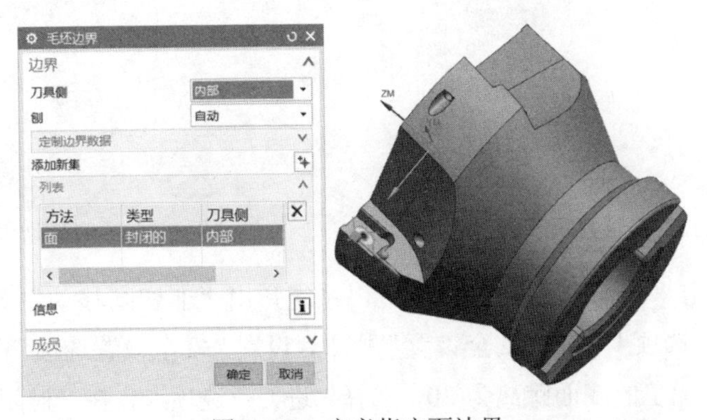

图3-215　定义指定面边界

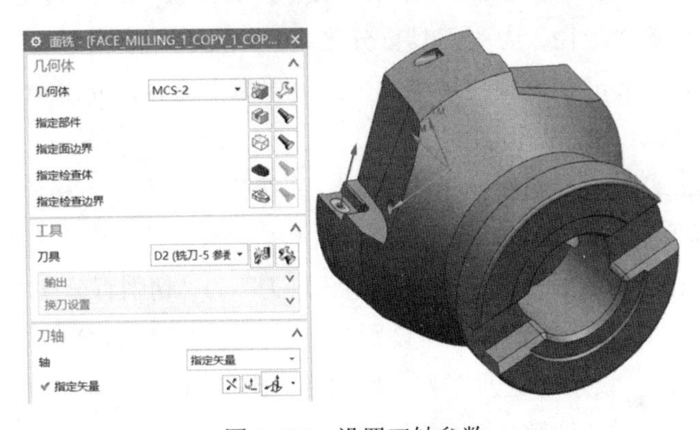

图3-216　设置刀轴参数

（3）在“刀轨设置”栏中，设置“切削模式”为“轮廓”，“步距”选择“刀具平直百分比 80”，设置“毛坯距离”为“3”，设置“每刀切削深度”为“0.3”，设置“最终底面余量”为“0”，如图 3-217 所示。

（4）单击“切削参数”按钮，系统弹出“切削参数”对话框，设置“部件余量”为“0”，设置内外公差为“0.001”，如图 3-218 所示，单击“确定”按钮并退出。

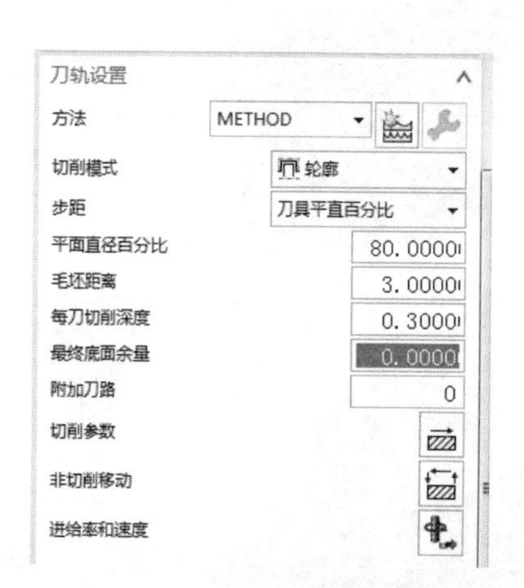

图 3-217　设置刀轨参数

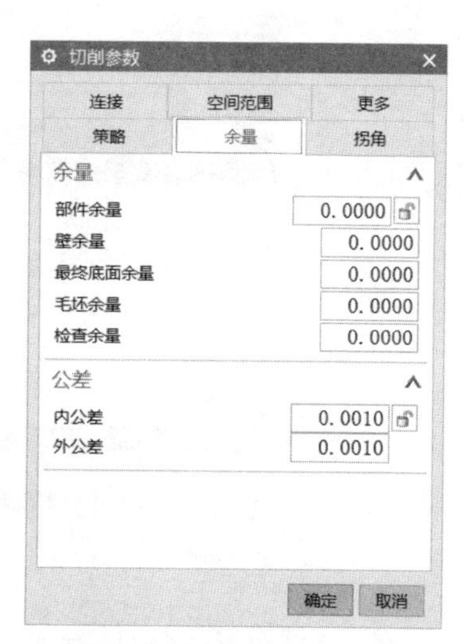

图 3-218　设置切削参数

（5）单击“非切削移动”按钮，系统弹出“非切削移动”对话框，选择“转移/快速”选项卡，在“安全设置”栏中，设置“安全设置选项”为“刨”，“指定平面”选择加工的底面距离为 30，选择“进刀”选项卡，在“封闭区域”栏中，设置“进刀类型”为“与开放区域相同”，在“开放区域”栏中，设置“进刀类型”为“圆弧”，设置“半径”为“刀具百分比 30”，设置“圆弧角度”为“90”，设置“高度”为“1mm”，设置“最小安全距离”为“刀具百分比 0”，如图 3-219 所示，单击“确定”按钮并退出。

（6）单击“进给率和速度”按钮，系统弹出“进给率和速度”对话框，设置“主轴速度”为“7000”，在“进给率”栏中，设置“切削”为“500mmpm”，单击“更多”右侧的下三角按钮，设置“进刀”为“切削百分比 60”，设置“第一刀切削”为“切削百分比 100”，设置“步进”为“切削百分比 100”，“移刀”为“5000mmpm”，设置“退刀”为“切削百分比 100”，单击“计算”按钮，如图 3-220 所示，单击“确定”按钮并退出。

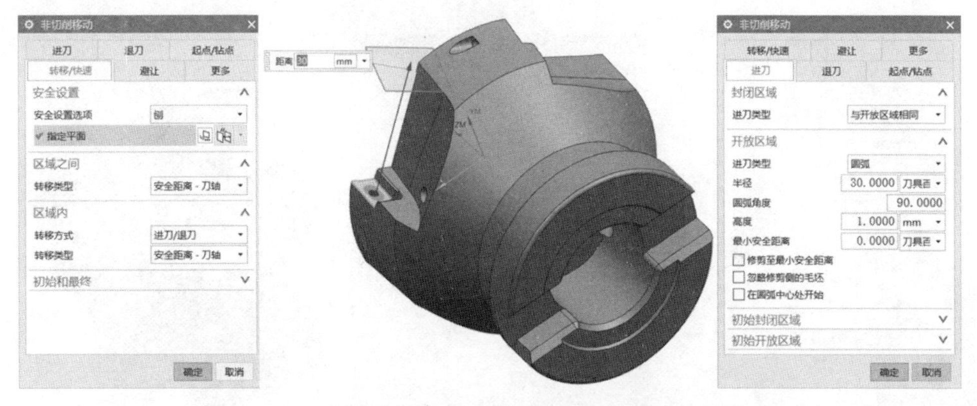

图 3-219　设置非切削移动参数

（7）返回“面铣”对话框，然后单击“生成”按钮，系统自动生成精加工刀路，如图 3-221 所示。

图 3-220　设置进给率和速度参数

图 3-221　生成精加工刀路

3.3.37　刀路阵列变换

（1）在导航里选择程序组“2JO3H”里的第一个刀路，右击鼠标，在弹出的快捷菜单里选择“对象”|“变换”命令，系统弹出“变换”对话框，选择“类型”为“绕点旋转”，在“变换参数”栏中，设置“指定枢轴点”为ϕ31 的圆心，设置“角度”为“90”，设置“结果”为“实例”，设置“距离/角度分割”为“1”，设置“实例数”为“3”，按图 3-222 所示设置参数，单击“确定”按钮。

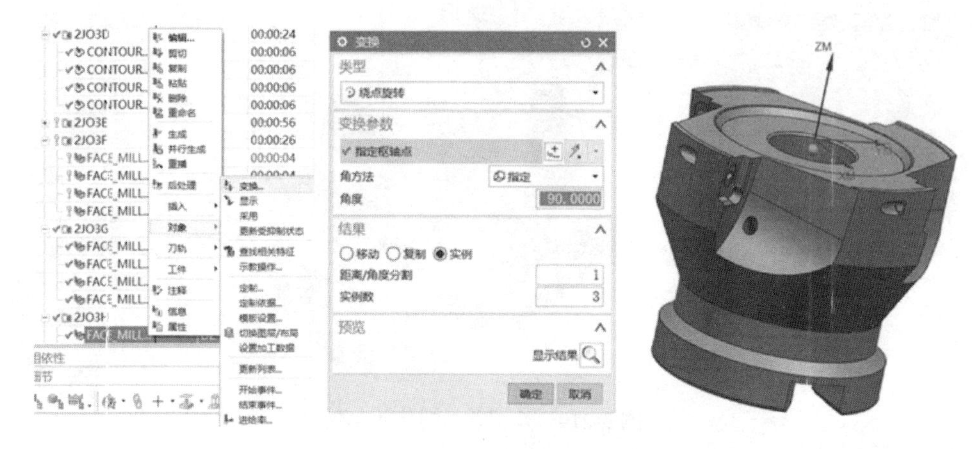

图 3-222 定义刀路阵列

（2）返回“面铣”对话框，然后单击“生成”按钮，系统自动生成精加工刀路，如图 3-223 所示。

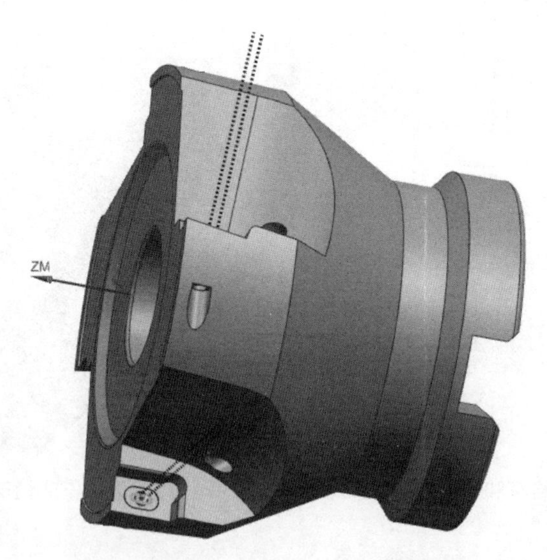

图 3-223 生成精加工刀路

3.3.38 创建第二工位精加工 2JO3I

（1）在“刀片”工具条中单击“创建工序”按钮，系统弹出“创建工序”对话框，在“类型”下拉列表中选择 mill_multi-axis，“工序子类型”选择“外形轮廓铣”，“位置”栏参数按图 3-224 所示设置，单击“确定”按钮。

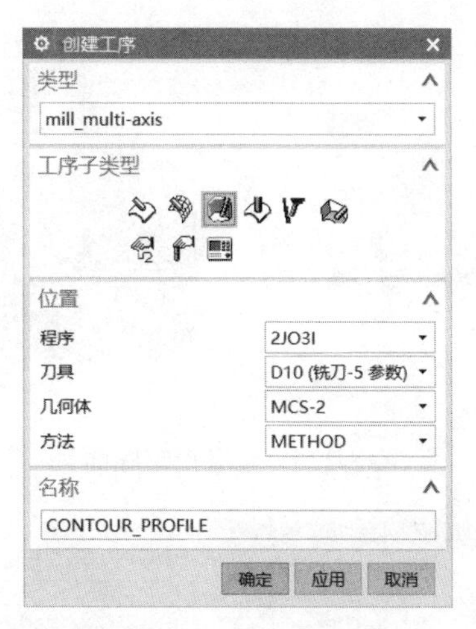

图 3-224　设置工序参数

（2）系统弹出“外形轮廓铣”对话框，在“几何体”栏中，设置“几何体”为 MCS-2，单击“指定部件”按钮，系统弹出“部件几何体”对话框，“选择对象”选择“加工零件”，单击“确定”按钮，如图 3-225 所示；单击“指定底面”按钮，系统弹出“底面几何体”对话框，选择凹槽的底面，如图 3-226 所示；单击“指定壁”按钮，系统弹出“壁几何体”对话框，选择凹槽的底面，如图 3-227 所示；在“驱动方法”栏中，设置“方法”为“外形轮廓铣”，设置“刀具”为“D2（铣刀-5 参数）”，在“刀轴”栏中，设置“轴”为“自动”，在“驱动设置”栏中，设置“进刀矢量”为“+ZM”，如图 3-228 所示。

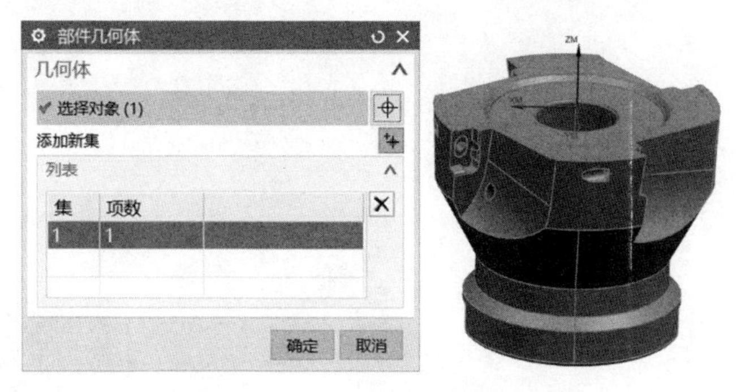

图 3-225　定义指定部件

（3）单击“切削参数”按钮，系统弹出“切削参数”对话框，选择“余量”选项卡，勾选“使用与壁相同的底面余量”复选框，“壁余量”设置为“0”，内外公差设置为“0.003”，如图 3-229 所示，单击“确定”按钮并退出。

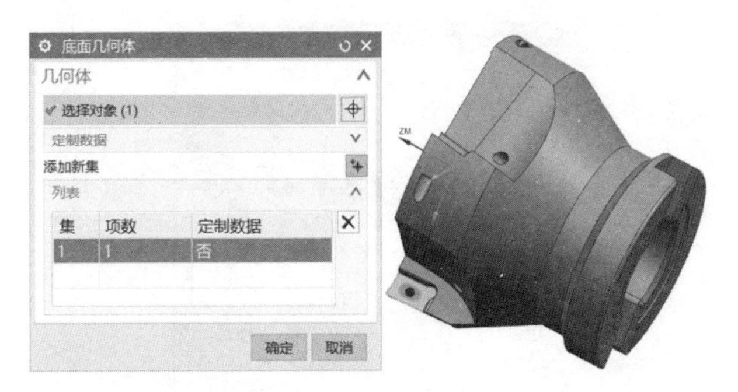

图 3-226 定义指定底面

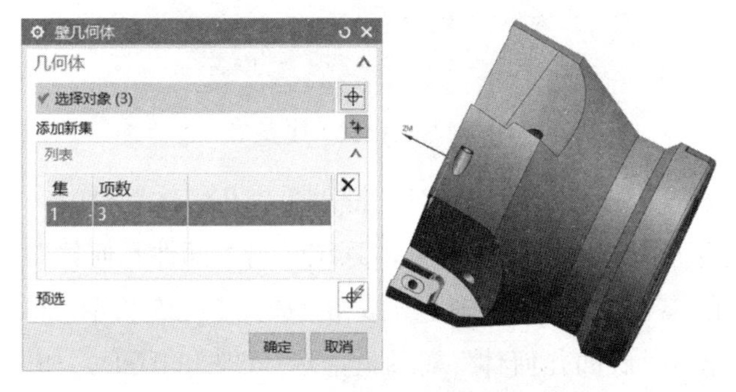

图 3-227 定义指定壁

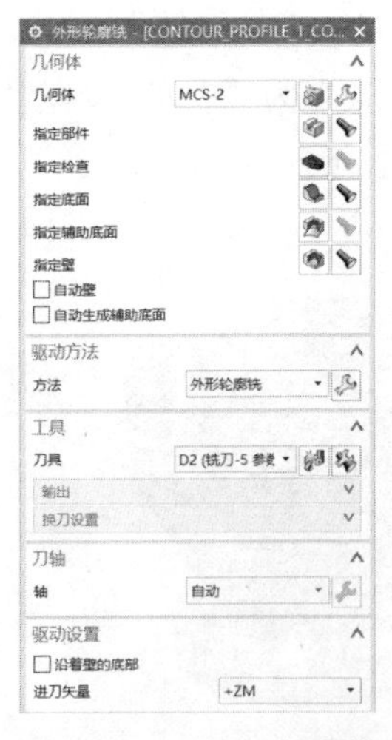

图 3-228 设置刀轴参数

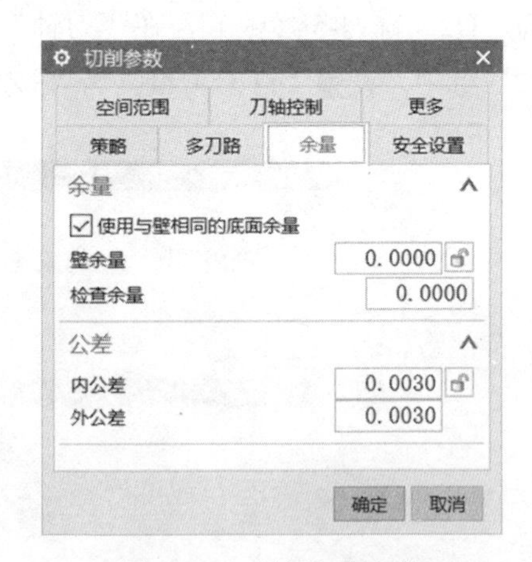

图 3-229 设置切削参数

（4）单击“非切削移动”按钮，系统弹出“非切削移动”对话框，选择“转移/快速”选项卡，在“公共安全设置”栏中，设置“安全设置选项”为“刨”，“指定平面”选择加工的底面距离为 45，选择“进刀”选项卡，在“开放区域”

栏中，设置“进刀类型”为“线性”，设置“进刀位置”为“距离”，设置“长度”为“刀具百分比 100”，如图 3-230 所示，单击“确定”按钮并退出。

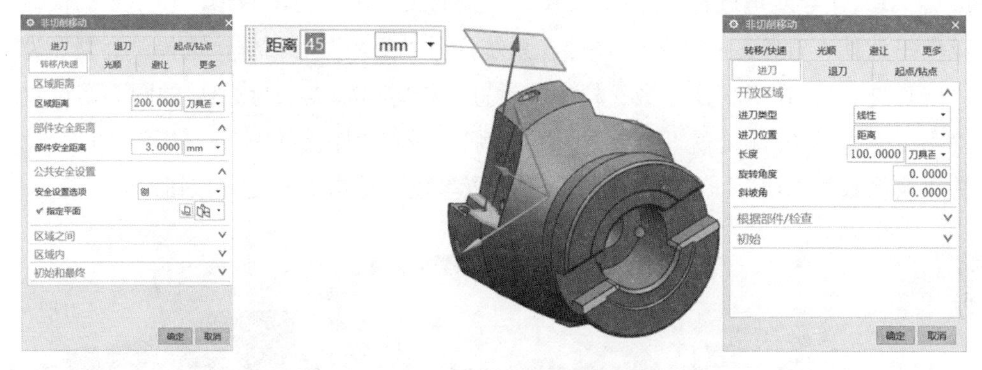

图 3-230 设置非切削移动参数

（5）单击“进给率和速度”按钮，系统弹出“进给率和速度”对话框，设置“主轴速度”为“7000”，在“进给率”栏中，设置“切削”为“200mmpm”，单击“更多”右侧的下三角按钮，设置“进刀”为“切削百分比 60”，设置“第一刀切削”为“切削百分比 100”，设置“步进”为“切削百分比 100”，设置“移刀”为“5000mmpm”，设置“退刀”为“切削百分比 100”，单击“计算”按钮，如图 3-231 所示，单击“确定”按钮并退出。

（6）返回“外形轮廓铣”对话框，然后单击“生成”按钮，系统自动生成精加工刀路，如图 3-232 所示。

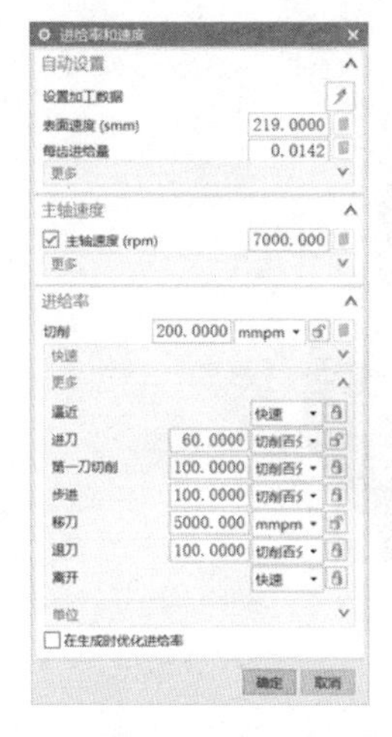

图 3-231 设置进给率和速度参数

图 3-232 生成精加工刀路

3.3.39 刀路阵列变换

（1）在导航里选择程序组“2JO3I”里的第一个刀路，右击，在弹出的快捷菜单里选择“对象”|“变换”命令，系统弹出“变换”对话框，选择“类型”为“绕点旋转”，在“变换参数”栏中，设置“指定枢轴点”为ϕ31 的圆心，设置“角度”为“90”，设置“结果”为“实例”，设置“距离/角度分割”为“1”，设置“实例数”为“3”，按图 3-233 所示设置参数，单击“确定”按钮。

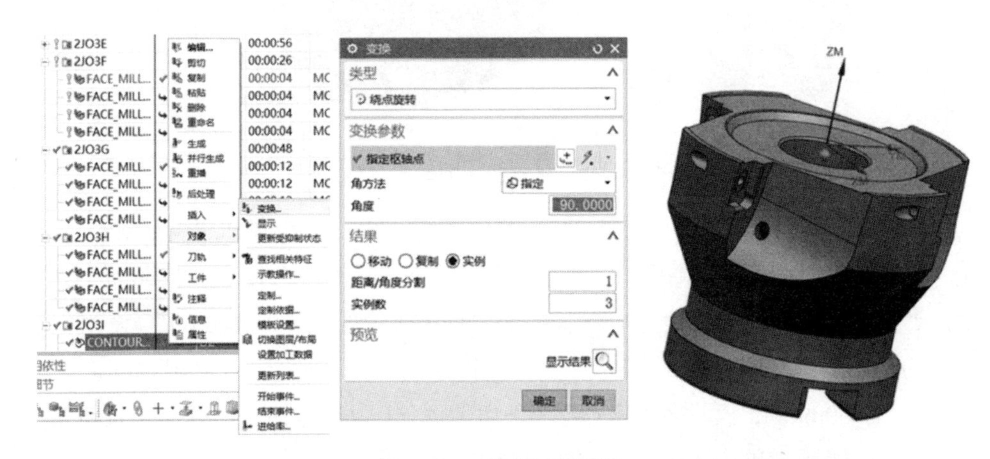

图 3-233　定义刀路阵列

（2）返回“外形轮廓铣”对话框，然后单击“生成”按钮，系统自动生成精加工刀路，如图 3-234 所示。

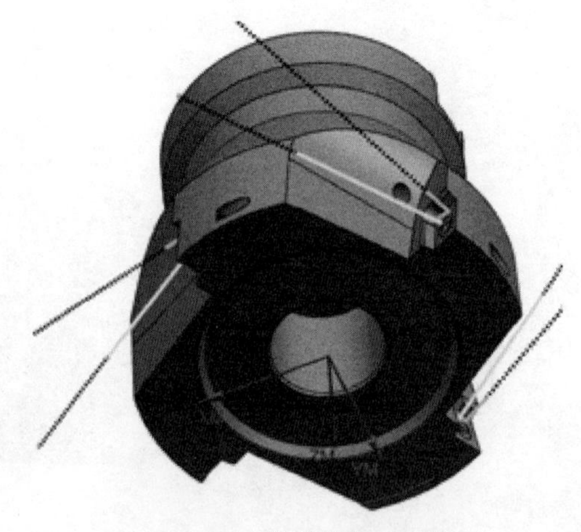

图 3-234　生成精加工刀路

3.3.40 创建第二工位精加工 2JO3J

（1）在“刀片”工具条中单击“创建工序”按钮，系统弹出“创建工序”对话框，在“类型”下拉列表中选择 mill_contour，“工序子类型”选择“固定轮廓铣”，“位置”栏参数按图 3-235 所示设置，单击“确定”按钮。

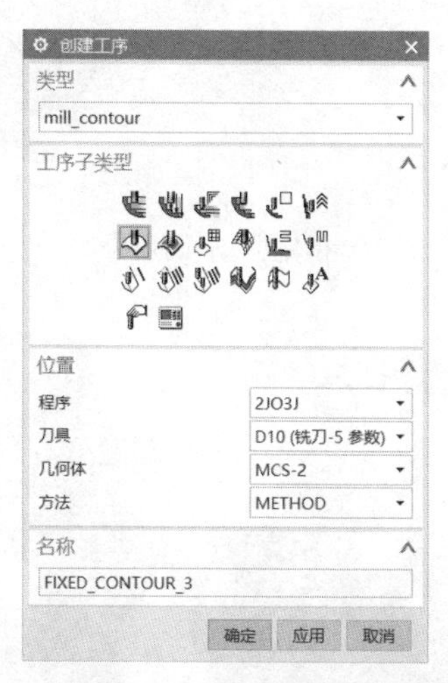

图 3-235 设置工序参数

（2）系统弹出“固定轮廓铣”对话框，在“几何体”栏中，设置“几何体”为 MCS-2，在“驱动方法”栏中，设置“方法”为“曲面”，系统会弹出“曲面区域驱动方法”对话框，在“驱动几何体”栏中，设置“指定驱动几何体”为要加的曲面，“切削方向”选择曲面的长方向，设置“材料反向”为“向外”，在“驱动设置”栏中，设置“切削模式”为“往复”，设置“步距”为“数量”，设置“步距数”为“20”，单击“确定”按钮，如图 3-236 所示；设置“刀具”为“R1（铣刀-5 参数）”，在“刀轴”栏中，设置“轴”为“指定矢量”选择加工曲面的侧面，如图 3-237 所示。

（3）单击“非切削移动”按钮，系统弹出“非切削移动”对话框，在“开放区域”栏中，设置“进刀类型”为“插削”，设置“进刀位置”为“距离”，设置“高度”为“刀具百分比 200”，如图 3-238 所示，单击“确定”按钮并退出。

（4）单击“进给率和速度”按钮，系统弹出“进给率和速度”对话框，设置“主轴速度”为“7000”，在“进给率”栏中，设置“切削”为“200mmpm”，单击“计算”按钮，如图 3-239 所示，单击“确定”按钮并退出。

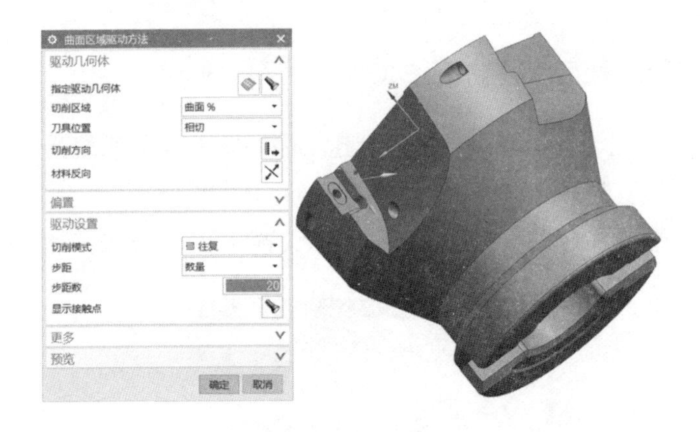

指定驱动几何体

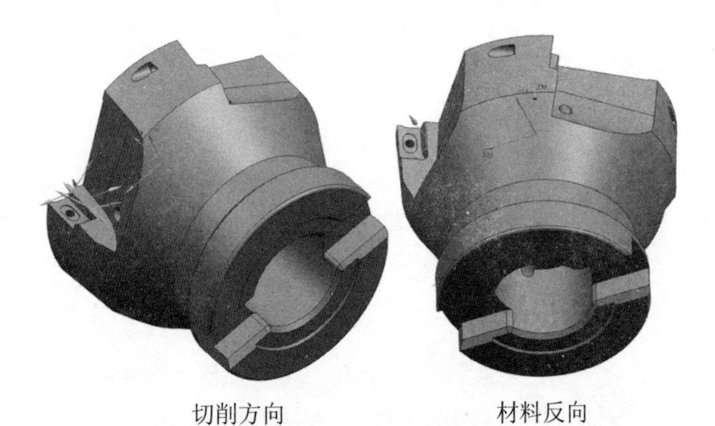

切削方向　　　　材料反向

图 3-236　定义曲面驱动方法

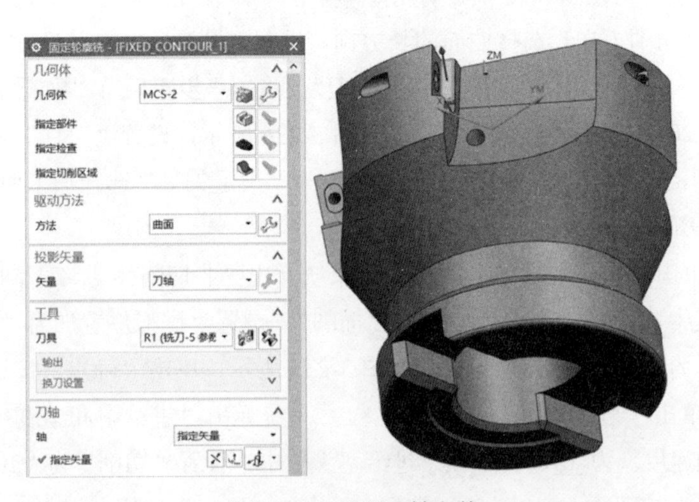

图 3-237　设置刀轴参数

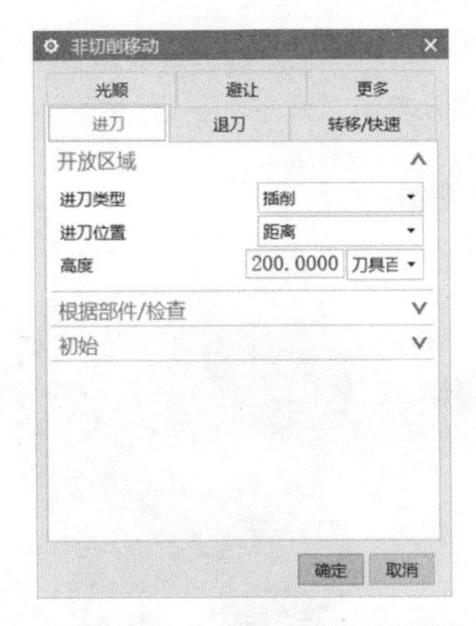

图 3-238 设置非切削移动参数

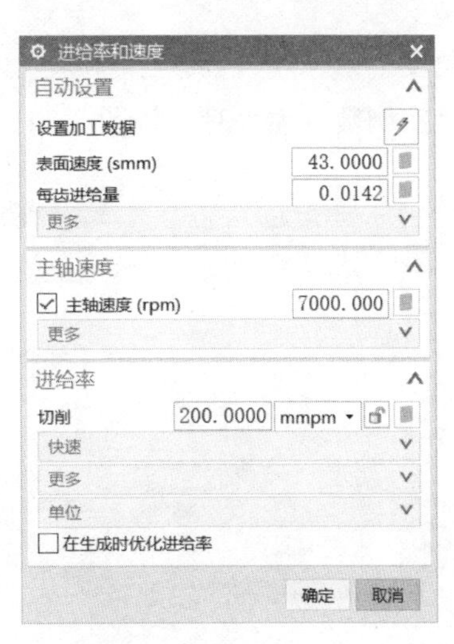

图 3-239 设置进给率和速度参数

（5）返回“固定轮廓铣”对话框，然后单击“生成”按钮，系统自动生成精加工刀路，如图 3-240 所示，单击“确定”按钮并退出。

图 3-240 生成精加工刀路

3.3.41 刀路阵列变换

（1）在导航里选择程序组“2JO3J”里的第一个刀路，右击，在弹出的快捷菜单里选择“对象”|“变换”命令，系统弹出“变换”对话框，选择“类型”为“绕点旋转”，在“变换参数”栏中，设置“指定枢轴点”为ϕ31 的圆心，设置

“角度”为“90”，设置“结果”为“实例”，设置“距离/角度分割”为“1”，设置“实例数”为“3”，按图 3-241 所示设置参数，单击“确定”按钮。

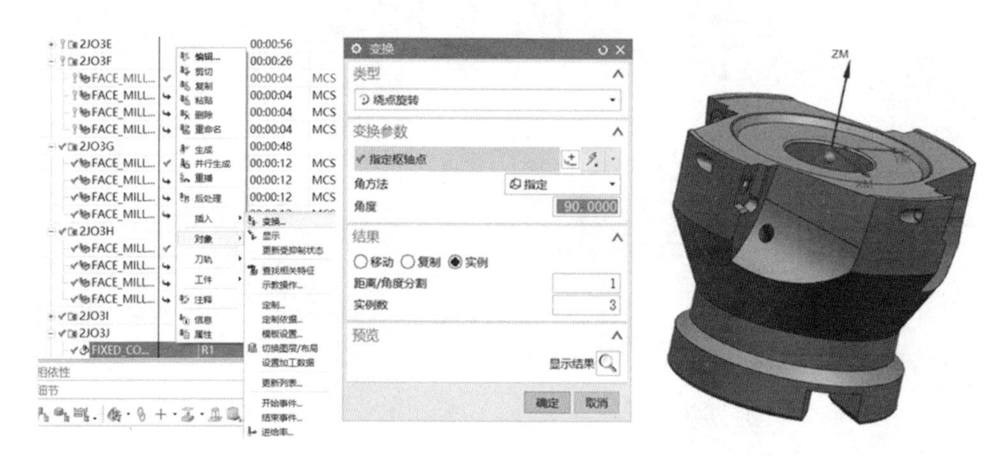

图 3-241　定义刀路阵列

（2）返回“固定轮廓铣”对话框，然后单击“生成”按钮，系统自动生成精加工刀路，如图 3-242 所示。

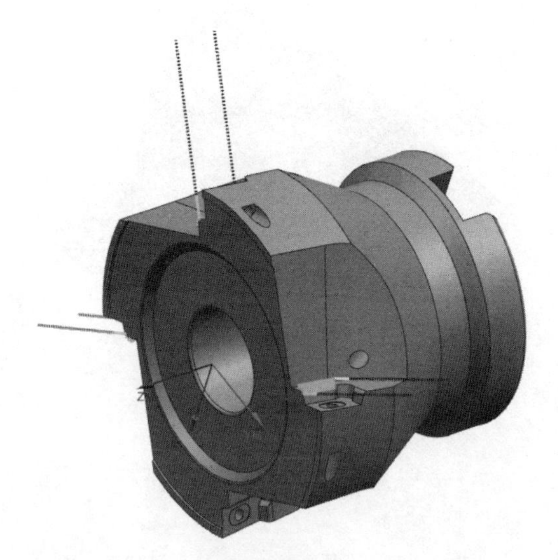
图 3-242　生成精加工刀路

3.3.42　创建第二工位精加工 2JO3K

（1）在“刀片”工具条中单击“创建工序”按钮，系统弹出“创建工序”

对话框，在“类型”下拉列表中选择 mill_contour，“工序子类型”选择“固定轮廓铣”，“位置”栏参数按图 3-243 所示设置，单击“确定”按钮。

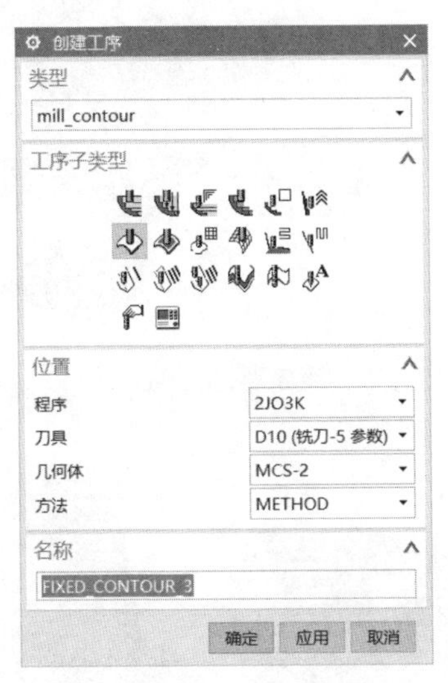

图 3-243 设置工序参数

（2）系统弹出“固定轮廓铣”对话框，在“几何体”栏中，设置“几何体”为 MCS-2，在“驱动方法”栏中，设置“方法”为“曲面”，系统会弹出“曲面区域驱动方法”对话框，在“驱动几何体”栏中，设置“指定驱动几何体”为要加的曲面，“切削方向”选择曲面的长方向，设置“材料反向”为“向外”，在“驱动设置”栏中，设置“切削模式”为“往复”，设置“步距”为“数量”，设置“步距数”为“20”，单击“确定”按钮，如图 3-244 所示；设置“刀具”为“R1（铣刀-5 参数)”，在“刀轴”栏中，设置“轴”为“指定矢量”，选择加工曲面的侧面，如图 3-245 所示。

（3）单击“非切削移动”按钮，系统弹出“非切削移动”对话框，在“开放区域”栏中，设置“进刀类型”为“插削”，设置“进刀位置”为“距离”，设置“高度”为“刀具百分比 200”，如图 3-246 所示，单击“确定”按钮并退出。

（4）单击“进给率和速度”按钮，系统弹出“进给率和速度”对话框，设置“主轴速度”为“7000”，在“进给率”栏中，设置“切削”为“200mmpm”，单击“计算”按钮，如图 3-247 所示，单击“确定”按钮并退出。

（5）返回“固定轮廓铣”对话框，然后单击“生成”按钮，系统自动生成精加工刀路，如图 3-248 所示。

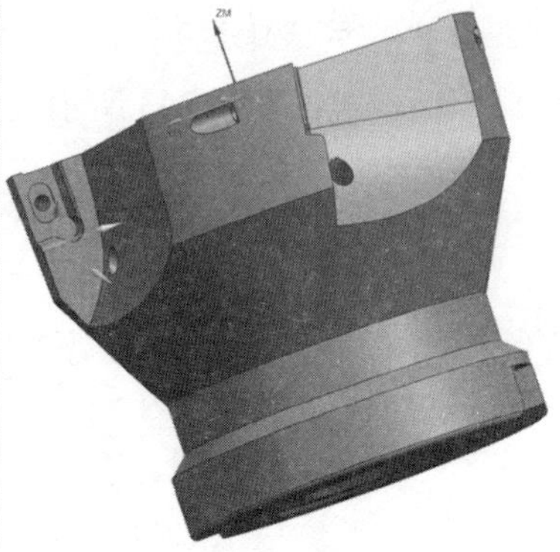

指定驱动几何体

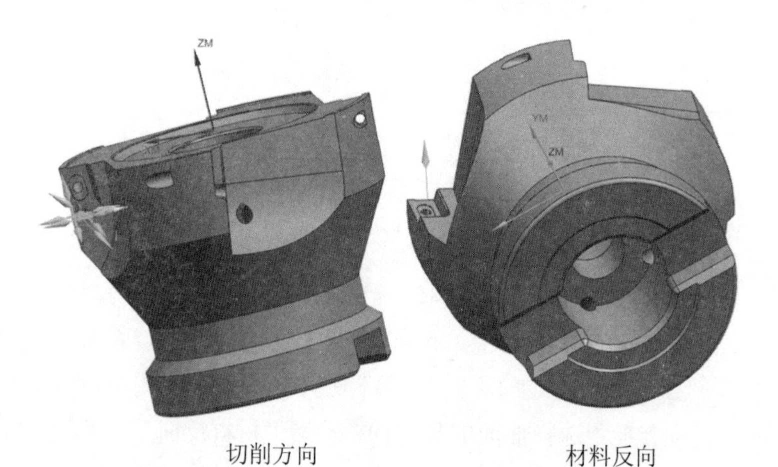

切削方向　　　　材料反向

图 3-244　定义曲面驱动方法

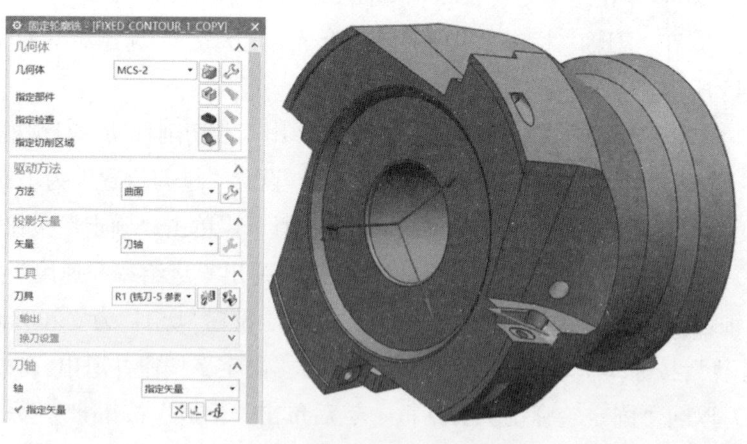

图 3-245　设置刀轴参数

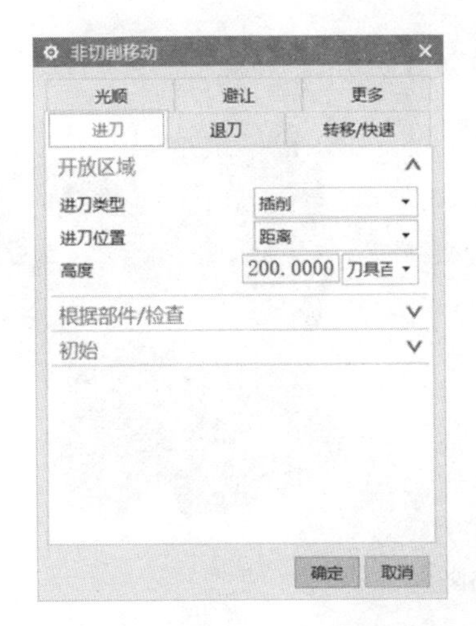

图 3-246　设置非切削移动参数

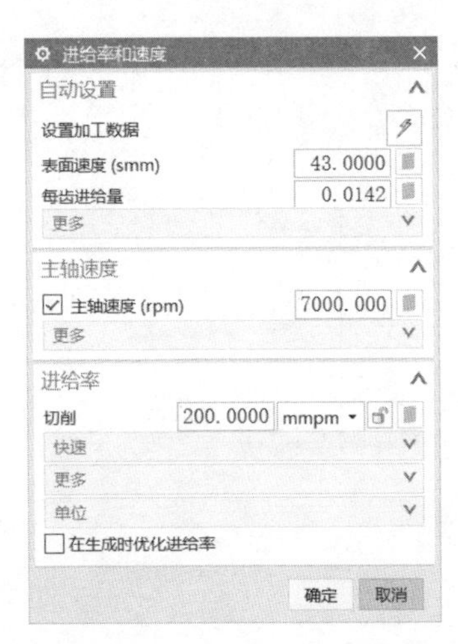

图 3-247　设置进给率和速度参数

图 3-248　生成精加工刀路

3.3.43　刀路阵列变换

（1）在导航里选择程序组“2JO3K”里的第一个刀路，右击，在弹出的快捷菜单里选择“对象”|“变换”命令，系统弹出“变换”对话框，选择“类型”为“绕点旋转”，在“变换参数”栏中，设置“指定枢轴点”为ϕ31 的圆心，设置“角度”为“90”，设置“结果”为“实例”，设置“距离/角度分割”为“1”，设置“实例数”为“3”，按图 3-249 所示设置参数，单击“确定”按钮。

（2）返回“固定轮廓铣”对话框，然后单击“生成”按钮，系统自动生成精加工刀路，如图 3-250 所示。

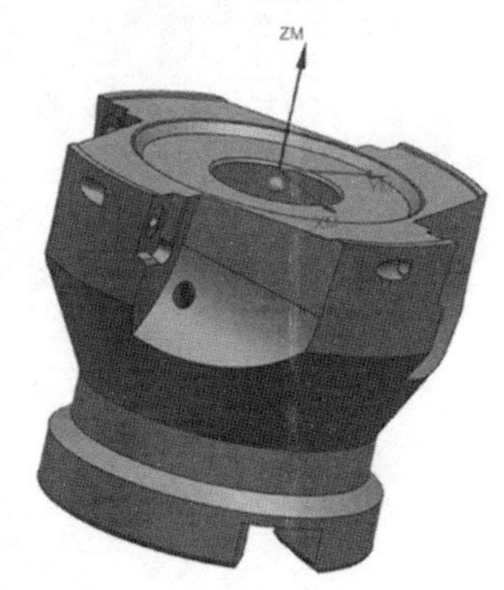

图 3-249　定义刀路阵列

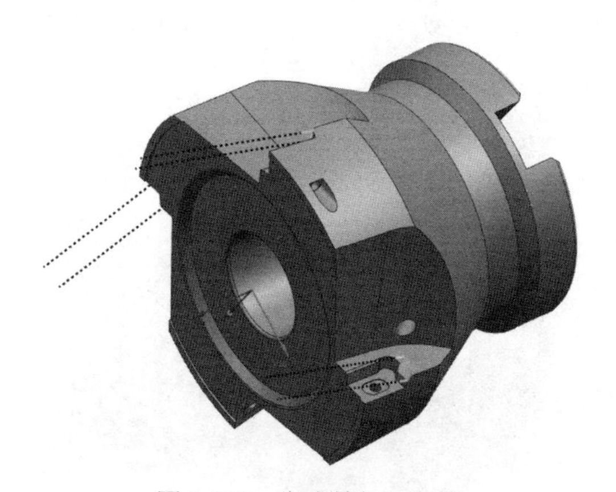

图 3-250　生成精加工刀路

3.3.44　建第二工位孔加工 2ZKO3C

（1）在“刀片”工具条中单击“创建工序”按钮，系统弹出“创建工序”对话框，在“类型”下拉列表中选择 drill，“工序子类型”选择“钻孔”，“位置”栏参数按图 3-251 设置，单击“确定”按钮。

（2）系统弹出“钻孔”对话框，在“几何体”栏中，设置“几何体”为 MCS-2，单击“指定孔”按钮，系统弹出“点到点几何体”对话框，单击“选择”按钮，然后直接选择螺纹孔，单击两下“确定”按钮，如图 3-252 所示；设置“刀具”为“ZXZ3（钻刀）”，在“刀轴”栏中，设置“轴”为“指定矢量”，单击右边的按钮，系统弹出“矢量”对话框，设置“类型”为“两点”，选择螺纹孔的两个圆点，如图 3-253 所示。

图 3-251 设置工序参数

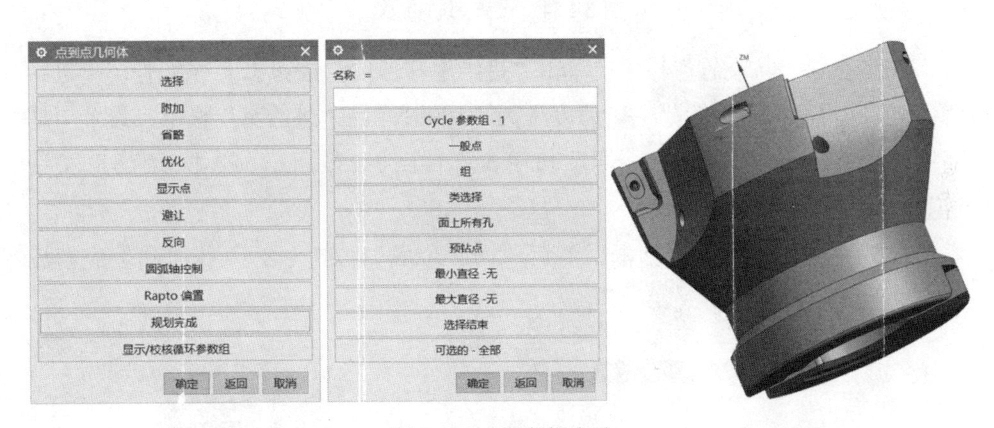

图 3-252 定义指定孔

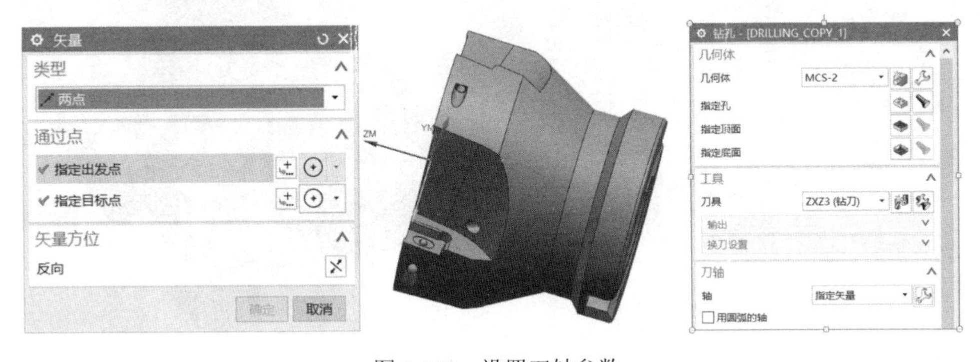

图 3-253 设置刀轴参数

（3）在“循环类型”栏中，设置“循环”为“标准钻...”，单击右边的按钮，系统弹出“指点参数组”对话框，单击“确定”按钮，系统会弹出“Cycle参数”对话框，单击“Depth”按钮，单击“刀尖深度”，设置深度为“1”，单击“确定”按钮，单击“Rtrcto”按钮，设置为“自动”，然后单击“确定”按钮，设置“最小安全距离”为“3”，如图 3-254 所示。

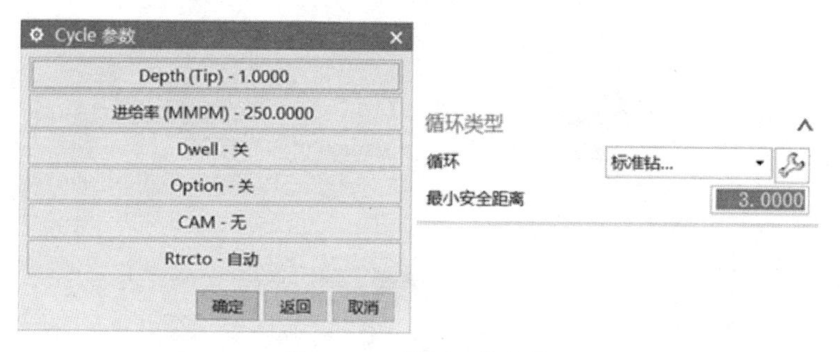

图 3-254　设置刀轨参数

（4）在“刀轨设置”栏中，单击“进给率和速度”按钮，系统弹出“进给率和速度”对话框，设置“主轴速度”为“1000”，在“进给率”栏中，设置“切削”为“250mmpm”，单击“计算”按钮，如图 3-255 所示，单击“确定”按钮并退出。

（5）返回“钻孔”对话框，然后单击“生成”按钮，系统自动生成精加工刀路，如图 3-256 所示。

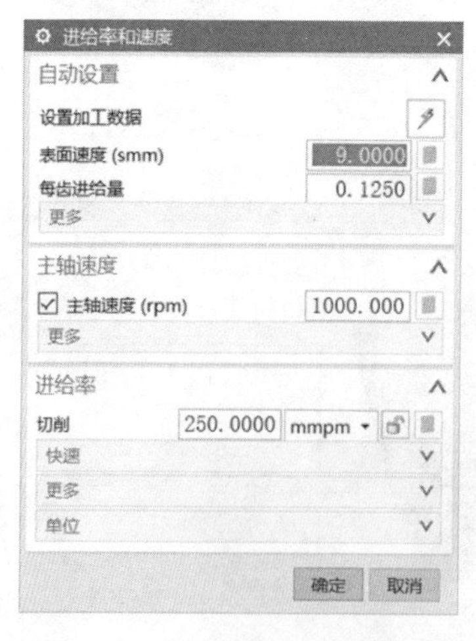

图 3-255　设置进给率和速度参数

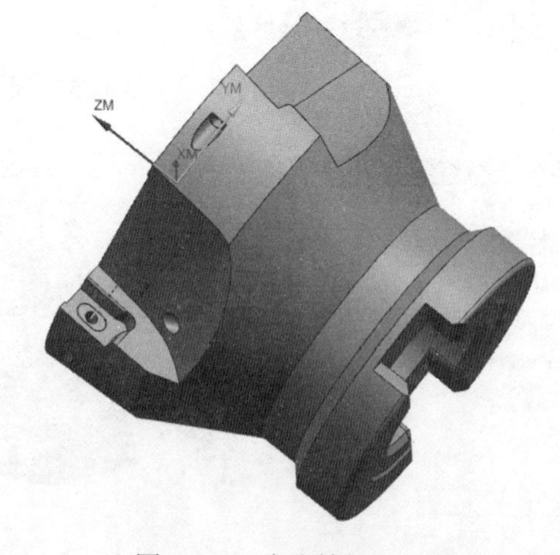

图 3-256　生成精加工刀路

3.3.45 刀路阵列变换

（1）在导航里选择程序组“2ZKO3C”里的第一个刀路，右击，在弹出的快捷菜单里选择“对象”|“变换”命令，系统弹出“变换”对话框，选择“类型”为“绕点旋转”，在“变换参数”栏中，设置“指定枢轴点”为ϕ31 的圆心，设置“角度”为“90”，设置“结果”为“实例”，设置“距离/角度分割”为“1”，设置“实例数”为“3”，按图 3-257 所示设置参数，单击“确定”按钮。

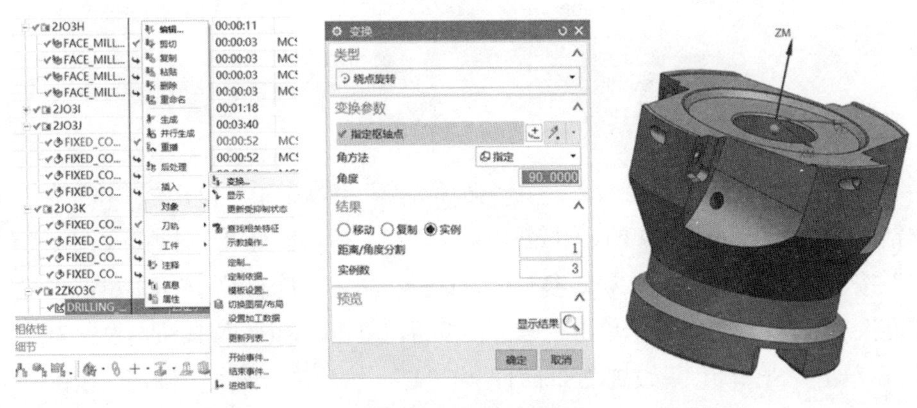

图 3-257 定义刀路阵列

（2）返回“钻孔”对话框，然后单击“生成”按钮，系统自动生成预打点加工刀路，如图 3-258 所示。

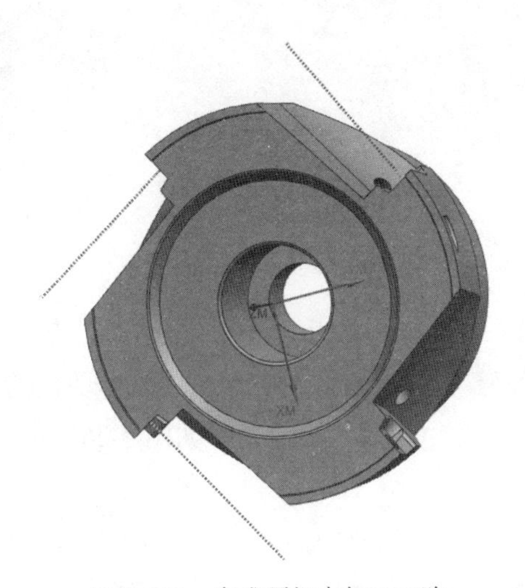

图 3-258 生成预打点加工刀路

3.3.46 创建第二工位孔加工 2ZKO3D

（1）在导航里选择程序组“2ZKO3A”里的第一个刀路，右击，在弹出的快捷菜单里选择“复制”命令，然后在导航器 2ZKO3D 组里进行粘贴，如图 3-259 所示。

2ZKO3C			00:00:17	
DRILLING_...	✔	ZXZ3	00:00:01	MCS-2
DRILLING_...	↳	ZXZ3	00:00:01	MCS-2
DRILLING_...	↳	ZXZ3	00:00:01	MCS-2
DRILLING_...	↳	ZXZ3	00:00:01	MCS-2
2ZKO3D			00:00:20	
DRILLING_...	✔	Z2	00:00:08	MCS-2

图 3-259 复制程序

（2）修改“刀具”为“Z2”，在“循环类型”选项卡中，设置“循环”为“标准钻，深孔...”，单击右边的按钮，系统弹出“指点参数组”对话框，单击“确定”按钮，系统会弹出“Cycle 参数”对话框，单击“Depth”按钮，单击“刀尖深度”，设置深度为“9”，单击“确定”按钮，单击“Rtrcto”按钮，设置为“自动”，单击“Step 值”，设置“Step#1”为“1”，然后单击两次“确定”按钮，设置“最小安全距离”为“3”，如图 3-260 所示。

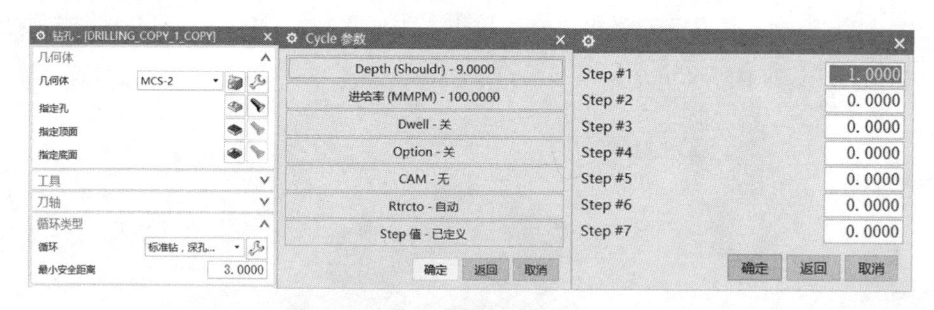

图 3-260 定义循环类型

（3）在“刀轨设置”栏中，单击“进给率和速度”按钮，系统弹出“进给率和速度”对话框，设置“主轴速度”为“1000”，在“进给率”栏中，设置“切削”为“100mmpm”，单击“计算”按钮，如图 3-261 所示，单击“确定”按钮并退出。

（4）返回“钻孔”对话框，然后单击“生成”按钮，系统自动生成钻孔加工刀路，如图 3-262 所示。

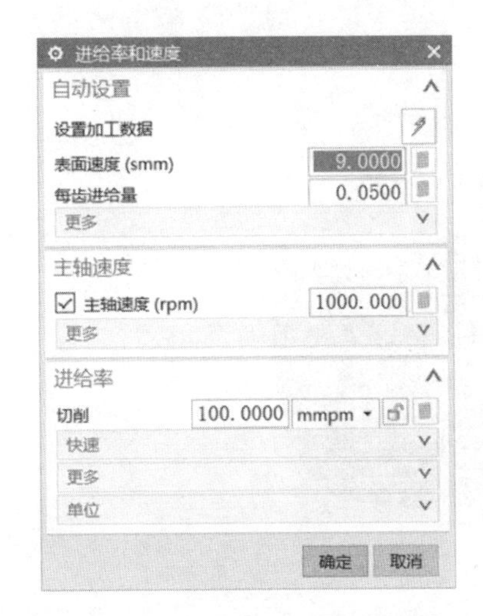

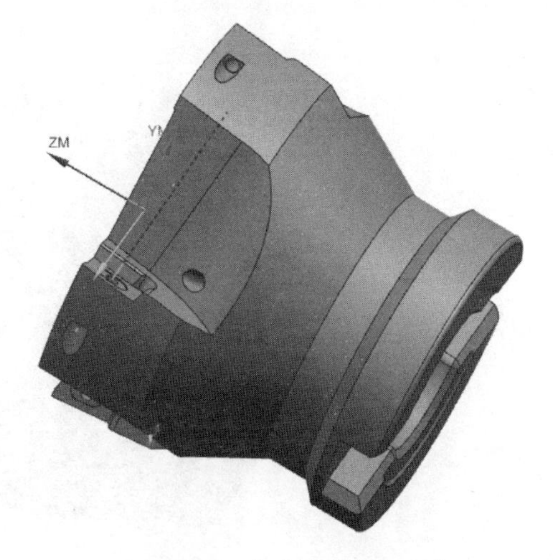

图 3-261 设置进给率和速度参数

图 3-262 生成钻孔加工刀路

3.3.47 刀路阵列变换

（1）在导航里选择程序组“2ZKO3D”里的第一个刀路，右击，在弹出的快捷菜单里选择“对象”|“变换”命令，系统弹出“变换”对话框，选择“类型”为“绕点旋转”，在“变换参数”栏中，设置“指定枢轴点”为ϕ31 的圆心，设置“角度”为“90”，设置“结果”为“实例”，设置“距离/角度分割”为“1”，设置“实例数”为“3”，按图 3-263 所示设置参数，单击“确定”按钮。

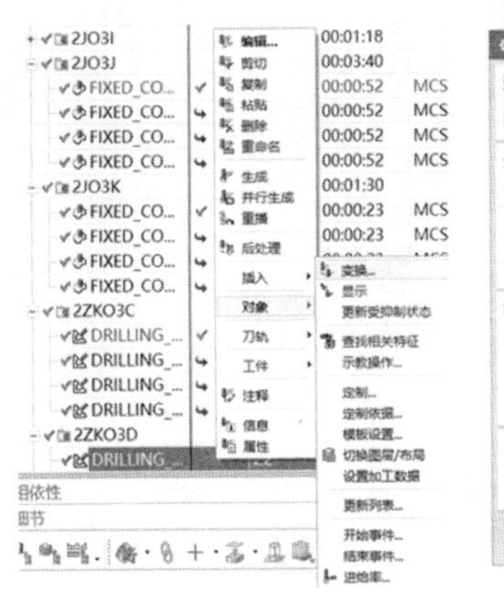

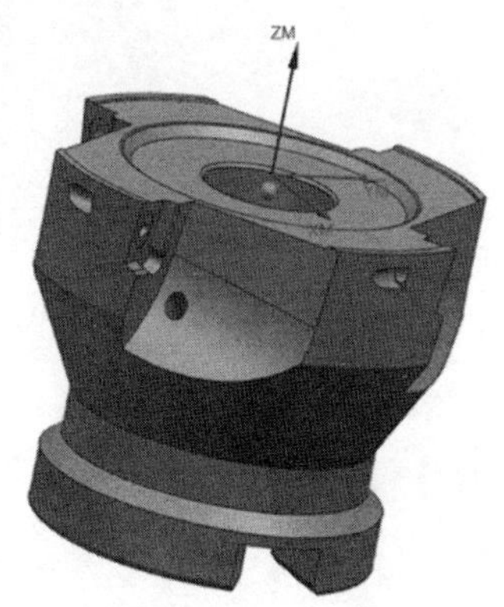

图 3-263 定义刀路阵列

（2）返回“钻孔”对话框，然后单击“生成”按钮，系统自动生成预打点加工刀路，如图 3-264 所示。

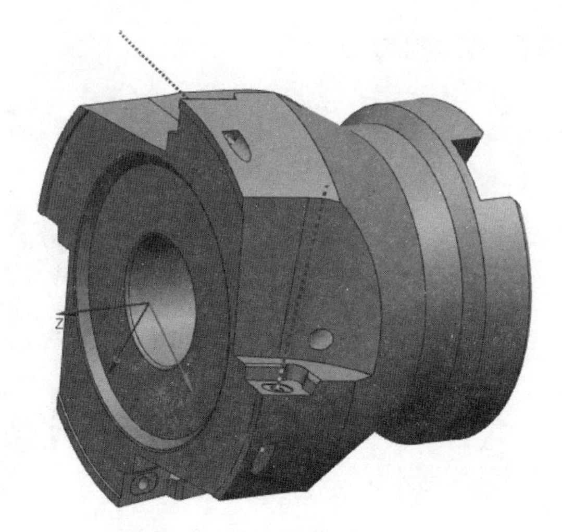

图 3-264 生成预打点加工刀路

3.3.48 创建第二工位螺纹加工 2GYO3A

（1）在“刀片”工具条中单击“创建工序”按钮，系统弹出“创建工序”对话框，在“类型”下拉列表中选择 drill，“工序子类型”选择“钻孔”，“位置”栏参数按图 3-265 设置，单击“确定”按钮。

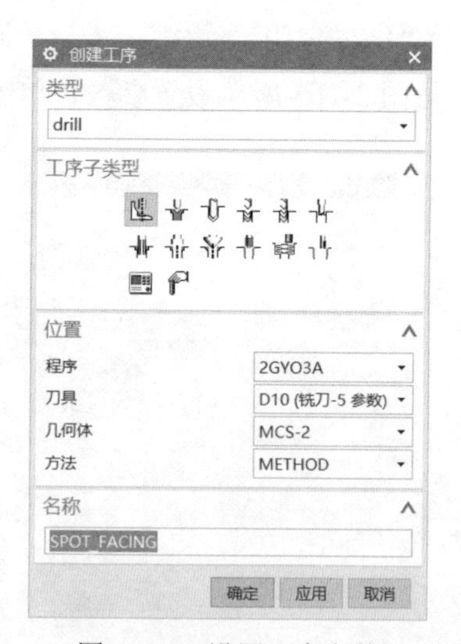

图 3-265 设置工序参数

（2）系统弹出“攻丝”对话框，在“几何体”栏中，设置“几何体”为 MCS-2，单击“指定孔”按钮，系统弹出“点到点几何体”对话框，单击“选择”按钮，然后直接选择螺纹孔，单击两下“确定”按钮，如图 3-266 所示；设置“刀具”为“ZXZ3（钻刀）”，在“刀轴”栏中，设置“轴”为“指定矢量”，单击右边的按钮，系统弹出“矢量”对话框，设置“类型”为“面/平面法向”，如图 3-267 所示。

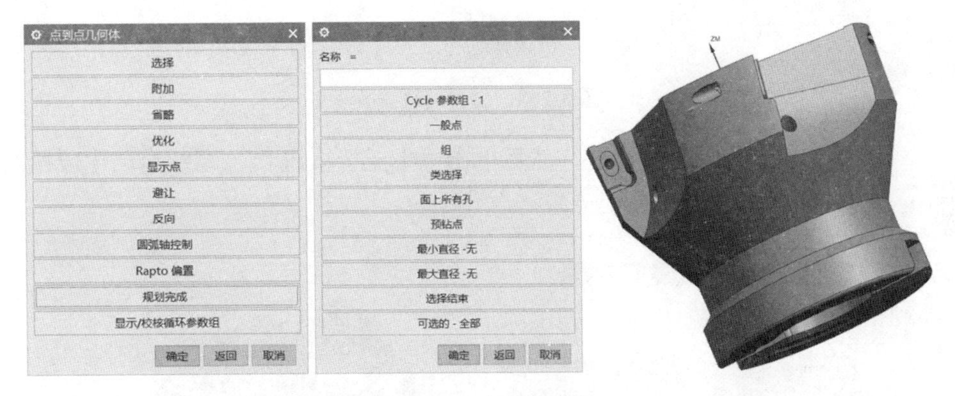

图 3-266　定义指定孔

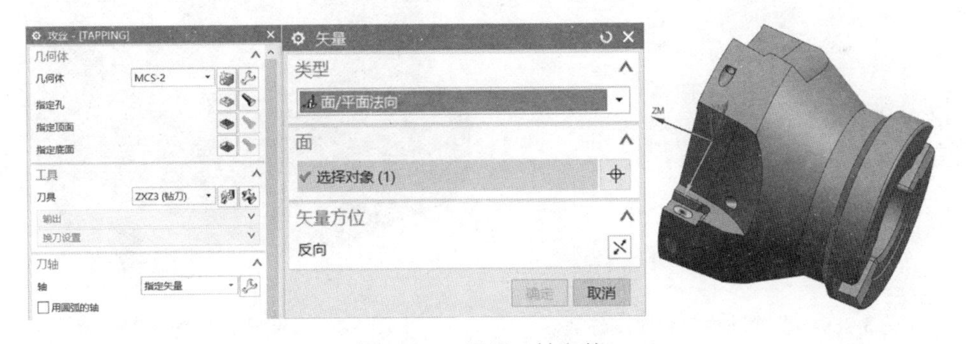

图 3-267　设置刀轴参数

（3）在“循环类型”栏中，设置“循环”为“标准攻丝...”，单击右边的按钮，系统弹出“指点参数组”对话框，单击“确定”按钮，系统会弹出“Cycle 参数”对话框，单击“Depth”按钮，单击“刀尖深度”，设置深度为“8”，单击“确定”按钮，单击“Rtrcto”按钮，设置为“自动”，然后单击“确定”按钮，设置“最小安全距离”为“3”，如图 3-268 所示。

（4）在“刀轨设置”栏中，单击“进给率和速度”按钮，系统弹出“进给率和速度”对话框，设置“主轴速度”为“1000”，在“进给率”栏中，设置“切削”为“250mmpm”，单击“计算”按钮，如图 3-269 所示，单击“确定”按钮并退出。

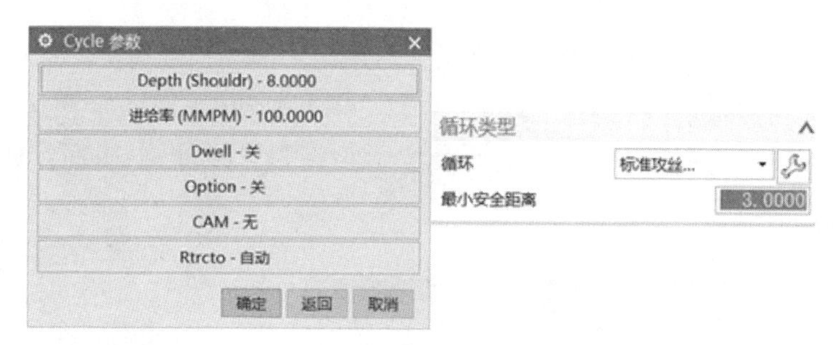

图 3-268　设置刀轨参数

（5）返回“攻丝”对话框，然后单击“生成”按钮，系统自动生成螺纹加工刀路，如图 3-270 所示。

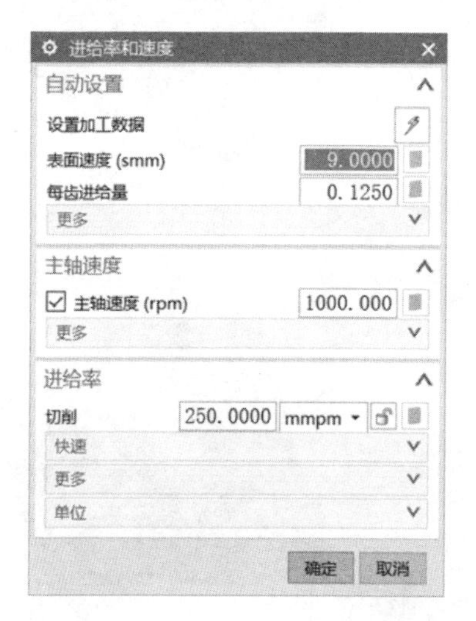

图 3-269　设置进给率和速度参数

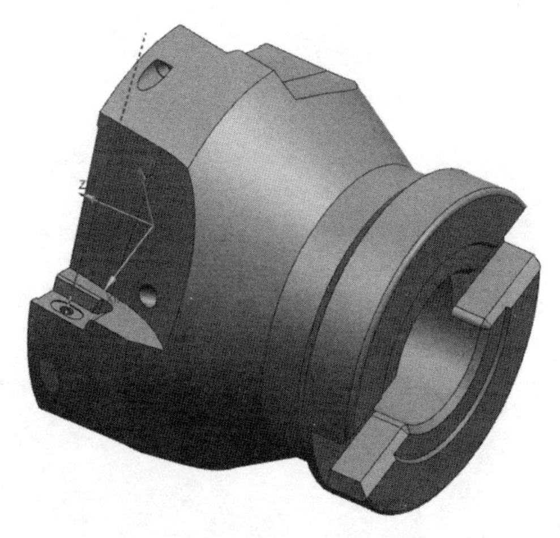

图 3-270　生成螺纹加工刀路

3.3.49　刀路阵列变换

（1）在导航里选择程序组“2GYO3A”里的第一个刀路，右击，在弹出的快捷菜单里选择“对象”|“变换”命令，系统弹出“变换”对话框，选择“类型”为“绕点旋转”，在“变换参数”栏中，设置“指定枢轴点”为ϕ31 的圆心，设置“角度”为“90”，设置“结果”为“实例”，设置“距离/角度分割”为“1”，设置“实例数”为“3”，按图 3-271 所示设置参数，单击“确定”按钮。

（2）返回“攻丝”对话框，然后单击“生成”按钮，系统自动生成螺纹加工刀路，如图 3-272 所示。

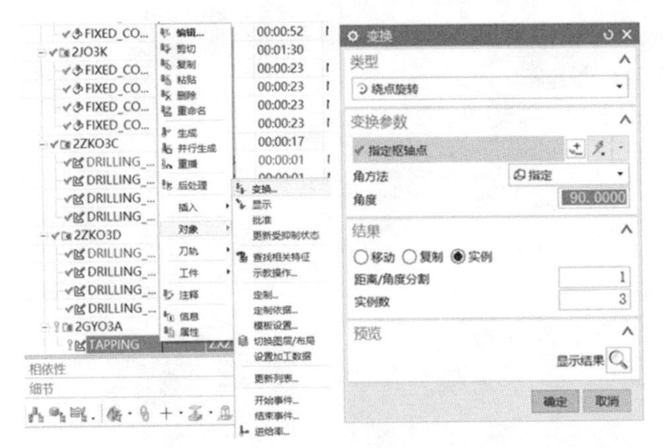

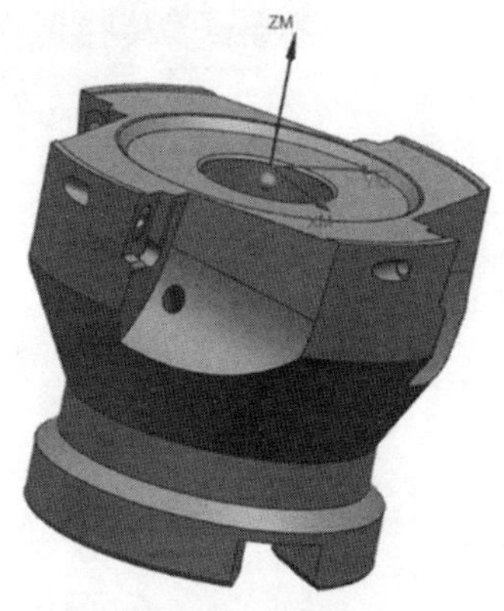

图 3-271 定义刀路阵列

图 3-272 生成螺纹加工刀路

3.4 用 UG 软件进行刀路检查

对多个工位进行加工模拟检查，最好用 3D 动态方式，以便对加工结果图形进行旋转、平移，从各个角度进行观察。设置图形显示方式为“带边着色”方式。

在导航器里展开各个刀路操作，选择第一个刀路操作，按住 Shift 键，再选择最后一个刀路操作。在工具栏里单击按钮，进入“刀轨可视化”对话框，如图 3-373 所示，选择“3D 动态”选项卡，单击“播放”按钮。

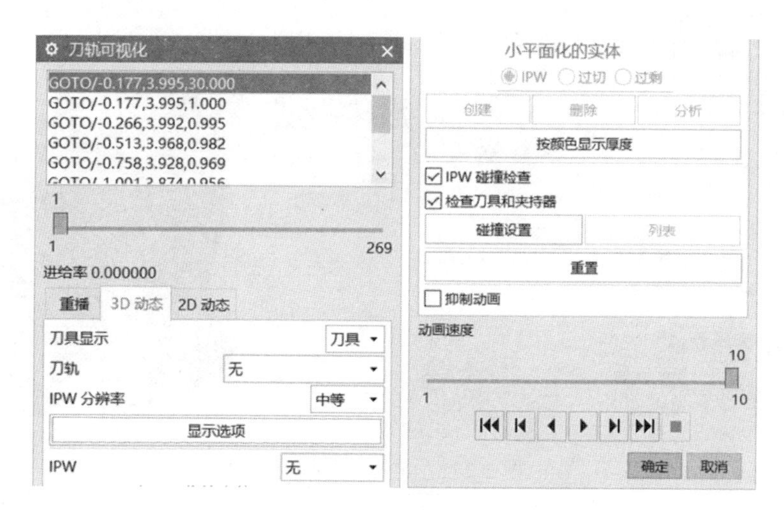

图 3-373 “刀轨可视化”对话框

第一工位模拟过程如图 3-374 所示。

图 3-374 第一工位模拟过程

第二工位模拟过程如图 3-375 所示。最后，单击“确定”按钮。

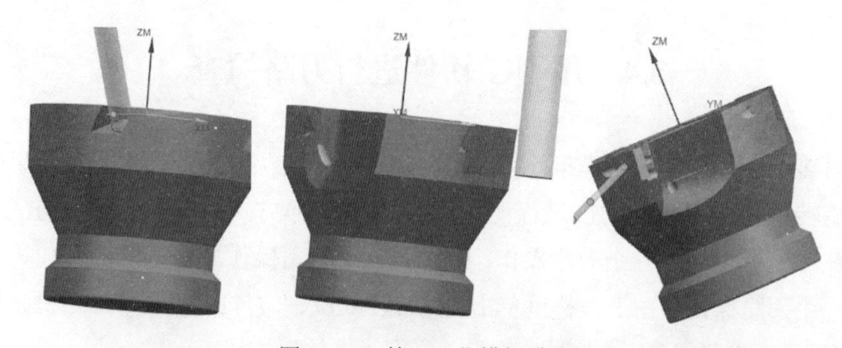

图 3-375 第二工位模拟过程

3.5 后处理

3.5.1 第一工位后处理

本例将在 XYZAC 双转台型机床上进行加工，加工坐标系零点位于 A 轴和 C 轴旋转轴交线处。

在导航器里，切换到“程序顺序”视图，选择第一个程序组 CO3A，在主工具栏里单击按钮，系统弹出“后处理”对话框，选择后处理器“铢钠克（三轴、3+2 轴）”，在“文件名”栏中输入“D:/CO3A”，单击“应用”按钮，如图 3-376 所示。

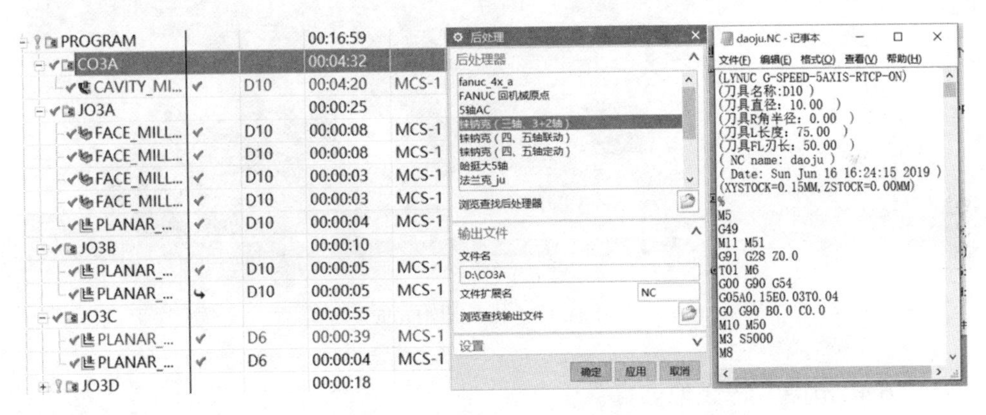

图 3-376 第一工位后处理

在导航器里选择 JO3B，输入文件名为“D:/JO3B”。同理，对其他程序组进行后处理，单击“取消”按钮。

3.5.2 第二工位后处理

在导航器里，切换到“程序顺序”视图，选择第一个程序组 2JO3A，在主工具栏里单击按钮，系统弹出“后处理”对话框，选择后处理器“铢钠克（三轴、3+2 轴）”，在“文件名”栏中输入“D:/2JO33A”，单击“应用”按钮。

在主工具栏里单击“保存”按钮，将图形文件存盘。

3.6 使用 VERICUT 进行加工仿真检查

本例将对加工零件进行多工位仿真。

启动 VERICUT V8.0 软件，在主菜单里执行“文件”|“打开”命令，在系统弹出的“打开项目”对话框，选择 D:\ch03\mach\nx8book-03-01.vcproject，单击“打开”按钮，如图 3-377 所示。

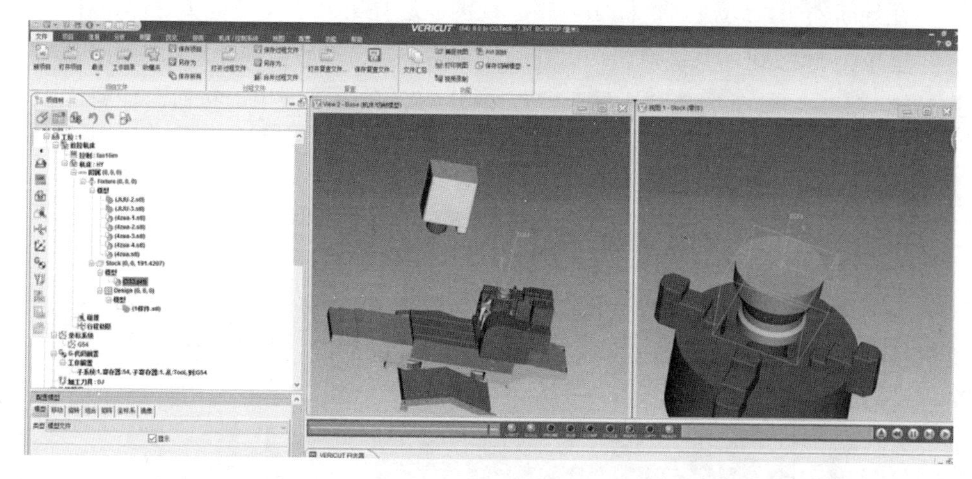

图 3-377　仿真初始界面

3.6.1　创建第一工位仿真

（1）检查毛坯参数。本例初始项目已经定义第一工位的毛坯，导入已经建好的毛坯体，如图 3-378 所示。

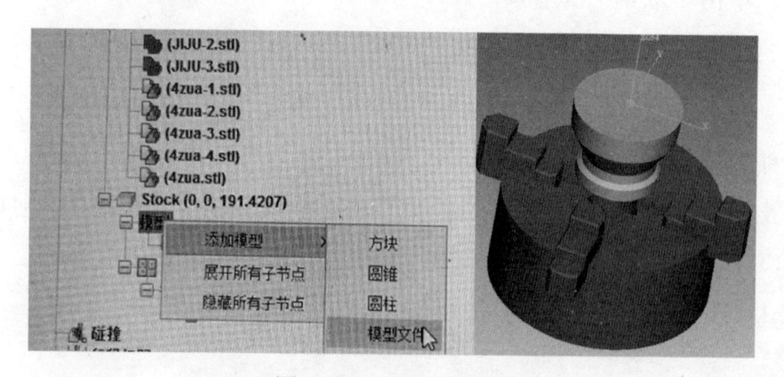

图 3-378　导入毛坯体

（2）添加数控程序。在左侧目录树里单击数控程序按钮，再单击“添加数控程序文件”选项，在系统弹出的“数控程序”对话框中，选择第一工位的数控程序 CO3A、JO3A、JO3B 等，单击“确定”按钮，如图 3-379 所示。

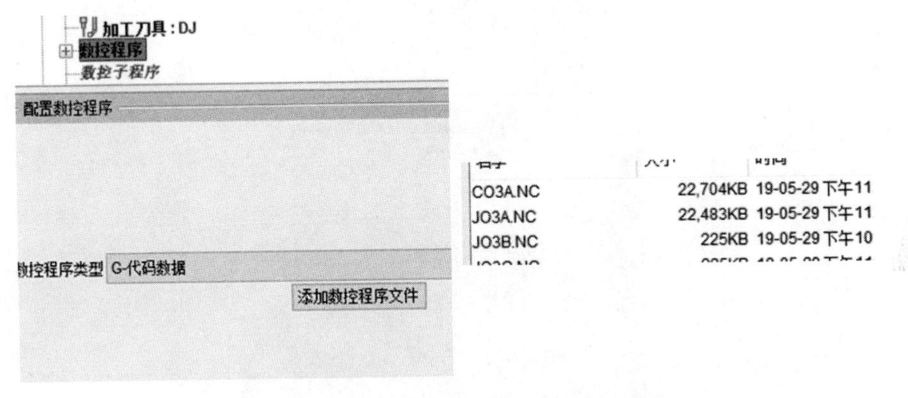

图 3-379　添加数控程序

（3）检查对刀参数。在左侧目录树里单击“代码偏置”前的加号展开树枝，检查参数，坐标代码“寄存器”为“54”。对刀方式从刀具的零点到初始毛坯的零点。刀具的零点是刀尖，初始毛坯的零点是底部圆柱圆心。对于本例来说零点就是 C 盘面圆心，如图 3-380 所示。

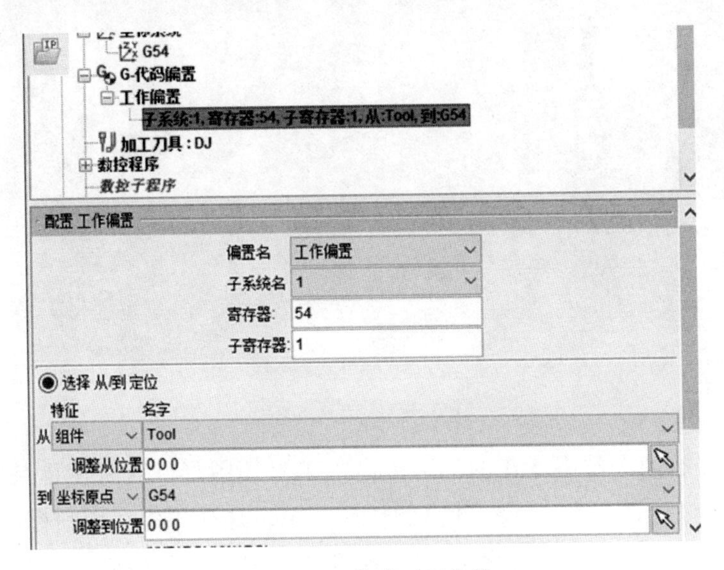

图 3-380　检查对刀参数

（4）激活工位 1。在目录树里右击 工位：1，在弹出的快捷菜单里选择“现用”命令，如图 3-381 所示。

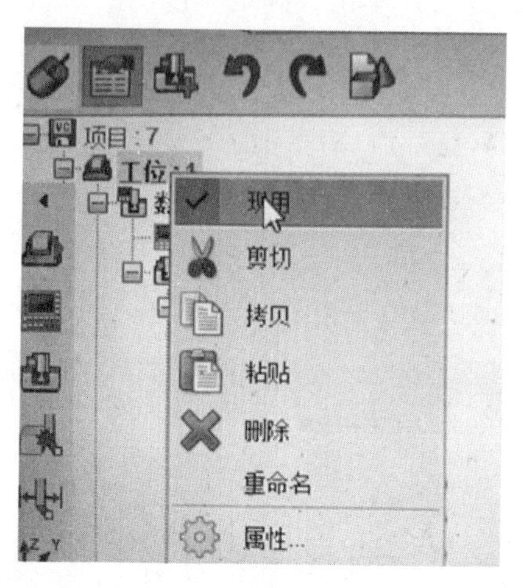

图 3-381　激活工位 1

（5）播放仿真。在图形窗口底部单击“仿真到末端”按钮就可以观察到机床开始对数控程序进行仿真，如图 3-382 所示为仿真结果。

图 3-382　仿真过程

（6）存储加工结果。在图形区单击加工毛坯图形，这时在目录树里自动选择了 **加工毛坯**。右击，在弹出的快捷菜单里选择“保存切削模型”命令，如图 3-383 所示。在系统弹出的“保存切削模型”对话框中输入文件名“ugbook-03-01-mp1”。

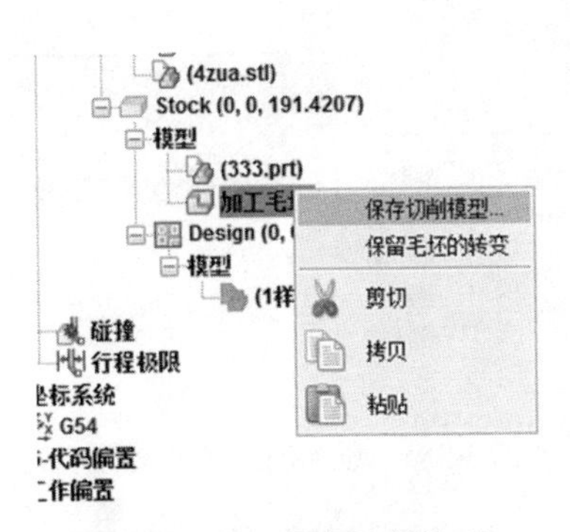

图 3-383　保存切削模型

3.6.2　创建第二工位仿真

（1）复制工位。在目录树里右击 工位：1，在弹出的快捷菜单里选择“拷贝”命令，右击，在弹出的快捷菜单里选择“粘贴”命令，生成 工位：2 。

再选择 工位：1，在弹出的快捷菜单里，先观察“现用”前是否有对勾，如果有对勾就在快捷菜单里选择“现用”命令，这样可以把“工位 1”设置为“非现用”状态。这时仅有“工位 2”为激活状态，如图 3-384 所示。

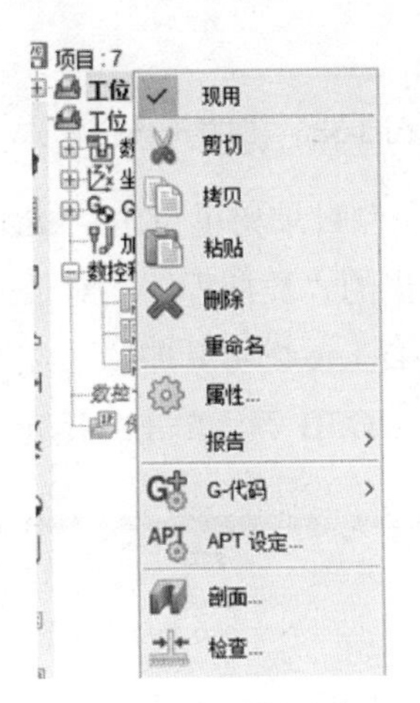

图 3-384　设置激活的工位

（2）添加毛坯文件。在目录树里右击“工位 2”的 Stock (0, 0, 140) 之下的 **模型**，在弹出快捷菜单里选择“添加模型”|“模型文件”命令，在系统弹出的“打开”对话框里选择第 1 工位生成的毛坯文件“ugbook-03-01-mp1.vct”，如图 3-385 所示，单击“打开”按钮。

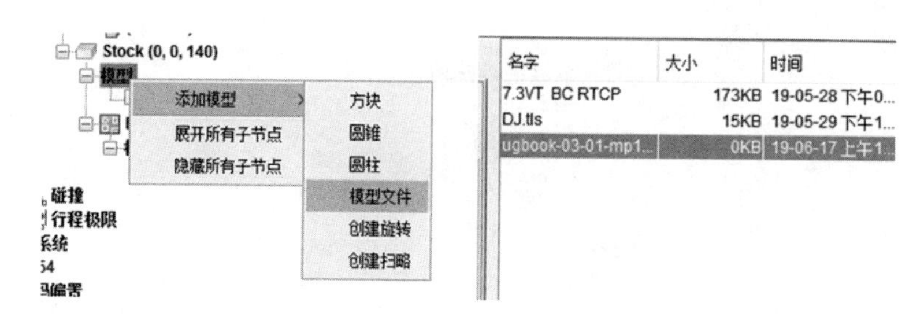

图 3-385　添加加工模型文件

（3）调整毛坯位置。添加的毛坯就是第一工位的加工结果，其坐标系的 Z 零点位于毛坯顶部以下 140 处。现在需要将毛坯沿着 X 轴旋转 180°，再沿着 Z 轴提高，如图 3-386 所示。

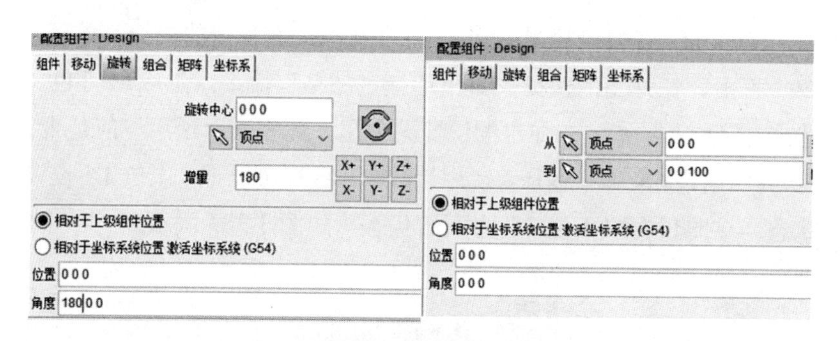

图 3-386　调整毛坯位置

（4）添加数控程序。在左侧目录树里单击"数控程序"选项，再单击"添加数控程序文件"按钮，在系统弹出的"数控程序"对话框，先在右侧选择第 1 工位的数控程序，再单击键盘上的 Delete 键将其删除。在左侧选择第 2 工位的数控程序 2CO3A、2CO3B、2JO3A、2JO3B 等，单击"确定"按钮，如图 3-387 所示。

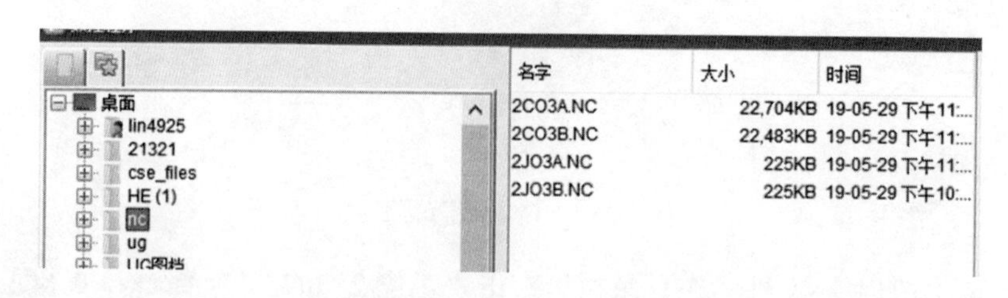

图 3-387　添加第 2 工位的数控程序

（5）检查对刀参数。在左侧目录树里单击"代码偏置"前的加号展开树枝，设置"寄存器"为"55"，如图 3-388 所示。

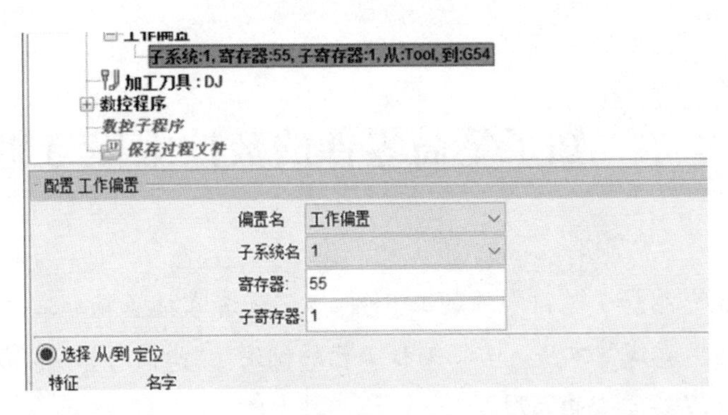

图 3-388 修改坐标寄存器

（6）播放仿真。在图形窗口底部单击“仿真到末端”按钮就可以观察到机床开始对数控程序进行仿真，如图 3-389 所示为仿真结果。

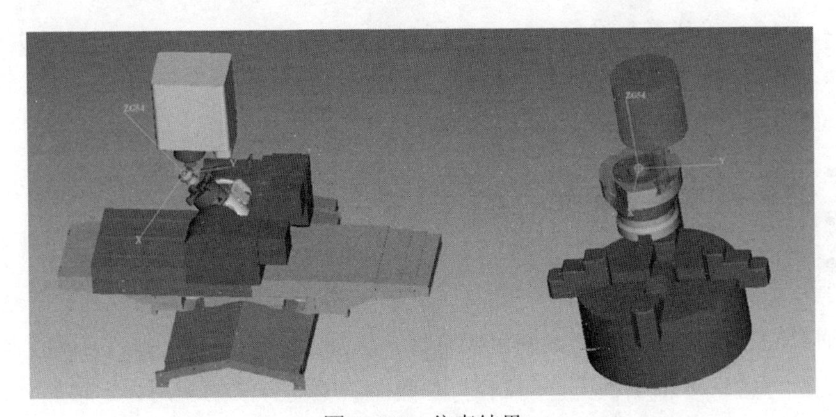

图 3-389 仿真结果

3.7 本章小结

本章主要讲解了盘刀刀头零件的数控编程与仿真加工、盘刀刀头零件加工后处理、刀具路径变换、多工位加工的应用。

本章重点与难点

1．定轴钻孔设置。
2．刀具路径变换策略。
3．多工位加工的应用。

第4章　知了笔筒零件的数控编程与加工

本章重点介绍知了笔筒零件加工案例，以使读者掌握多轴加工坐标系的定制、刀轴控制“远离直线”方法、四轴编程工艺的制定、“曲面”驱动方法的应用、零件加工工艺及刀具方法的选用。

本章主要内容有

- 4.1　加工工艺探究
- 4.2　编程前期准备
- 4.3　知了笔筒零件程序编制
- 4.4　用 UG 软件进行刀路检查
- 4.5　后处理
- 4.6　使用 VERICUT 进行加工仿真检查
- 4.7　本章小结

通过知了笔筒零件加工案例可以掌握多轴加工坐标系的定制、刀轴控制“远离直线”方法、多轴编程工艺的制定、“曲面”驱动方法的应用、定轴加工方法、零件加工工艺及刀具的选用方法。

4.1　加工工艺探究

（1）结构分析及加工工艺路线制定。知了笔筒工程图如图 4-1 所示，外围表面粗糙度为 Ra6.3μm、全部尺寸的公差为±0.1mm。

知了笔筒结构如图 4-2 所示，主要包括：笔筒槽内壁、顶端平面、外形图案、底部平面等结构，表面光洁度较高。根据知了笔筒结构图可知，其环绕一圈的外形图案和其两端特征需要进行加工，因此，采用五轴机床进行加工，只需两次装夹即可完成加工任务。

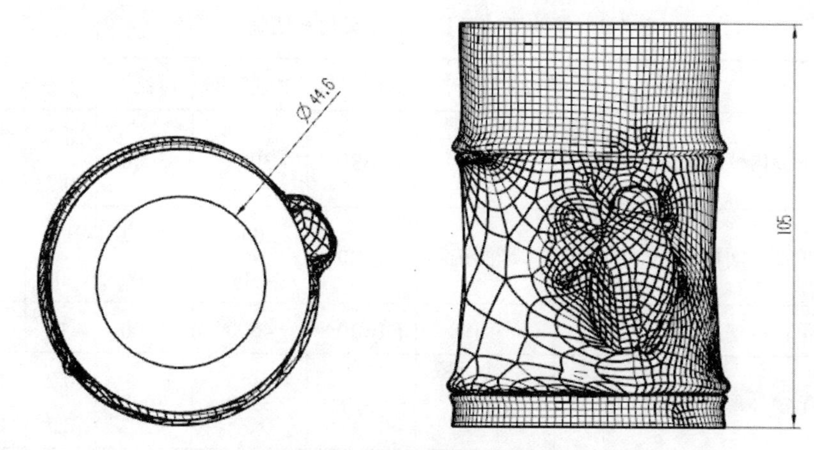

图 4-1　零件工程图纸

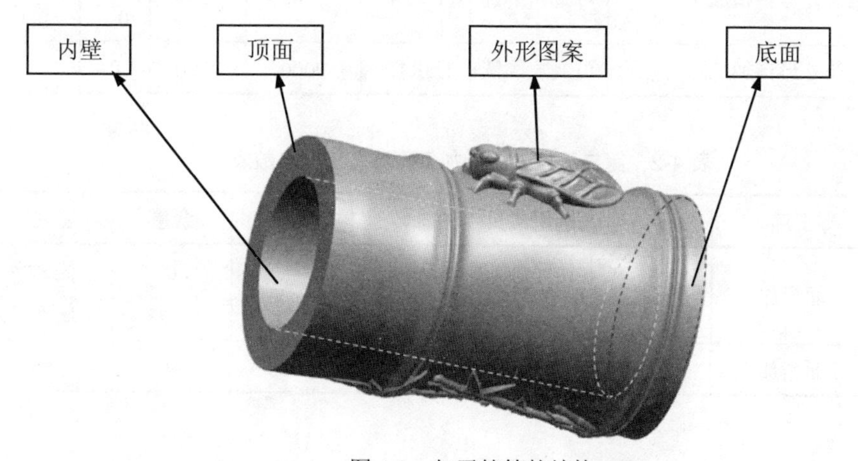

图 4-2　知了笔筒的结构

根据知了笔筒的尺寸和结构特点，确定其加工工艺如下：

1）下料：毛坯大小为ϕ90×120的棒料，材料为铝合金。

2）五轴数控铣第一工位，采用四爪夹盘反爪的外爪装夹，工序为：笔筒内壁粗加工-顶部平面粗加工、精加工-笔筒内壁与底部精加工-笔筒外形对半粗加工-笔筒外形半精加工-笔筒外形精加工，厚度、外形和内槽加工到位。

3）五轴数控铣第二工位，采用四爪夹盘正爪的内爪装夹，工序为：背面粗加工-背面精加工，厚度到位。

（2）加工工艺参数制定。由于知了笔筒的材料为铝合金，并根据知了笔筒的结构特点，确定各个工位使用的刀具、加工策略及切削参数见表4-1、表4-2。

表 4-1 第一工位刀具、加工策略及切削参数表

序号	工序	加工策略	选用刀具	主轴转速	进给率	余量	备注
1	笔筒内壁粗加工	型腔铣	D16R0.8	3000	3000	0.2 0.2	侧面 底面
2	顶部平面粗加工、精加工	平面铣	D16R0.8	3000/ 4500	3000/ 1000	0.2/ 0	上粗 下精
3	笔筒内壁与底部精加工	平面铣	D16R0.8	4500	1000	0	
4	笔筒外形对半粗加工	型腔铣	D10	3500	3000	0.2 0.2	侧面 底面
5	笔筒外形半精加工	可变轮廓铣	D8R4	5500	2500	0.1 0.1	侧面 底面
6	笔筒外形精加工	可变轮廓铣	D3R1.5	9000	2000	0	

表 4-2 第二工位刀具、加工策略及切削参数表

序号	工序	加工策略	选用刀具	主轴转速	进给率	余量	备注
1	底面粗加工	平面铣	D10	3500	3000	0 0.2	侧面 底面
2	底面精加工	平面铣	D10	5000	1000	0	

4.2 编程前期准备

在标准工具条上选择“开始” | “加工”，系统弹出“加工环境”对话框，在对话框中选择“mill_multi-axis”多轴铣削模板，然后单击“确定”按钮，进入加工环境。

（1）创建第一工位坐标系。在里，创建加工坐标系 MCS-1，设置安全距离。加工坐标系为建模绝对坐标系，安全距离设置为顶面高“30”，其余参数设置如图 4-3 所示。

（2）定义毛坯几何体。在毛坯几何体 WORKPIECE-1 的“指定部件”选择知了笔筒，“指定毛坯”选择毛坯零件，如图 4-4 所示。

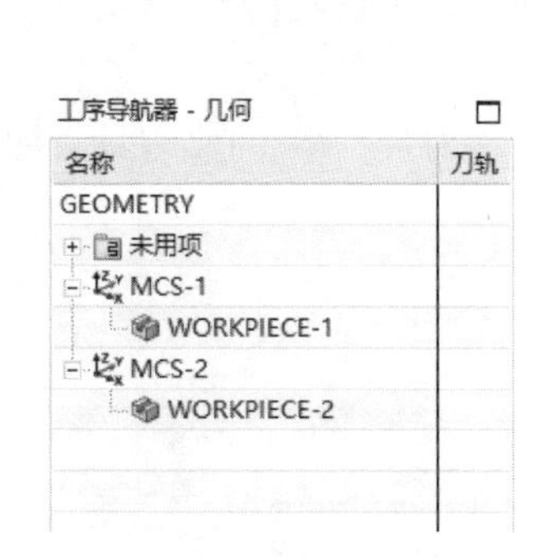

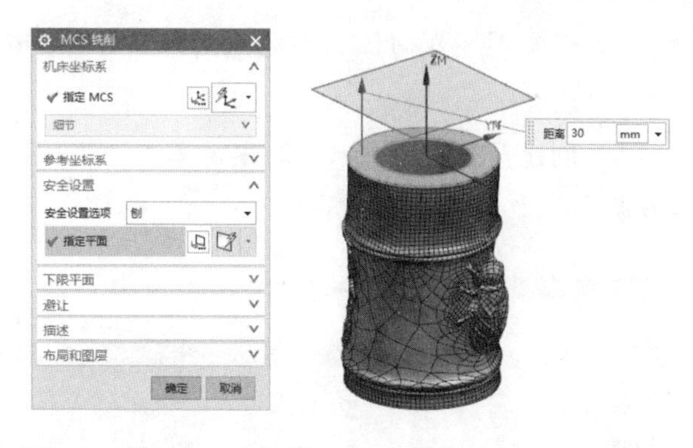

图 4-3 设置加工坐标系

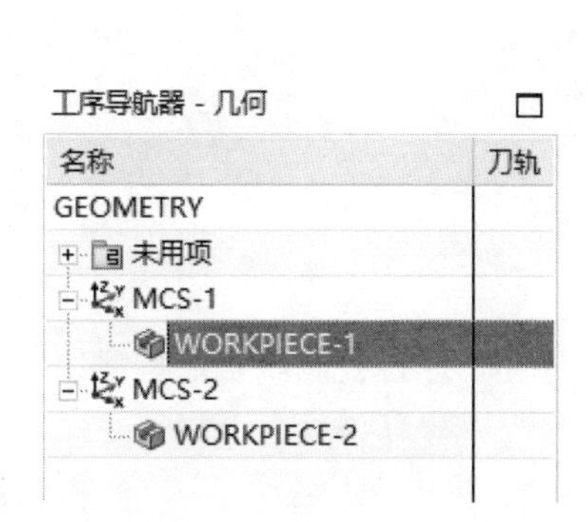

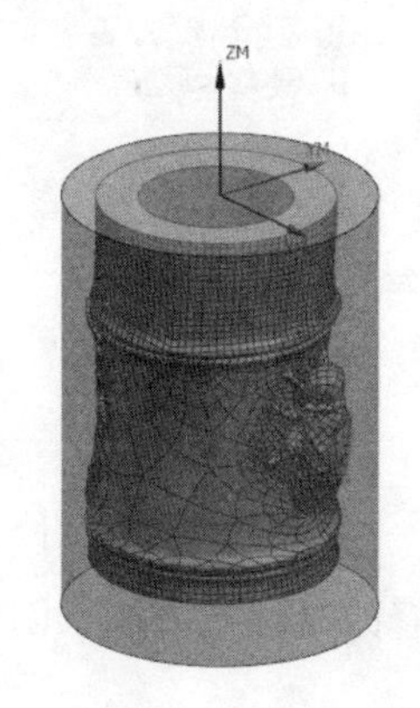

图 4-4 定义毛坯几何体

（3）创建第二工位坐标系。在里，创建加工坐标系 MCS-2，设置安全距离。加工坐标系为建模绝对坐标系，安全距离设置为顶面高“30”，其余参数设置如图 4-5 所示。

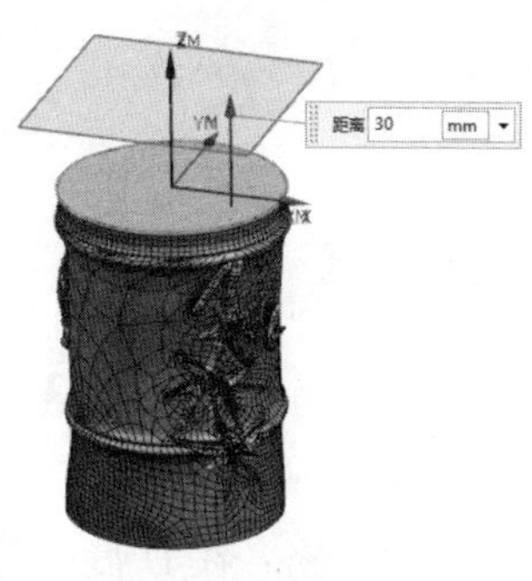

图 4-5 设置加工坐标系

（4）定义毛坯几何体。毛坯几何体WORKPIECE-2的定义方法与第一工位相同。

（5）创建刀具。在机床视图里，单击“工具条”|“刀片”创建刀具，如图4-6所示。

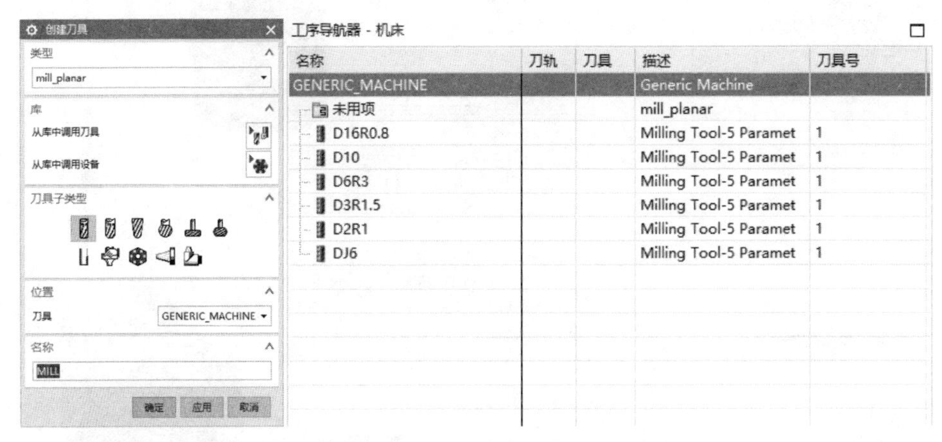

图4-6　创建刀具

（6）创建程序组。在里，单击创建程序组，通过复制现有的程序组然后修改名称的方法来创建，结果如图4-7所示。

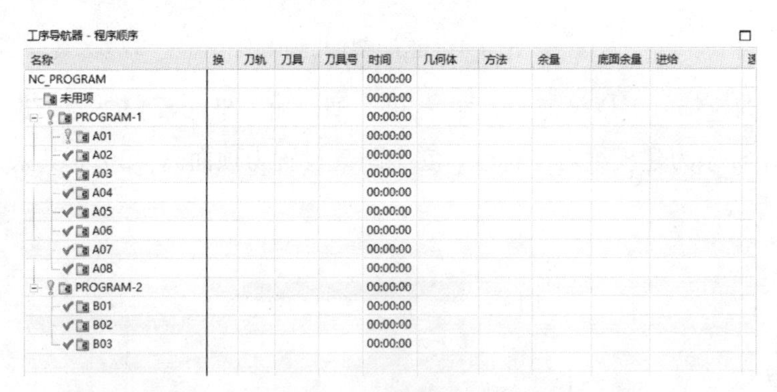

图4-7　创建程序组

4.3　知了笔筒零件程序编制

本节任务：在D盘根目录下建立文件夹CH4，然后将知了笔筒里的文件复制到该文件夹中，打开知了笔筒图档，根据如图4-2中的3D模型进行数控编程，生成合理的刀具路径，检查刀具路径并优化其刀路，然后用五轴数控机床进行加工。

4.3.1 创建第一工位粗加工 A01

（1）在“刀片”工具条中单击“创建工序”按钮，系统弹出“创建工序”对话框，在“类型”下拉列表中选择 mill_contour，“工序子类型”选择“型腔铣”，“位置”栏参数按图 4-8 所示设置。

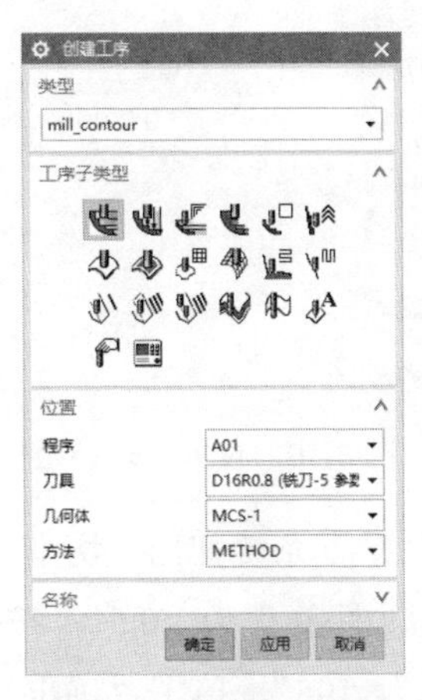

图 4-8 设置工序参数

（2）系统弹出“型腔铣”对话框，“几何体”选择 MCS-1，“指定修剪边界”选择内孔边，“刀具”选择“D16R0.8（铣刀-5 参数）”，“轴”选择“+ZM 轴”，单击“指定修剪边界”按钮，然后选择ϕ44.6 孔的边，设置“刨”为“自动”，设置“修剪侧”为“外部”，单击“确定”按钮，如图 4-9 所示。

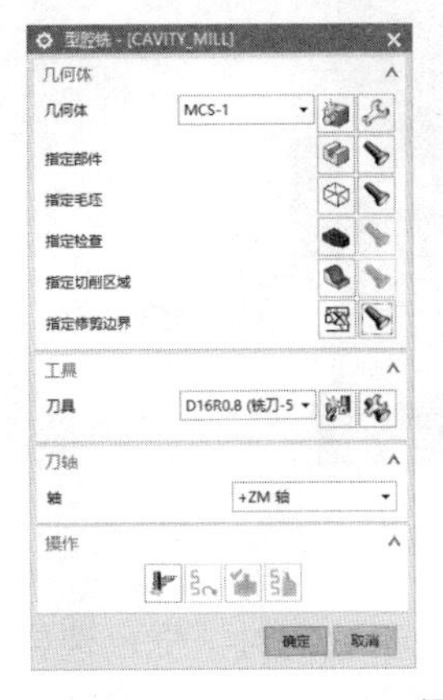

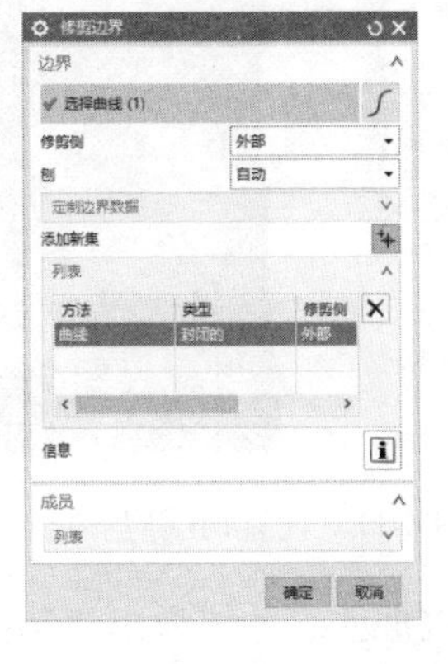

图 4-9 设置刀轴、修剪边界参数

（3）在“刀轨设置”栏中，设置“切削模式”为“跟随周边”，“步距”选择“刀具平直百分比 75”，设置“最大距离”为“0.5mm”，如图 4-10 所示。

图 4-10　设置刀轨参数

（4）单击“切削层”按钮，系统弹出“切削层”对话框，设置“范围类型”为“用户定义”，设置层深“最大距离”为“0.5”，按回车键，系统自动进入“选择定义”栏，设置“范围深度”为“95”，单击“确定”按钮，如图 4-11 所示。

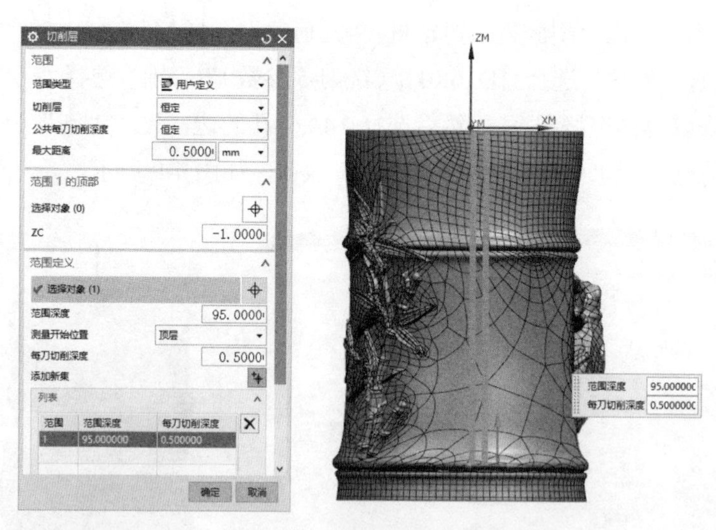

图 4-11　设置切削层参数

（5）单击“切削参数”按钮，系统弹出“切削参数”对话框，选择“策略”选项卡，“切削方向”选择“顺铣”，“切削顺序”选择“深度优先”，“刀路方向”选择“向内”。在“余量”选项卡中，勾选“使底面余量与侧面余量一致”复选框，“部件侧面余量”设置为“0.15”，内外公差设置为“0.01”，如图4-12所示。

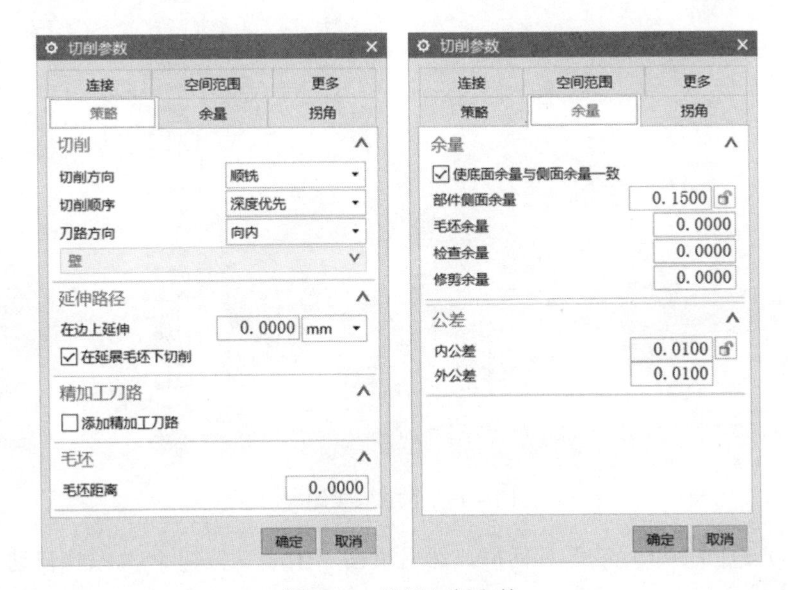

图4-12 设置切削参数

（6）单击“非切削移动”按钮，系统弹出“非切削移动”对话框，在“转移/快速”选项卡中，设置“安全设置选项”为“使用继承的”，在“区域内”栏中，设置“转移方式”为“进刀/退刀”，设置“转移类型”为“前一平面”，设置“安全距离”为“1mm”。选择“进刀”选项卡，在“封闭区域”栏中，设置“进刀类型”为“螺旋”，设置“直径”为“刀具百分比90”，设置“斜坡角”为“1”，设置“高度”为“1mm”。设置“高度起点”为“前一层”，设置“最小安全距离”为“0mm”，设置“最小斜面长度”为“刀具百分比 0”。在“开放区域”栏中，设置“进刀类型”为“圆弧”，设置“半径”为“刀具百分比60”，设置“圆弧角度”为“90”，设置“高度”为“1mm”，设置“最小安全距离”为“刀具百分比0”，勾选“修剪至最小安全距离”复选框，如图4-13所示。

（7）单击“进给率和速度”按钮，系统弹出“进给率和速度”对话框，设置“主轴速度”为“4500”，在“进给率”栏中，设置“切削”为“3000mmpm”，单击“更多”右侧的下三角按钮 V，设置“进刀”为“切削百分比60”，设置“第一刀切削”为“切削百分比100”，高置“步进”为“切削百分比100”，设置“退刀”为“切削百分比100”，单击“计算”按钮，如图4-14所示。

图 4-13 设置安全距离

（8）返回“型腔铣”对话框，然后单击“生成”按钮，系统自动生成粗加工刀路，如图 4-15 所示。

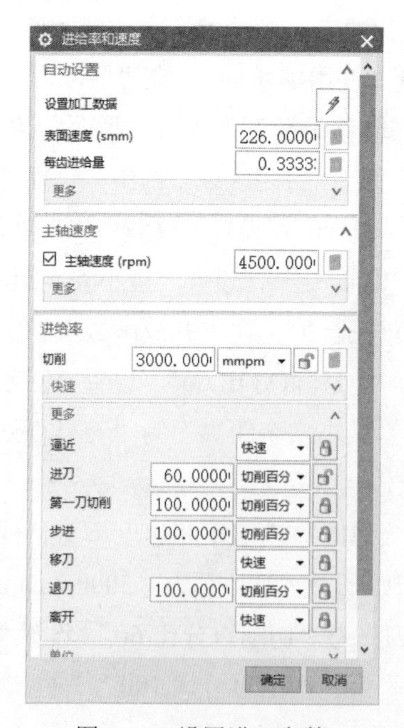

图 4-14 设置进刀参数

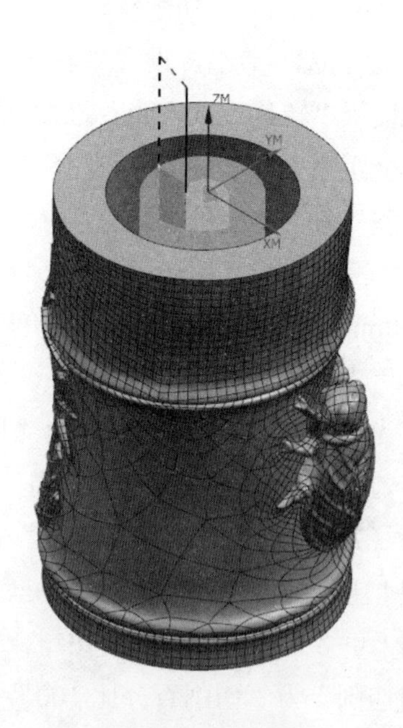

图 4-15 生成内孔粗加工刀路

4.3.2 创建第一工位精加工 A02

（1）在“刀片”工具条中单击“创建工序”按钮，系统弹出“创建工序”对话框，在“类型”下拉列表中选择 mill_planar，“工序子类型”选择“面铣”，“位置”栏参数按图 4-16 所示设置。

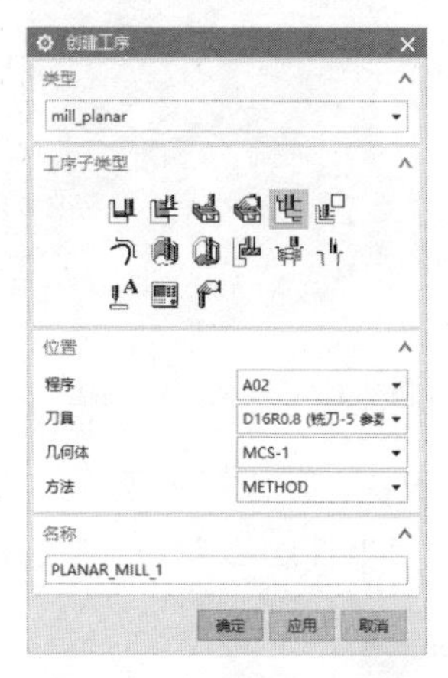

图 4-16　设置工序参数

（2）系统弹出“面铣”对话框，“几何体”选择 MCS-1，单击“指定部件”按钮，系统弹出“部件几何体”对话框，“选择对象”选择“加工零件”，单击“确定”按钮，如图 4-17 所示；单击“指定面边界”按钮，系统弹出“毛坯边界”对话框，设置“刀具侧”为“内部”，设置“刨”为“自动”，然后选择ϕ44.6 的底面和顶面，单击“确定”按钮，如图 4-18 所示；“刀具”选择“D16R0.8（铣刀-5 参数）,“轴”选择“垂直于第一个面”，参数设置如图 4-19 所示。

图 4-17　定义指定部件

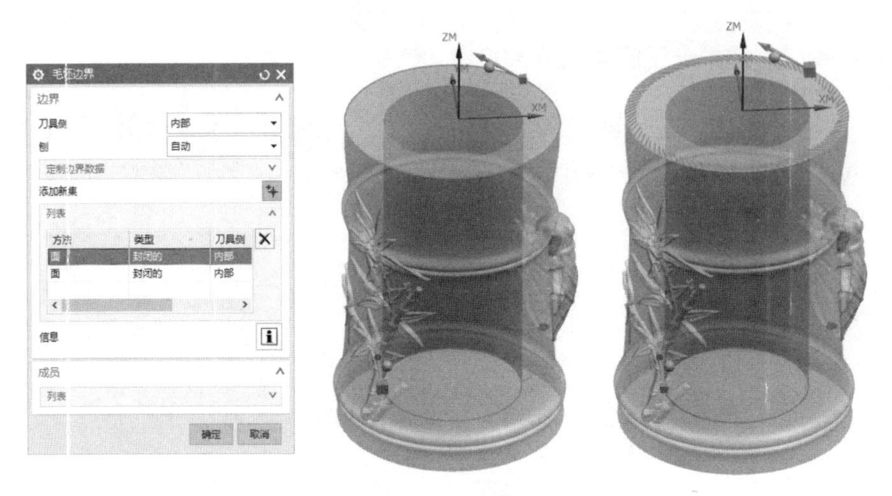

图 4-18 定义指定面边界

（3）在“刀轨设置”栏中，设置“切削模式”为“跟随周边”，“步距”选择“刀具平直百分比 60”，设置“毛坯距离”为“3”，如图 4-20 所示。

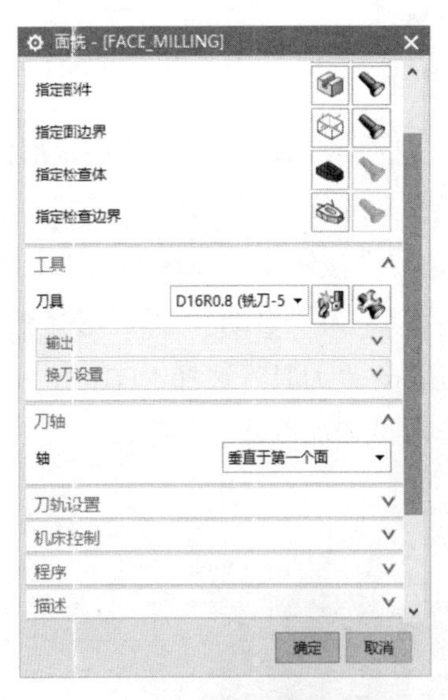

图 4-19 设置刀轴参数

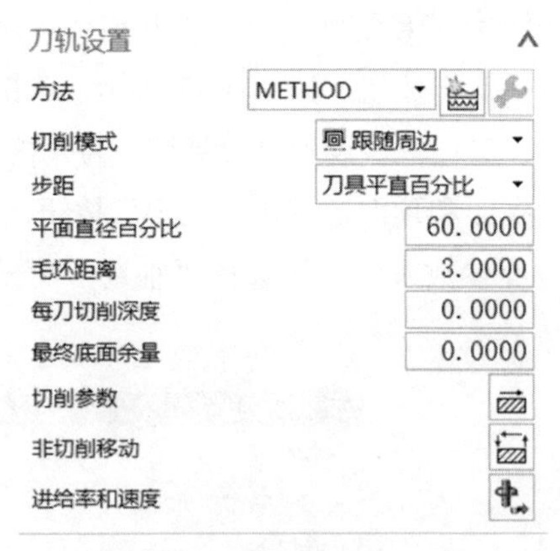

图 4-20 设置刀轨参数

（4）单击“切削参数”按钮，系统弹出“切削参数”对话框，选择“策略”选项卡中，设置“切削方向”为“顺铣”，“刀路方向”选择“向外”。在“余量”选项卡中，设置“部件余量”为“0.3”，设置内外公差为“0.01”，如图 4-21 所示。

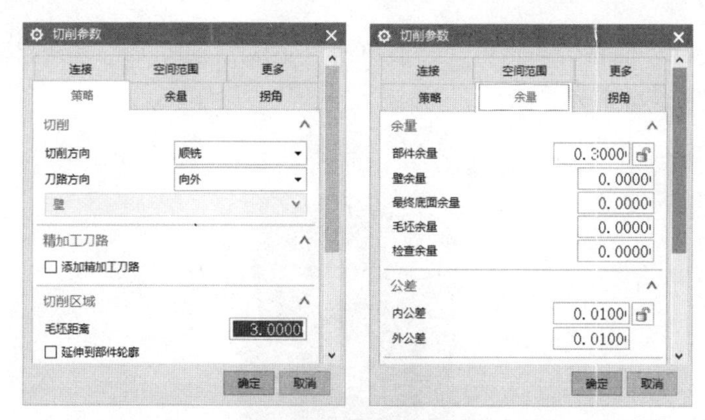

图 4-21　设置切削参数

（5）单击“非切削移动”按钮，系统弹出“非切削移动”对话框，选择“进刀”选项卡，在“封闭区域”栏中，设置“进刀类型”为“螺旋”，设置“直径”为“刀具百分比 90”，设置“斜坡角”为“0.5”，设置“高度”为“1mm”，设置“最小安全距离”为“0”，在“开放区域”栏中，设置“进刀类型”为“与封闭区域相同”，如图 4-22 所示。

（6）单击“进给率和速度”按钮，系统弹出“进给率和速度”对话框，设置“主轴速度”为“7000”，在“进给率”栏中，设置“切削”为“1000mmpm”，单击“更多”右侧的下三角按钮，设置“进刀”为“切削百分比 60”，设置“第一刀切削”为“切削百分比 100”，设置“步进”为“切削百分比 100”，设置“退刀”为“切削百分比 100”，单击“计算”按钮，如图 4-23 所示。

图 4-22　设置非切削移动参数

图 4-23　设置进给率和速度参数

（7）返回“面铣”对话框，然后单击“生成”按钮，系统自动生成精加工刀路，如图 4-24 所示。

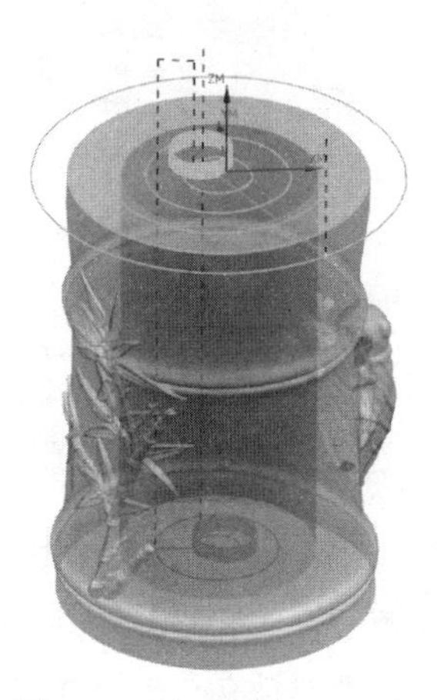

图 4-24　生成精加工刀路

4.3.3　创建第一工位精加工 A03

（1）在“刀片”工具条中单击“创建工序”按钮，系统弹出“创建工序”对话框，在“类型”下拉列表中选择 mill_planar，“工序子类型”选择“平面铣”，“位置”栏参数按图 4-25 设置。

图 4-25　设置工序参数

（2）系统弹出“平面铣”对话框，在“几何体”栏中，设置“几何体”为MCS-1，单击“指定部件边界”按钮，系统弹出“边界几何体”对话框，设置“模式”为“曲线/边”，系统弹出“编辑边界”对话框，设置“类型”为“封闭的”，设置“刨”为“自动”，设置“材料侧”为“外部”，然后选择ϕ44.6孔的边，单击“确定”按钮，如图4-26所示；单击“指定底面”按钮，系统弹出“刨”对话框，设置“类型”为“按某一距离”，“平面参考”选择ϕ44.6孔的底面，设置“距离”为“0”，单击“确定”按钮，如图4-27所示；设置“刀具”为“D16R0.8（铣刀-5参数）”，在“刀轴”栏中，默认“轴”为“+ZM轴”，如图4-28所示。

图4-26　定义指定部件边界

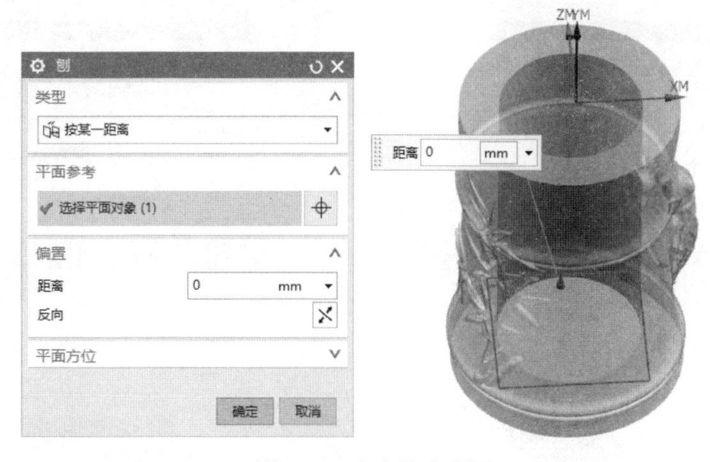

图4-27　定义指定底面

（3）在“刀轨设置”栏中，设置“切削模式”为“轮廓”，“步距”选择“刀具平直百分比 65”，如图 4-29 所示。

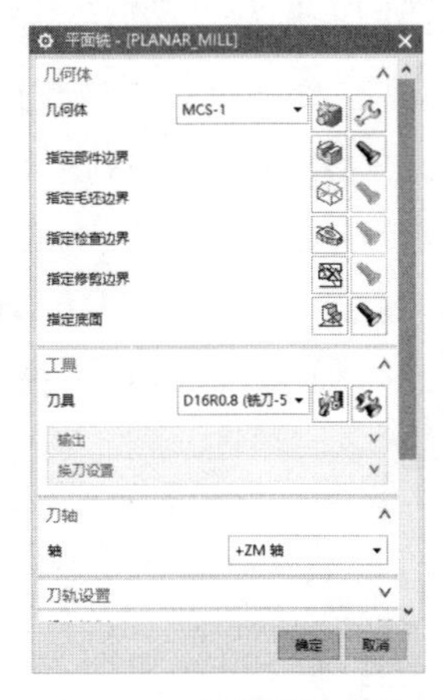

图 4-28 设置刀轴参数

图 4-29 设置刀轨参数

（4）单击“切削参数”按钮，系统弹出“切削参数”对话框，选择“余量”选项卡，设置“部件余量”为“0”，设置内外公差为“0.003”，如图 4-30 所示。

（5）单击“非切削移动”按钮，系统弹出“非切削移动”对话框，选择“进刀”选项卡，在“封闭区域”栏中，设置“进刀类型”为“沿形状斜进刀”，设置“斜坡角”为“0.3”，设置“高度”为“1mm”，设置“高度起点”为“前一层”，设置“最小安全距离”为“0”，设置“最小斜面长度”为“刀具百分比 0”。在“开放区域”栏中，设置“进刀类型”为“与封闭区域相同”，如图 4-31 所示。

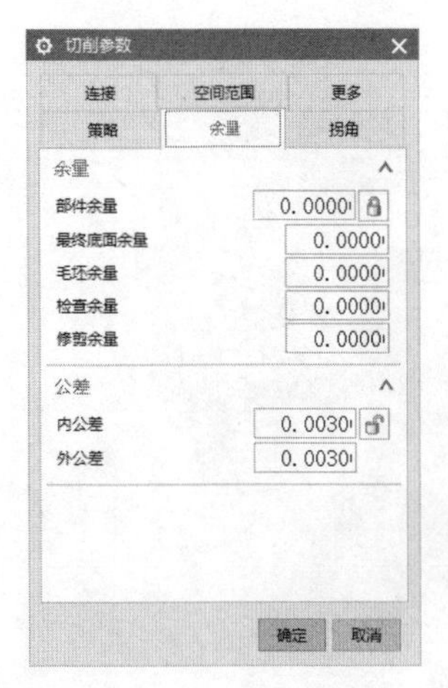

图 4-30 设置切削参数

图 4-31 设置非切削移动参数

（6）单击“进给率和速度”按钮，系统弹出“进给率和速度”对话框，设置“主轴速度”为“7000”，在“进给率”栏中，设置“切削”为“1000mmpm”，单击“更多”右侧的下三角按钮，设置“进刀”为“切削百分比 60”，设置“第一刀切削”为“切削百分比 100”，设置“步进”为“切削百分比 100”，设置“退刀”为“切削百分比 100”，单击“计算”按钮，如图 4-32 所示。

（7）返回“平面铣”对话框，然后单击“生成”按钮，系统自动生成精加工刀路，如图 4-33 所示。

图 4-32 设置进给率和转速参数

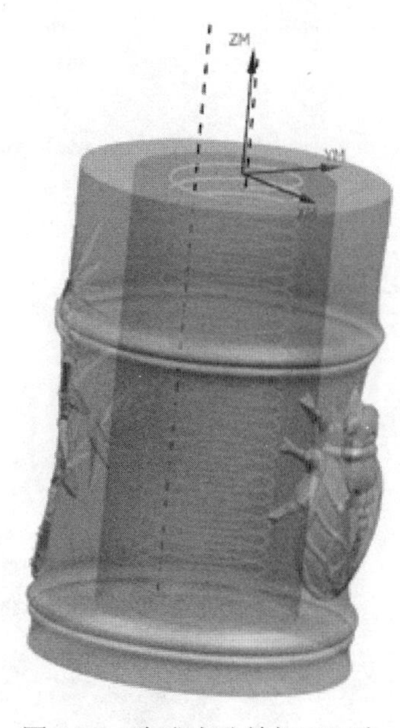

图 4-33 生成内孔精加工刀路

4.3.4 创建第一工位粗加工 A04

（1）在“刀片”工具条中单击“创建工序”按钮，系统弹出“创建工序”对话框，在“类型”下拉列表中选择 mill_contour，“工序子类型”选择“型腔铣”，“位置”栏参数按图 4-34 所示设置。

（2）系统弹出“型腔铣”对话框，“几何体”选择 MCS-1，“指定检查”选择新建的ϕ100×30 的圆柱，从端面以 109mm 开始建立圆柱，“刀具”选择“D10（铣刀-5 参数）”，“轴”选择“+XC 轴”，参数设置如图 4-35 所示。

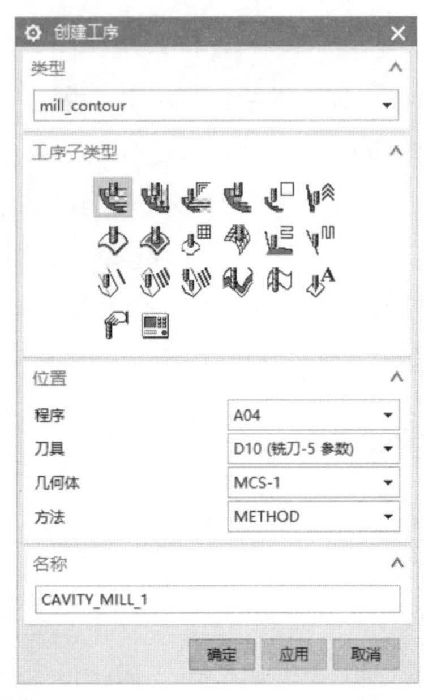

图 4-34 设置工序参数

图 4-35 设置刀轴参数

（3）在“刀轨设置”栏中，设置“切削模式”为“跟随周边”，“步距”选择“刀具平直百分比 75”，设置“最大距离”为“0.5mm”，如图 4-36 所示。

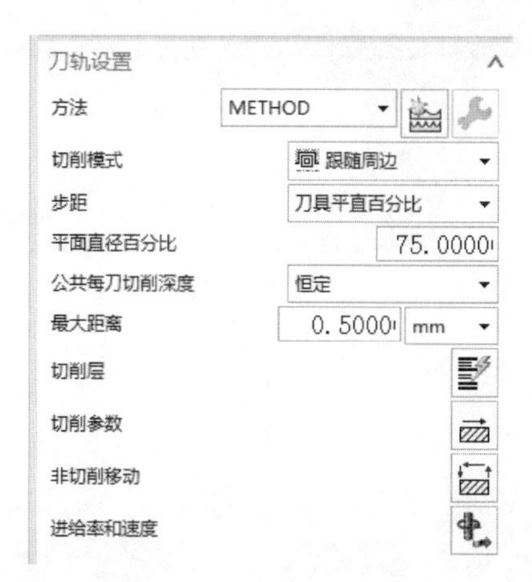

图 4-36　设置刀轨参数

（4）单击“切削层”按钮，系统弹出“切削层”对话框，设置“范围类型”为“用户定义”，设置层深“最大距离”为“0.5mm”，按回车键，系统自动进入“选择定义”栏，设置“范围深度”为“45”，如图 4-37 所示。

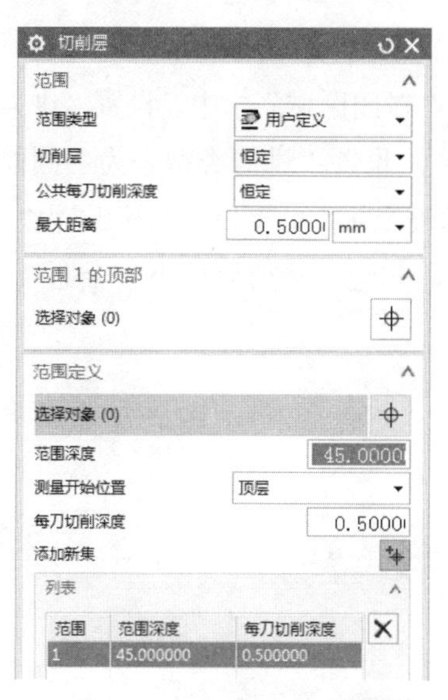

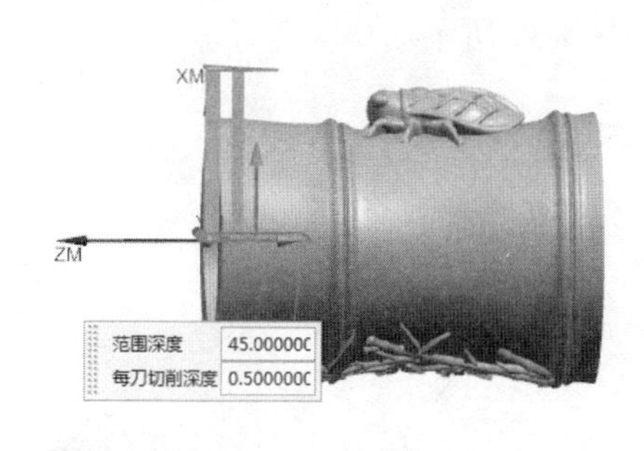

图 4-37　设置切削层参数

（5）单击“切削参数”按钮，系统弹出“切削参数”对话框，选择“策略”选项卡，“切削方向”选择“顺铣”，“切削顺序”选择“深度优先”，“刀路方向”选择“向内”。在“余量”选项卡中，勾选“使底面余量与侧面余量一致”复选框，“部件侧面余量”设置为“0.15”，内外公差设置为“0.01”，如图 4-38 所示。

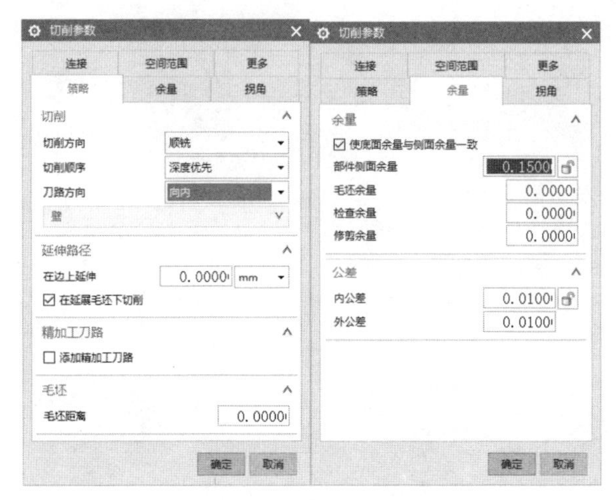

图 4-38 设置切削参数

（6）单击“非切削移动”按钮，系统弹出“非切削移动”对话框，在“转移/快速”选项卡，设置“安全设置选项”为“圆柱”，设置“指定点”为原点，设置“指定矢量”为“ZM 轴”，设置“半径”为“90”。在“区域内”栏中，设置“转移方式”为“进刀/退刀”，设置“转移类型”为“前一平面”，设置“安全距离”为“1mm”。选择“进刀”选项卡，在“封闭区域”栏中，设置“进刀类型”为“与开放区域相同”。在“开放区域”栏中，设置“进刀类型”为“圆弧”，设置“半径”为“刀具百分比 60”，设置“圆弧角度”为“90”，设置“高度”为“1mm”，设置“最小安全距离”为“刀具百分比 60”，勾选“修剪至最小安全距离”复选框，如图 4-39 所示。

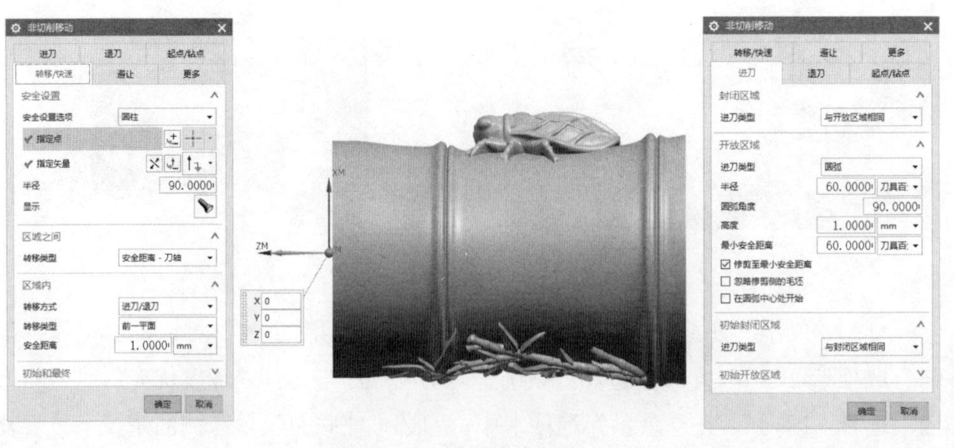

图 4-39 设置安全距离

（7）单击“进给率和速度”按钮，系统弹出“进给率和速度”对话框，设置“主轴速度”为“5000”，在“进给率”栏中，设置“切削”为“3000mmpm”，单击“更多”右侧的下三角按钮，设置“进刀”为“切削百分比 60”，设置“第一刀切削”为“切削百分比 100”，设置“步进”为“切削百分比 100”，设置“退刀”为“切削百分比 100”，单击“计算”按钮，如图 4-40 所示。

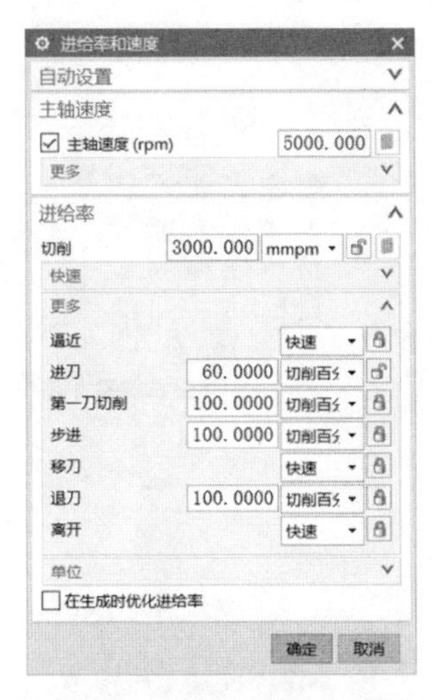

图 4-40　设置进刀参数

（8）返回“型腔铣”对话框，然后单击“生成”按钮，系统自动生成粗加工刀路，如图 4-41 所示。

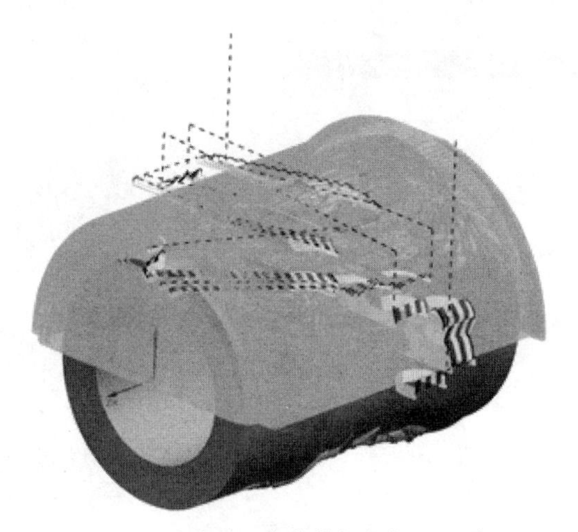

图 4-41　生成一半外特征粗加工刀路

4.3.5 创建第一工位粗加工 A05

（1）在“刀片”工具条中单击“创建工序”按钮，系统弹出“创建工序”对话框，在“类型”下拉列表中选择 mill_contour，“工序子类型”选择“型腔铣”，“位置”栏参数按图 4-42 所示设置。

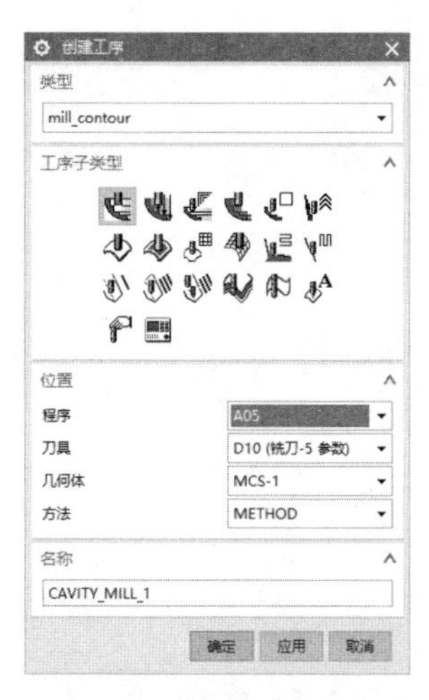

图 4-42 设置工序参数

（2）系统弹出“型腔铣”对话框，“几何体”选择 MCS-1，“指定检查”选择新建的ϕ100×30 的圆柱，“刀具”选择“D10（铣刀-5 参数）”，“轴”选择“-XC 轴”参数设置如图 4-43 所示。

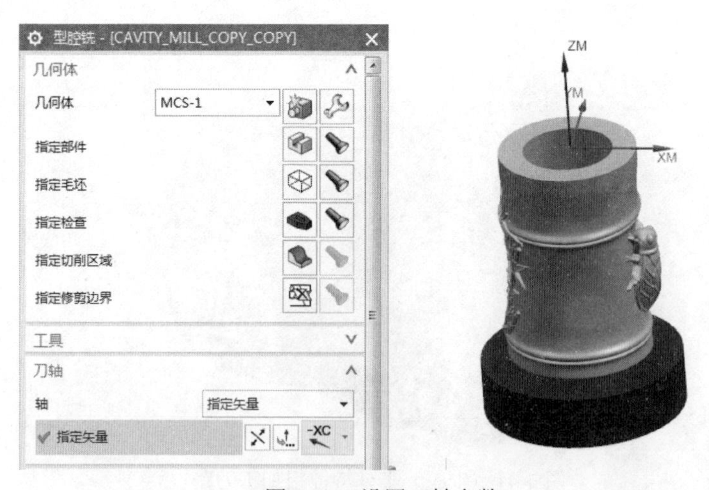

图 4-43 设置刀轴参数

（3）在“刀轨设置”栏中，设置“切削模式”为“跟随周边”，“步距”选择“刀具平直百分比 75”，设置“最大距离”为“0.5mm”，如图 4-44 所示。

图 4-44　设置刀轨参数

（4）单击“切削层”按钮，系统弹出“切削层”对话框，设置“范围类型”为“用户定义”，设置层深“最大距离”为“0.5mm”，按回车键，系统自动进入“选择定义”栏，设置“范围深度”为“45”，单击“确定”按钮，如图 4-45 所示。

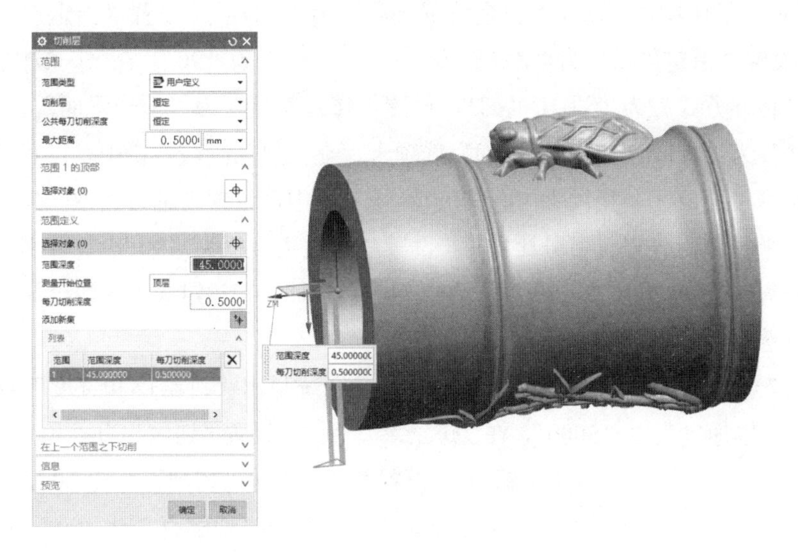

图 4-45　设置切削层参数

（5）单击“切削参数”按钮，系统弹出“切削参数”对话框，选择“策略”选项卡，“切削方向”选择“顺铣”，“切削顺序”选择“深度优先”，“刀路方向”选择“向内”。在“余量”选项卡中，勾选“使底面余量与侧面余量一致”复选框，“部件侧面余量”设置为“0.15”，内外公差设置为“0.01”，如图 4-46 所示。

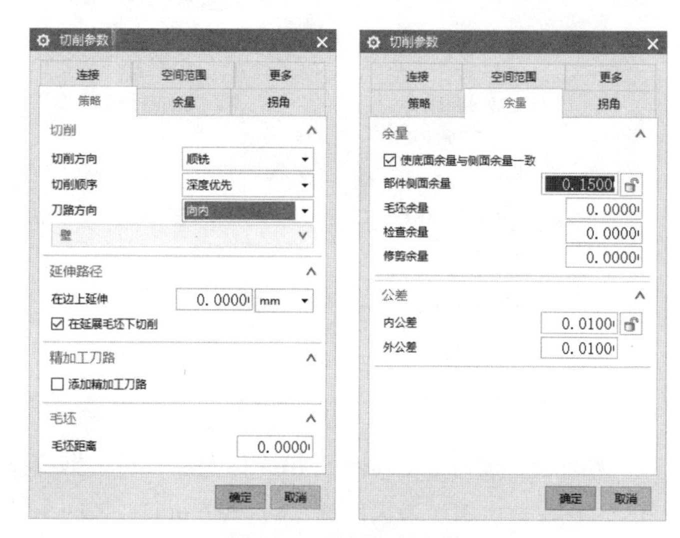

图 4-46　设置切削参数

（6）单击“非切削移动”按钮，系统弹出“非切削移动”对话框，在“转移/快速”选项卡中，设置“安全设置选项”为“圆柱”，设置“指定点”为“原点”，设置“指定矢量”为“ZM 轴”，设置“半径”为“90”。在“区域内”栏中，设置“转移方式”为“进刀/退刀”，设置“转移类型”为“前一平面”，设置“安全距离”为“1mm”。选择“进刀”选项卡，在“封闭区域”栏中，设置“进刀类型”为“与开放区域相同”。在“开放区域”栏中，设置“进刀类型”为“圆弧”，设置“半径”为“刀具百分比 60”，设置“圆弧角度”为“90”，设置“高度”为“1mm”，设置“最小安全距离”为“刀具百分比 60”，勾选“修剪至最小安全距离”复选框，如图 4-47 所示。

（7）单击“进给率和速度”按钮，系统弹出“进给率和速度”对话框，设置“主轴速度”为“5000”，在“进给率”栏中，设置“切削”为“3000mmpm”，单击“更多”右侧的下三角按钮，设置“进刀”为“切削百分比 60”，设置“第一刀切削”为“切削百分比 100”，设置“步进”为“切削百分比 100”，设置“退刀”为“切削百分比 100”，单击“计算”按钮，如图 4-48 所示。

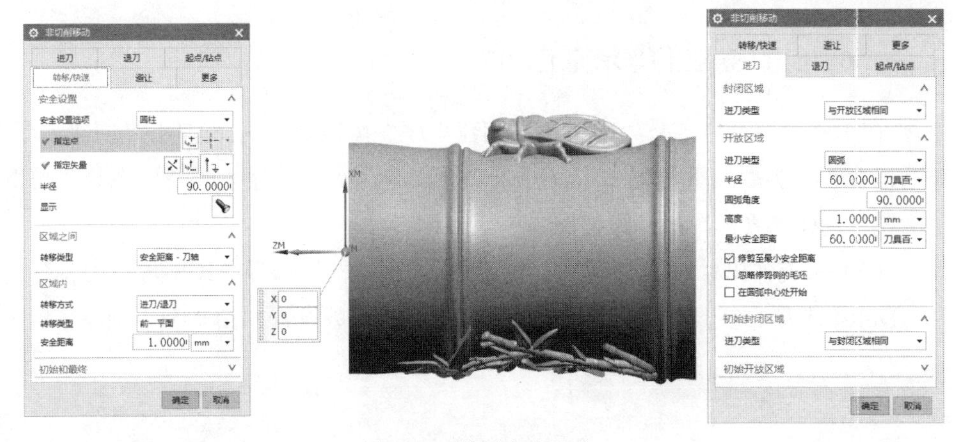

图 4-47 设置安全距离

图 4-48 设置进刀参数

（8）返回“型腔铣”对话框，然后单击“生成”按钮，系统自动生成一半外特征粗加工刀路，如图 4-49 所示。

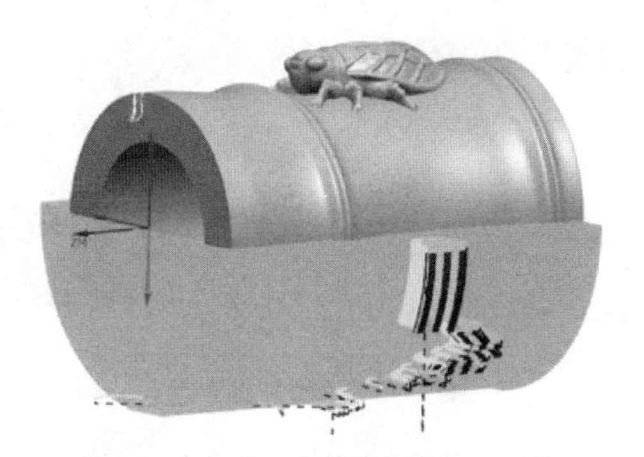

图 4-49 生成一半外特征粗加工刀路

4.3.6 创建第一工位半精加工 A06

（1）在“刀片”工具条中单击“创建工序”按钮，系统弹出“创建工序”对话框，在“类型”下拉列表中选择 mill_multi-axis，“工序子类型”选择“可变轮廓铣”，“位置”栏参数按图 4-50 所示设置。

（2）系统弹出“可变轮廓铣”对话框，“几何体”选择 MCS-1，“刀具”选择“D8R4 铣刀-5 参数”，“矢量”选择“刀轴”，参数设置如图 4-51 所示。

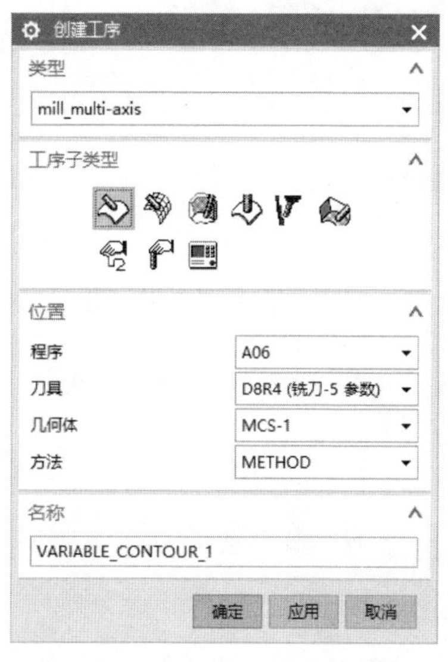

图 4-50 设置工序参数

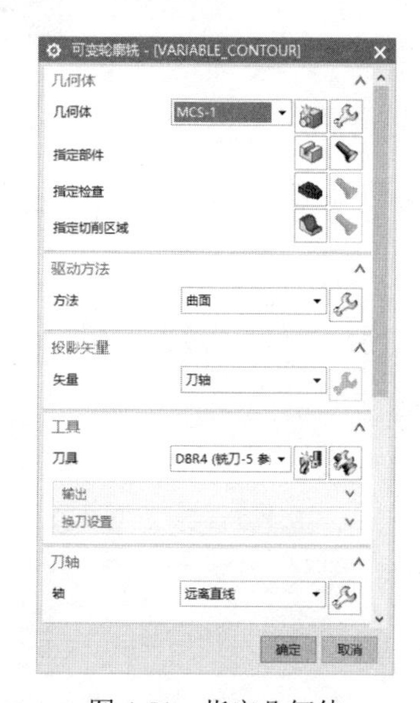

图 4-51 指定几何体

（3）“轴”选择“远离直线”，设置“指定矢量”为“ZM 方向”，设置“指定点”为“原点”，参数设置如图 4-52 所示。

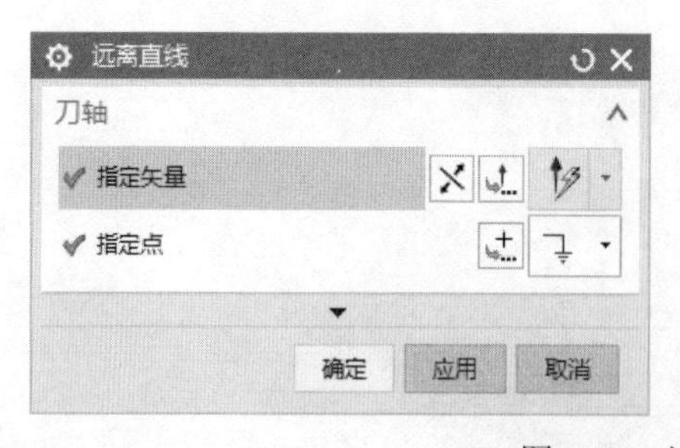

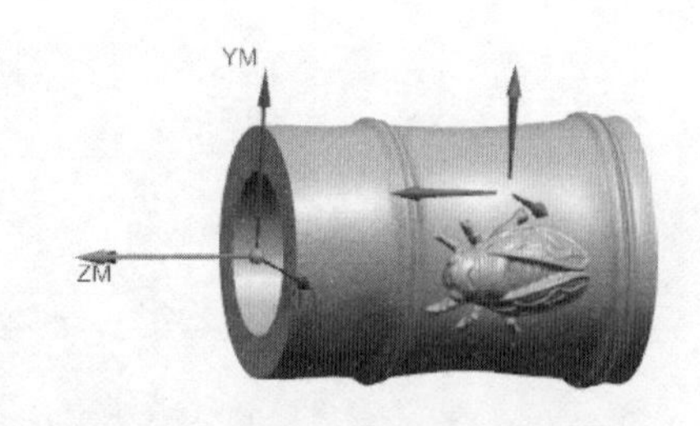

图 4-52 设置刀轴参数

（4）“方法”选择“曲面”，“指定驱动几何体”选择新建的$\phi 100 \times 105$ 知了笔筒的圆柱，设置“切削方向”为开始端的第一个箭头方向，设置“材料反向”为朝外，设置“切削模式”为“螺旋”，设置“步距数”为“500”，参数设置如图4-53所示。

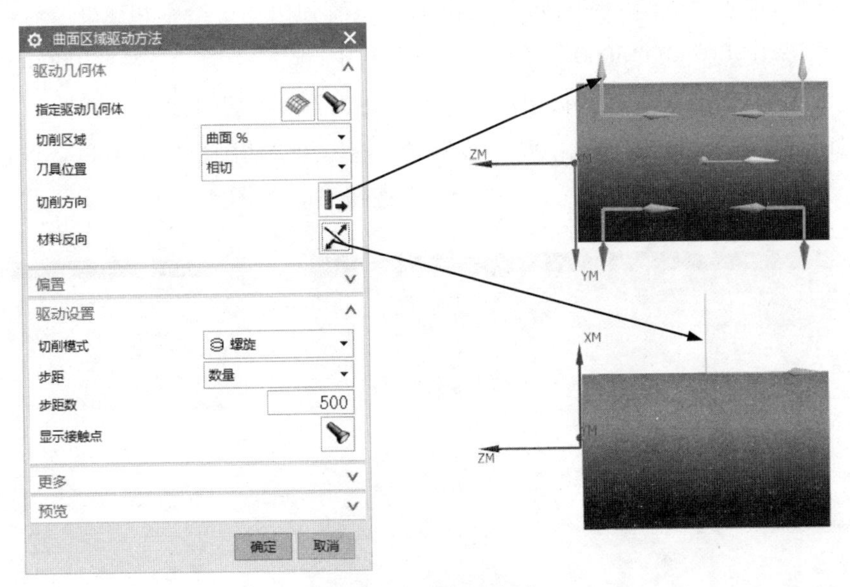

图4-53　定义驱动方法

（5）单击“切削参数”按钮，系统弹出“切削参数”对话框，在“余量”选项卡中，“部件余量”设置为“0.1”，内外公差设置为“0.01”，如图4-54所示。

图4-54　设置切削参数

（6）单击“非切削移动”按钮，系统弹出“非切削移动”对话框，在“转移/快速”选项卡中，设置“安全设置选项”为“圆柱”，设置“指定点”为“原点”，设置“指定矢量”为“ZM 轴”，设置“半径”为“90”。选择“进刀”选项卡，在“开放区域”栏中，设置“进刀类型”为“圆弧”，设置“半径”为“刀具百分比 50”，设置“圆弧角度”为“90”，如图 4-55 所示。

（7）单击“进给率和速度”按钮，系统弹出“进给率和速度”对话框，设置“主轴速度”为“5000”，在“进给率”栏中，设置“切削”为“3000mmpm”，单击“更多”右侧的下三角按钮，设置“进刀”为“切削百分比 60”，设置“第一刀切削”为“切削百分比 100”，设置“步进”为“切削百分比 100”，设置“退刀”为“切削百分比 100”，单击“计算”按钮，如图 4-56 所示。

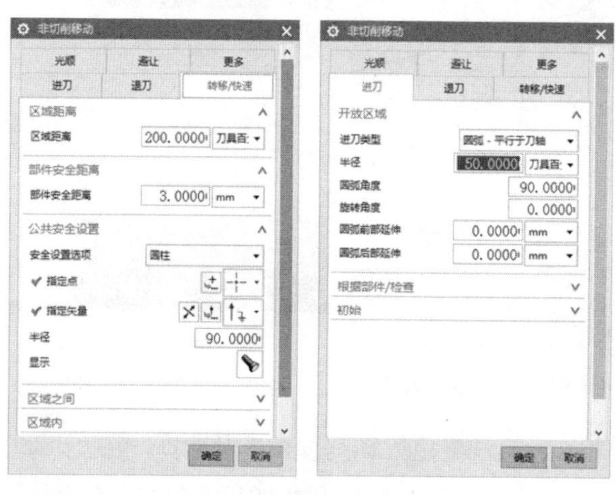

图 4-55 设置安全距离

图 4-56 设置进刀参数

（8）返回“可变轮廓铣”对话框，然后单击“生成”按钮，系统自动生成半精加工刀路，如图 4-57 所示。

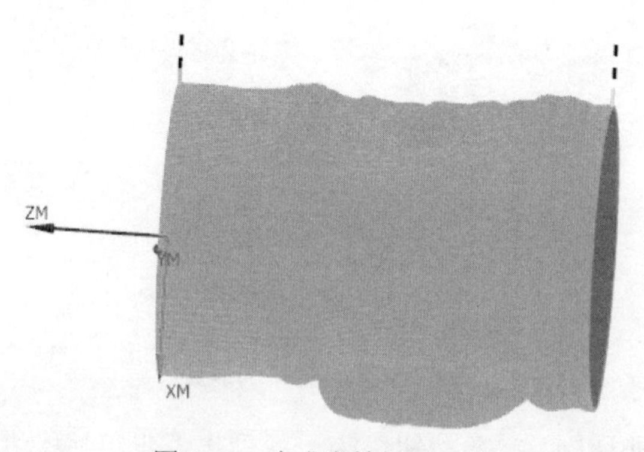

图 4-57 生成半精加工刀路

4.3.7 创建第一工位精加工 A07

（1）在“刀片”工具条中单击“创建工序”按钮，系统弹出“创建工序”对话框，在“类型”下拉列表中选择 mill_multi-axis，“工序子类型”选择“可变轮廓铣”，“位置”栏参数按图 4-58 所示设置。

（2）系统弹出“可变轮廓铣”对话框，“几何体”选择 MCS-1，“刀具”选择“D3R1.5（铣刀-5 参数）”，“矢量”选择“刀轴”，参数设置如图 4-59 所示。

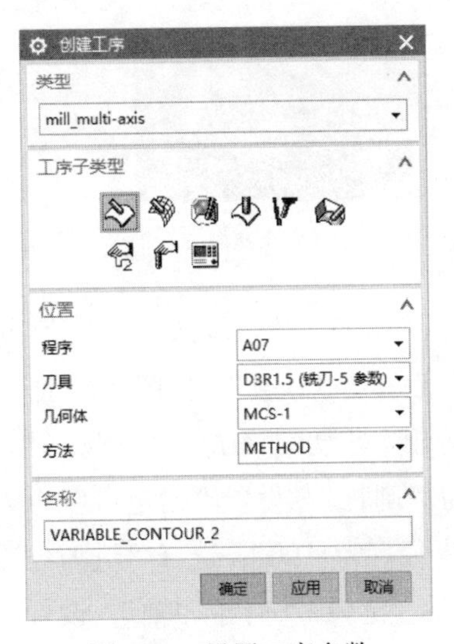

图 4-58 设置工序参数

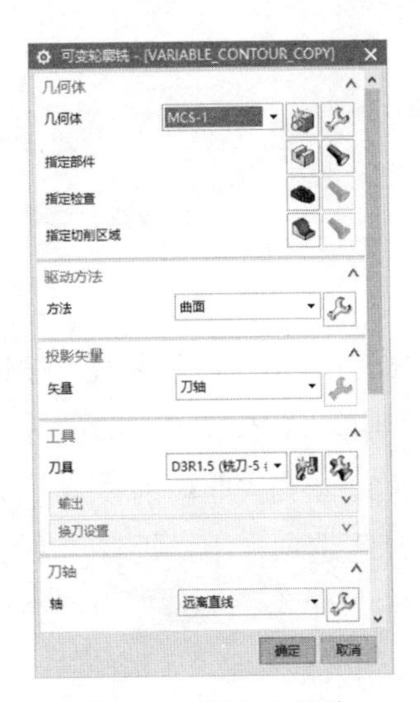

图 4-59 指定几何体

（3）“轴”选择“远离直线”，设置“指定矢量”为“ZM 方向”，设置“指定点”为“原点”，参数设置如图 4-60 所示。

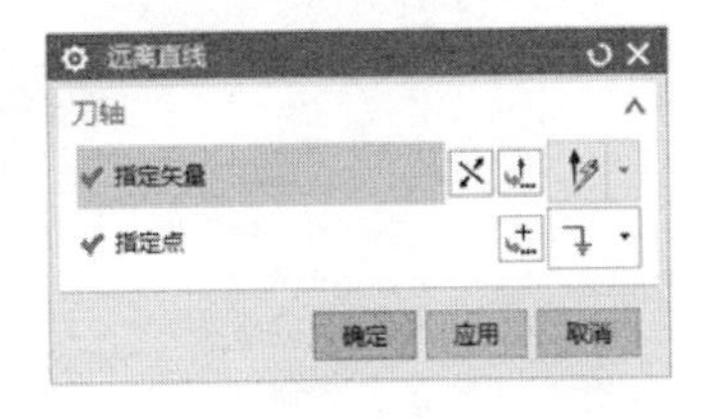

图 4-60 设置刀轴参数

（4）“方法”选择“曲面”，“指定驱动几何体”选择新建的$\phi 100 \times 105$ 知了笔筒的圆柱，设置“切削方向”为开始端的第一个箭头方向，设置“材料反向”为朝外，设置“切削模式”为“螺旋”，设置“步距数”为“800”，参数设置如图 4-61 所示。

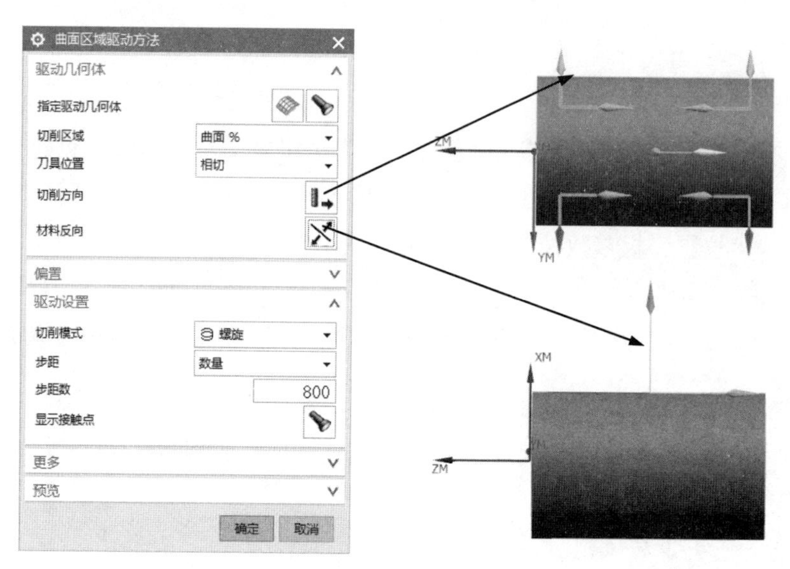

图 4-61 设置刀轨参数

（5）单击“切削参数”按钮，系统弹出“切削参数”对话框，在“余量”选项卡中，“部件余量”设置为“0”，内外公差设置为“0.01”，如图 4-62 所示。

（6）单击“非切削移动”按钮，系统弹出“非切削移动”对话框，在“转移/快速”选项卡中，设置“安全设置选项”为“圆柱”，设置“指定点”为“原点”，设置“指定矢量”为“ZM 轴”，设置“半径”为“90”；选择“进刀”选项卡，在“开放区域”栏中，设置“进刀类型”为“圆弧-平行于刀轴”，设置“半径”为“刀具百分比 50”，设置“圆弧角度”为“90”，如图 4-63 所示。

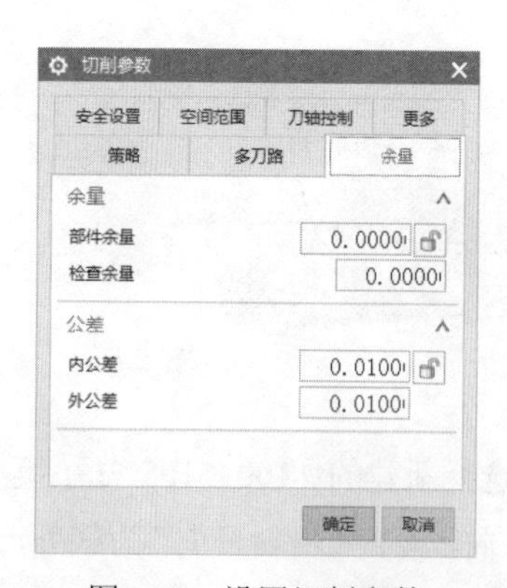

图 4-62 设置切削参数

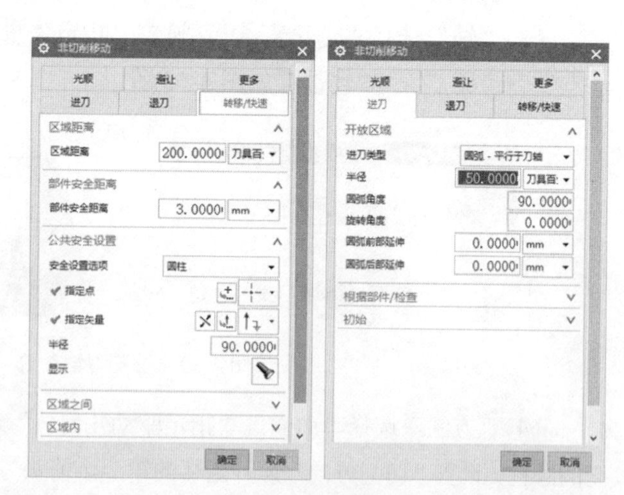

图 4-63 设置非切削移动参数

（7）单击“进给率和速度”按钮，系统弹出“进给率和速度”对话框，设置“主轴速度”为“7200”，在“进给率”栏中，设置“切削”为“1500mmpm”，单击“更多”右侧的下三角按钮，设置“进刀”为“切削百分比 60”，设置“第一刀切削”为“切削百分比 100”，设置“步进”为“切削百分比 100”，设置“移刀”为“8000mmpm”，设置“退刀”为“切削百分比 100”，单击“计算”按钮，如图 4-64 所示。

（8）返回“可变轮廓铣”对话框，然后单击“生成”按钮，系统自动生成粗加工刀路，如图 4-65 所示。

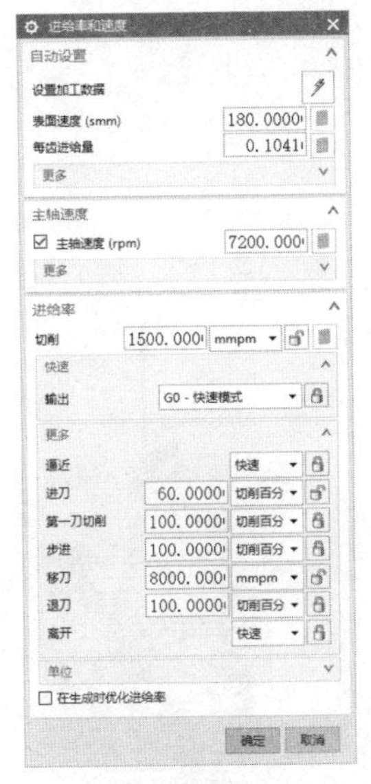

图 4-64　设置进刀参数

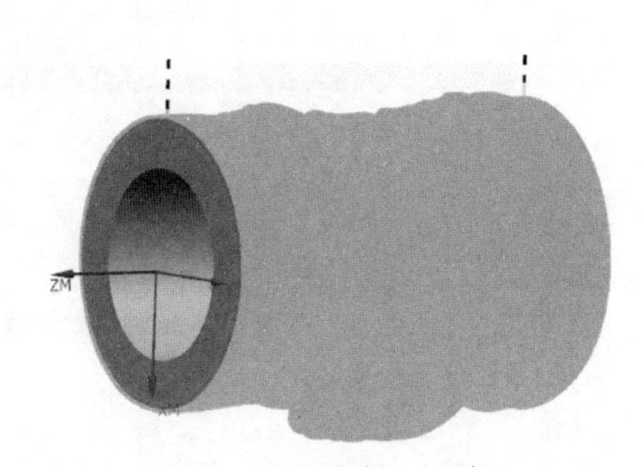

图 4-65　生成精加工刀路

4.3.8　创建第二工位粗加工 B01

（1）在“刀片”工具条中单击“创建工序”按钮，系统弹出“创建工序”对话框，在“类型”下拉列表中选择 mill_planar，“工序子类型”选择“面铣”，“位置”栏参数按图 4-66 设置。

（2）系统弹出“面铣”对话框，“几何体”选择 MCS-2，单击“指定面边界”按钮，系统弹出“毛坯边界”对话框，设置“刀具侧”为“内部”，设置“刨”为“自动”，然后选择毛坯的顶面，单击“确定”按钮，返回“面铣”对话框，“刀具”选择“D10（铣刀-5 参数）”，“轴”选择“垂直于第一个面”，参数设置如图 4-67 所示。

图 4-66　设置工序参数

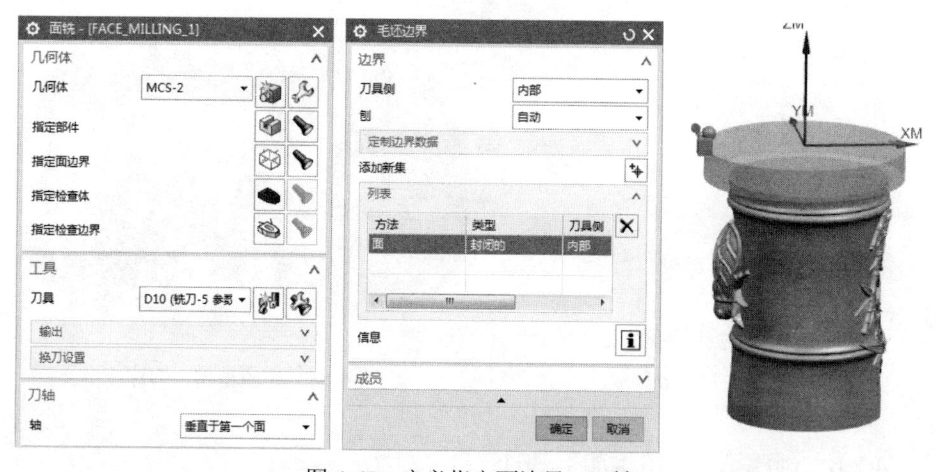

图 4-67　定义指定面边界、刀轴

（3）在“刀轨设置”选项卡中，设置“切削模式”为“往复”，“步距”选择“刀具平直百分比 75”，设置“毛坯距离”为“14”，设置“每刀切削深度”为“0.5”，设置“最终底面余量”为“-14”，如图 4-68 所示。

（4）单击“切削参数”按钮，系统弹出“切削参数”对话框，选择“策略”选项卡，设置“切削方向”为“顺铣”，设置“剖切角”为“指定”，设置“与 XC 的夹角”为“180”。在“余量”选项卡中，设置“部件余量”为“0”，设置内外公差为“0.003”，如图 4-69 所示。

图 4-68 设置刀轨参数

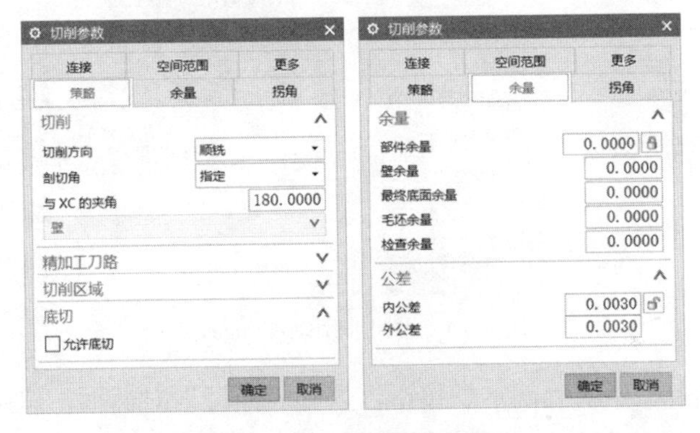

图 4-69 设置切削参数

（5）单击“非切削移动”按钮，系统弹出“非切削移动”对话框，在“转移/快速”选项卡中，设置“安全设置选项”为“使用继承的”，在“区域内”栏中，设置“转移方式”为“进刀/退刀”，设置“转移类型”为“前一平面”，设置“安全距离”为“1mm”。选择“进刀”选项卡，在“封闭区域”栏中，设置“进刀类型”为“沿形状斜进刀”，设置“斜坡角”为“15”，设置“高度”为“3mm”。设置“高度起点”为“前一层”，设置“最小安全距离”为“0”，设置“最小斜面长度”为“刀具百分比70”。在“开放区域”栏中，设置“进刀类型”为“线性”，设置“长度”为“刀具百分比50”，设置“高度”为“3mm”，设置“最小安全距离”为“刀具百分比50”，如图4-70所示。

（6）单击“进给率和速度”按钮，系统弹出“进给率和速度”对话框，设置“主轴速度”为“7000”，在“进给率”栏中，设置“切削”为“1000mmpm”，单击“更多”右侧的下三角按钮，设置“进刀”为“切削百分比60”，设置“第一刀切削”为“切削百分比100”，设置“步进”为“切削百分比100”，设置“移刀”为“5000mmpm”，设置“退刀”为“切削百分比 100”，单击“计算”按钮，如图 4-71 所示。

图 4-70 设置非切削移动参数

（7）单击上一步的“确定”按钮，返回“面铣”对话框，然后单击“生成”按钮，系统自动生成精加工刀路，如图 4-72 所示。

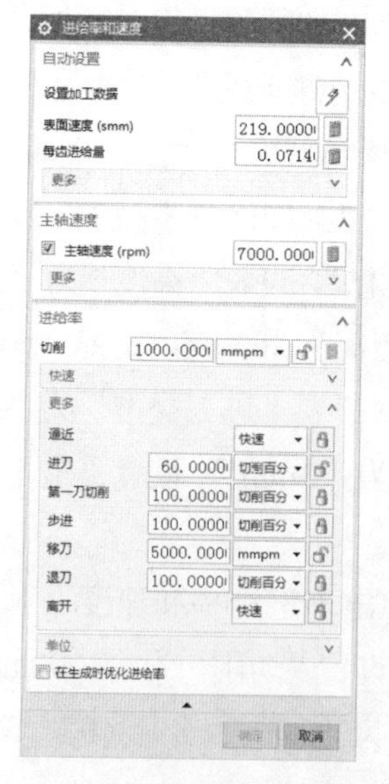

图 4-71 设置进给率和速度参数

图 4-72 生成精加工刀路

4.4 用 UG 软件进行刀路检查

对多个工位进行加工模拟检查，最好用 3D 动态方式，以便对加工结果图形进行旋转、平移，从各个角度进行观察。设置图形显示方式为“带边着色”方式。

在导航器里展开各个刀路操作，选择第一个刀路操作，按住 Shift 键，再选择最后一个刀路操作。在工具栏里单击按钮，系统进入“刀轨可视化”对话框，如图 4-73 所示，选择“3D 动态”选项卡，单击“播放”按钮。

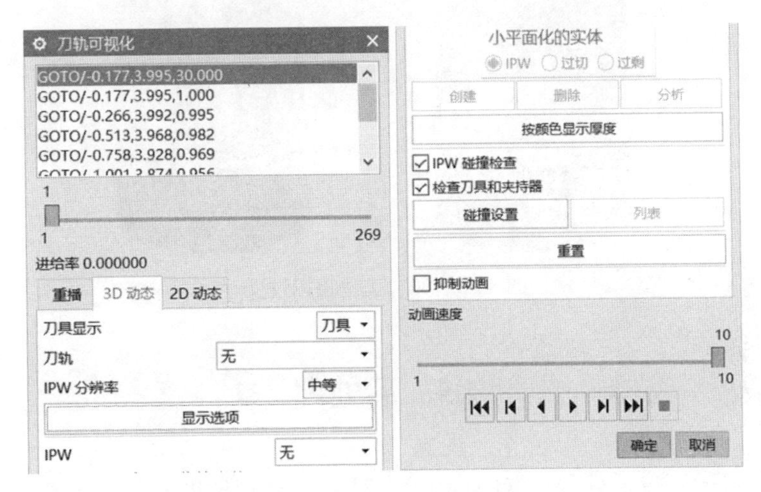

图 4-73 “刀轨可视化”对话框

第一工位模拟过程如图 4-74 所示。

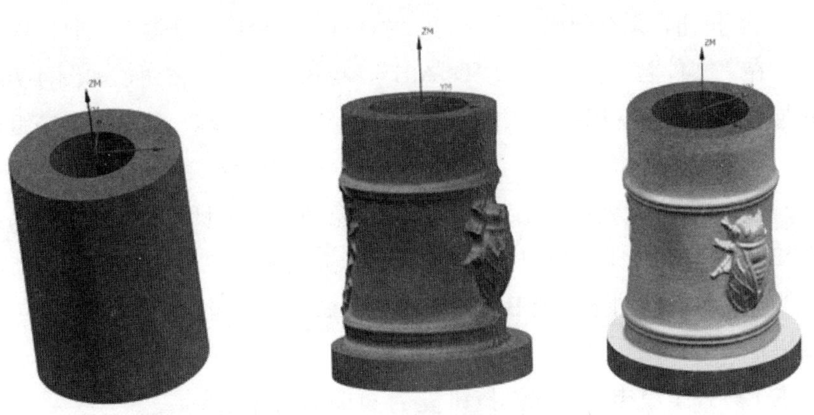

图 4-74 第一工位模拟过程

第二工位模拟过程如图 4-75 所示。

图 4-75　第二工位模拟过程

4.5　后处理

（1）第一工位后处理。本例将在 XYZBC 双转台型机床上进行加工，加工坐标系零点位于 A 轴和 C 轴旋转轴交线处。

在导航器里，切换到“程序顺序”视图，选择第一个程序组 A01，在主工具栏里单击按钮，系统弹出“后处理”对话框，选择后处理器“工业机铼钠克系统 BC”，在“文件名”栏里输入“D:/A01”，单击“应用”按钮，如图 4-76 所示。

在导航器里选择 A02，输入文件名为“D:/A02”。同理，对其他程序组进行后处理。

（2）第二工位后处理。在导航器里，切换到“程序顺序”视图，选择第一个程序组 2JO3A，在主工具栏里单击按钮，系统弹出“后处理”对话框，选择后处理器“工业机铼钠克系统 BC”，在“文件名”栏里输入“D:/B01”，单击“应用”按钮。

在主工具栏里单击“保存”按钮，将图形文件存盘。

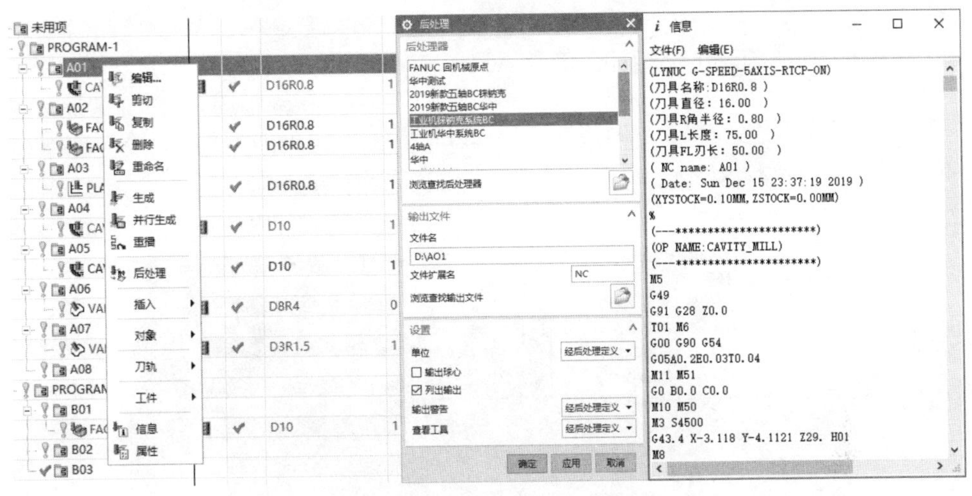

图 4-76　第一工位后处理

4.6　使用 VERICUT 进行加工仿真检查

本例将对加工零件进行多工位仿真。

启动 VERICUT V8.1.1 软件，在主菜单里执行“文件”|“打开”命令，在系统弹出的“打开项目”对话框，选择 D:\ch03\mach\nx8book-03-01.vcproject，单击“打开”按钮，如图 4-77 所示。

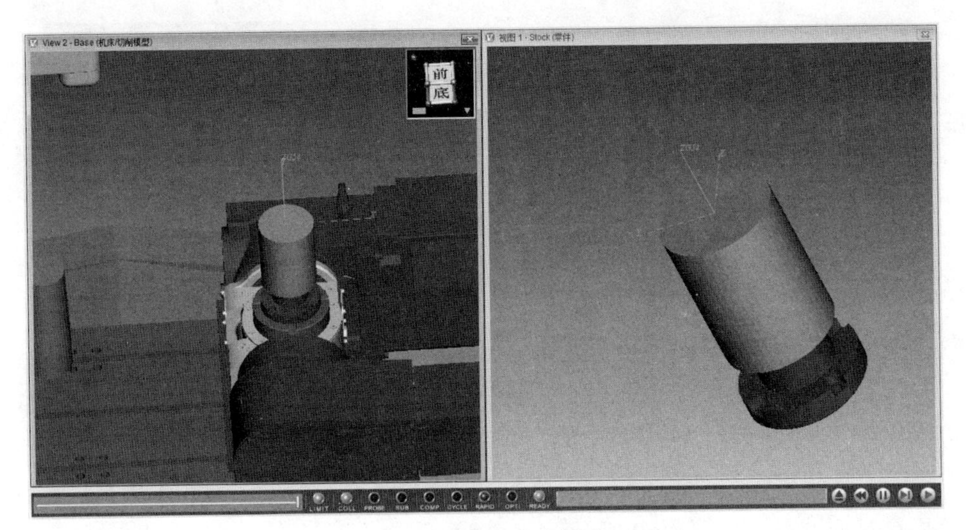

图 4-77　打开仿真图形

4.6.1 创建第一工位粗加工仿真 A01

（1）检查毛坯参数。本例初始项目已经定义第一工位的毛坯，导入已经建好的毛坯体，如图 4-78 所示。

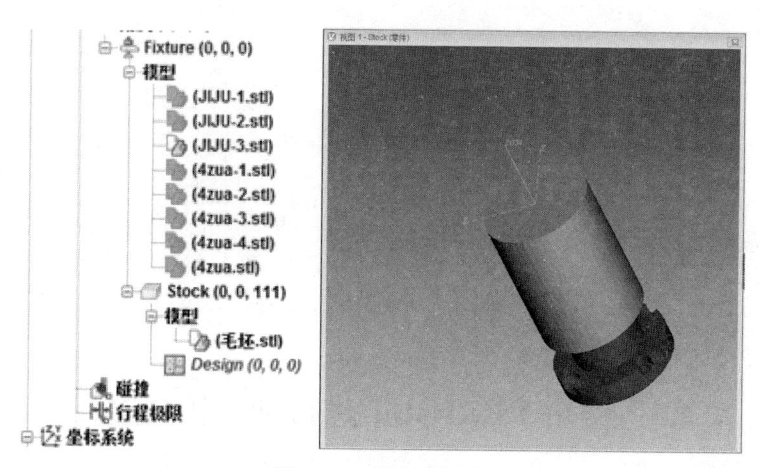

图 4-78 导入毛坯体

（2）添加数控程序。在左侧目录树里单击 数控程序 按钮，再单击“添加数控程序文件”选项，在系统弹出的“数控程序”对话框中，选择粗加工的数控程序 A01，单击“确定”按钮，如图 4-79 所示。

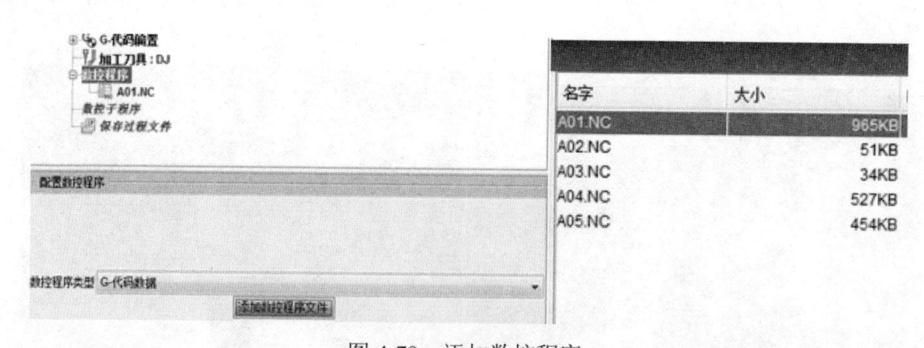

图 4-79 添加数控程序

（3）检查对刀参数。在左侧目录树里单击“代码偏置”前的加号展开树枝，检查参数，坐标代码“寄存器”为“54”；对刀方式为从刀具的零点到初始毛坯的零点；刀具的零点是刀尖，初始毛坯的零点是底部圆柱圆心；对于本例来说零点就是 C 盘面圆心，如图 4-80 所示。

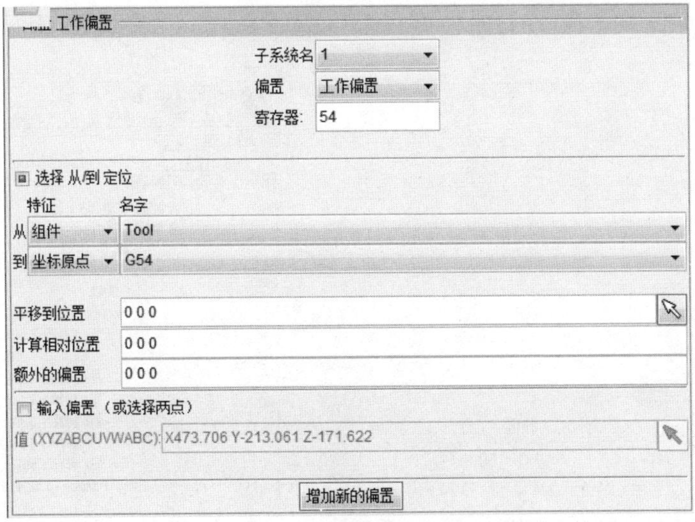

工作偏置

子系统名 1

偏置 工作偏置

寄存器: 54

选择 从/到 定位

特征 名字

从 组件 Tool

到 坐标原点 G54

平移到位置 0 0 0

计算相对位置 0 0 0

额外的偏置 0 0 0

输入偏置（或选择两点）

值 (XYZABCUVWABC): X473.706 Y-213.061 Z-171.622

增加新的偏置

图 4-80　检查对刀参数

（4）添加刀具。双击 加工刀具：DJ ，系统弹出刀具页面的对话框；根据程序添加刀具，如图 4-81 所示；添加刀具后单击 自动对刀点 ，系统会根据刀具长度生成对刀点数值，如图 4-82 所示。

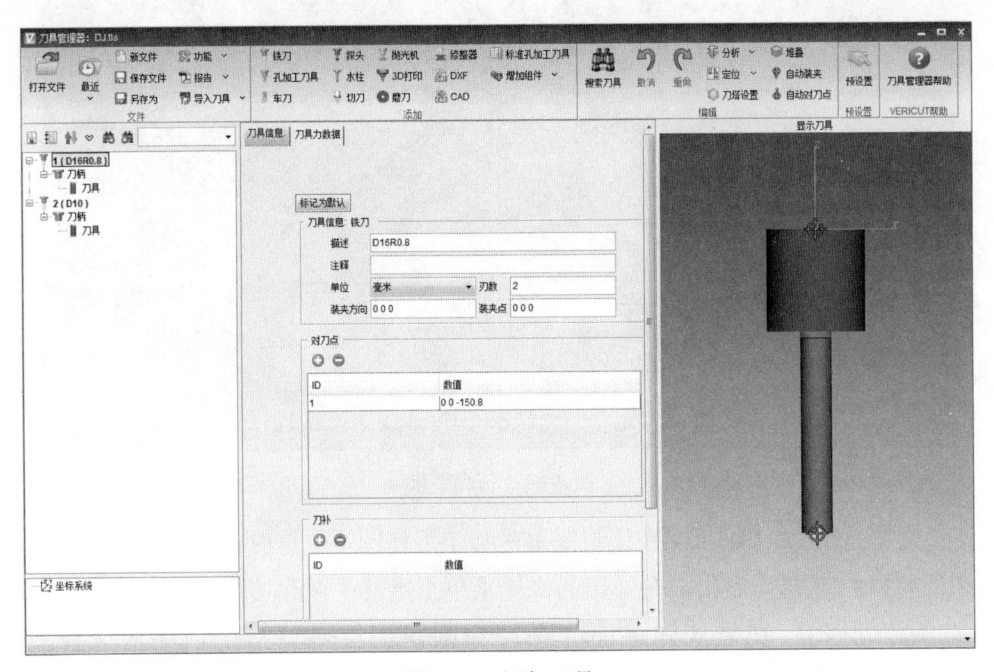

图 4-81　添加刀具

（5）激活工位 1。在目录树里右击 工位 : 1 ，如图 4-83 所示。

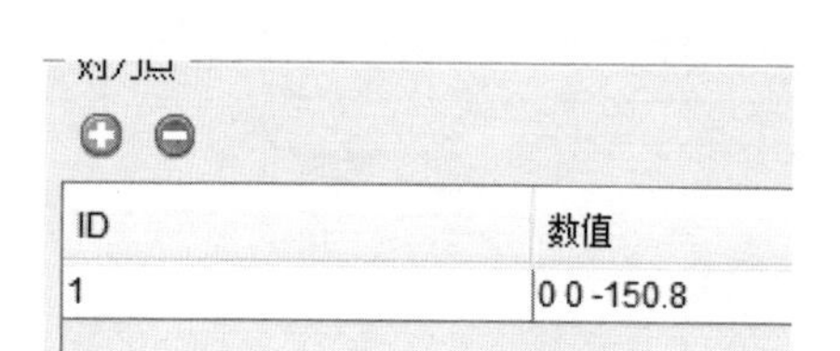

图 4-82 对刀点数值

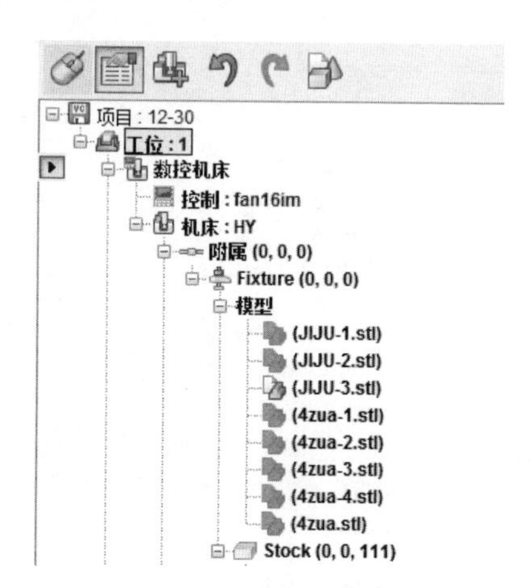

图 4-83 激活工位 1

（6）播放仿真。在图形窗口底部单击“仿真到末端”按钮就可以观察到机床开始对数控程序进行仿真，如图 4-84 所示为仿真结果。

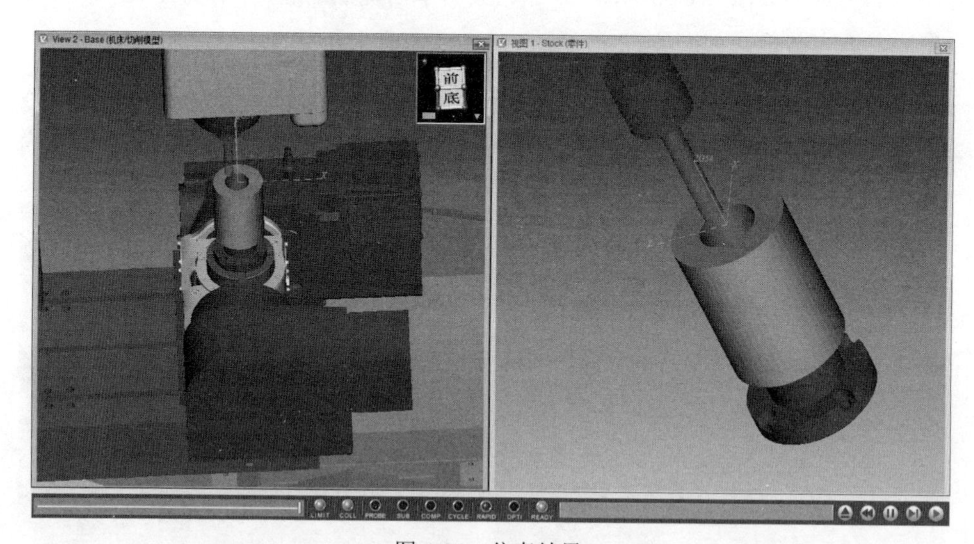

图 4-84 仿真结果

（7）存储加工结果。在图形区单击加工毛坯图形，这时在目录树里自动选择了 **加工毛坯**，右击，在弹出的快捷菜单里选择“保存切削模型”命令，如图 4-85 所示。在系统弹出的“保存切削模型”对话框中，输入文件名“ugbook-03-01-mp1-1”。

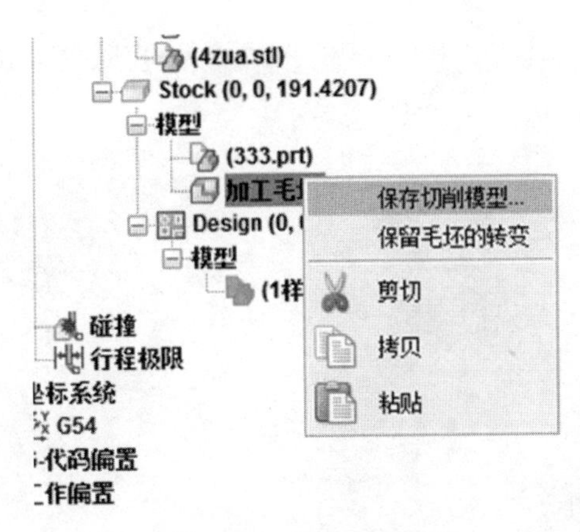

图 4-85 保存切削模型

4.6.2 创建第一工位精加工仿真 A02

（1）第一工位粗加工仿真结束后，继续添加数控程序。在左侧目录树里单击 **数控程序** 按钮，再单击“添加数控程序文件”按钮，在系统弹出的“数控程序”对话框中，选择精加工的数控程序 A02 等，如图 4-86 所示。

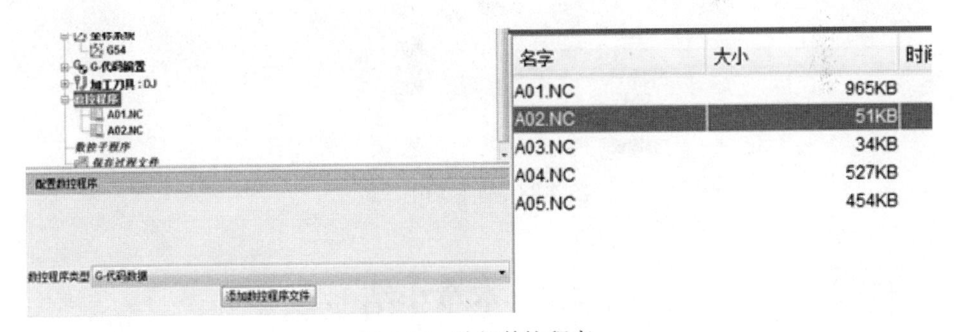

图 4-86 选择数控程序

（2）播放仿真。在图形窗口底部单击“仿真到末端”按钮就可以观察到机床开始对数控程序进行仿真，如图 4-87 所示为仿真结果。

（3）存储加工结果。在图形区单击加工毛坯图形，这时在目录树里自动选择了 **加工毛坯**，右击，在弹出的快捷菜单里选择“保存切削模型”命令，如图 4-88 所示。在系统弹出的“保存切削模型”对话框中，输入文件名“ugbook-03-01-mp1-2”。

其他程序仿真与 4.6.2 方式相同，不再叙述。

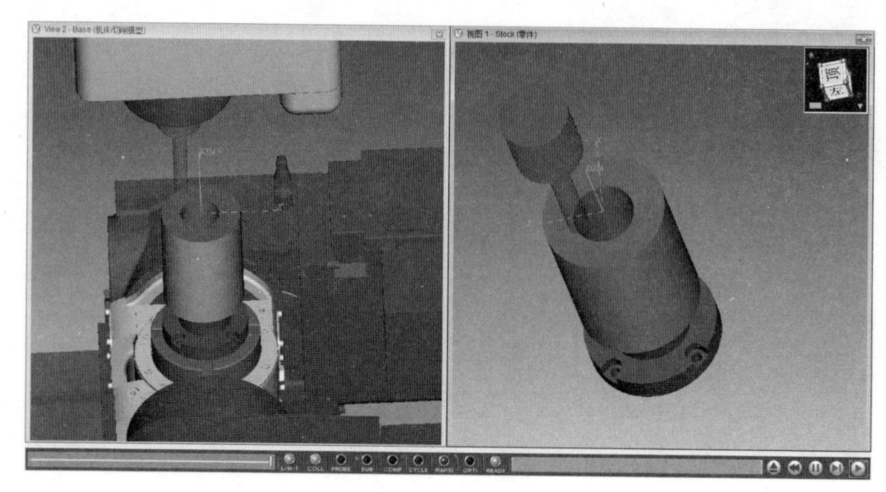

图 4-87　仿真结果

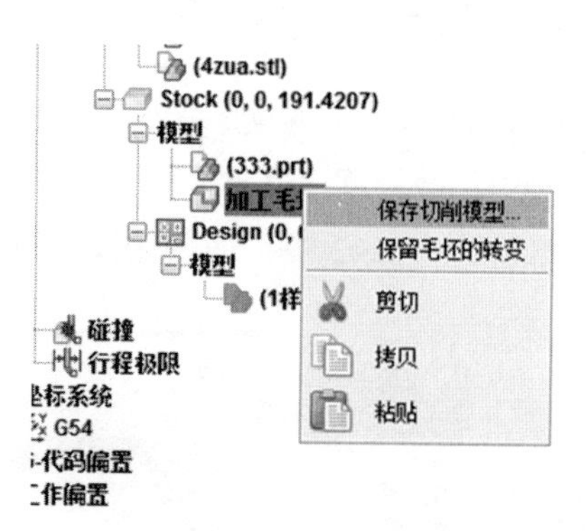

图 4-88　保存切削模型

4.7　本章小结

本章主要讲解了知了笔筒的数控编程与仿真加工、知了笔筒的加工后处理、如何使用远离直线刀轴控制方法、使用 VERICUT 进行加工仿真检查。

本章重点与难点

1．远离直线刀轴控制方法。

2．使用 VERICUT 进行优化设置。

3．零件的装夹及雕刻刀具路径。